普通高等教育“十一五”国家级规划教材

通信软件设计基础

（第 2 版）

主编　宋茂强

参编　雷　敏　窦春燕

北京邮电大学出版社

·北京·

内 容 简 介

本书针对通信软件和通信协议的特点，从通信协议的分析、设计和描述入手，系统地介绍了两种适用于通信软件需求分析阶段和设计阶段的形式化描述语言，即消息跟踪语言 MSC 和规范说明和描述语言 SDL，重点介绍了在电信领域得到广泛应用的 SDL 语言，并以设计一个微型交换机软件和一个简单通信协议为例，说明如何运用这些形式化语言进行通信软件的需求分析、概要设计和详细设计以及通信协议的分析设计。

本书可作为计算机通信专业和软件工程（通信软件方向）专业高年级本科生和研究生的教材，也可供通信软件开发人员参考。

图书在版编目（CIP）数据

通信软件设计基础/宋茂强主编．—2 版．—北京：北京邮电大学出版社，2008.3（2016.1 重印）
ISBN 978-7-5635-1608-7

Ⅰ．通…　Ⅱ．宋…　Ⅲ．通信软件—软件设计—高等学校—教材　Ⅳ．TP311.5

中国版本图书馆 CIP 数据核字（2008）第 008794 号

书　　名：通信软件设计基础
作　　者：宋茂强
责任编辑：毋燕燕
出版发行：北京邮电大学出版社
社　　址：北京市海淀区西土城路 10 号（邮编：100876）
发 行 部：电话：010-62282185　传真：010-62283578
E-mail：publish@bupt.edu.cn
经　　销：各地新华书店
印　　刷：北京泽宇印刷有限公司
开　　本：787 mm×960 mm　1/16
印　　张：15.75
字　　数：340 千字
版　　次：2001 年 10 月第 1 版　2008 年 2 月第 2 版　2016 年 1 月第 3 次印刷

ISBN 978-7-5635-1608-7　　　　定　价：29.00 元

·如有印装质量问题，请与北京邮电大学出版社发行部联系·

再版前言

《通信软件设计基础》自2001年出版以来，一直作为北京邮电大学软件学院本科生课程“通信软件设计”和研究生课程“通信软件开发技术”的教材，该教材于2007年被评为普通高等教育“十一五”国家级规划教材。

通信软件的最大特点是广泛使用通信协议和标准。为了便于人们理解和交流，ITU-T在制定各种通信协议和标准时，采用了SDL（Specification and Description Language）语言作为协议和标准的描述语言。根据编者多年来从事通信软件设计的经验，SDL也是一种很好的通信软件设计语言。在2001年出版的教材中重点介绍了SDL语言和消息跟踪语言MSC（Message Sequence Chart），但应用举例仅限于程控交换软件，教师在授课过程中不得不另找通信协议方面的应用例子，给一般授课教师带来了不便。结合编者近几年的教学经验，本次再版对教材中的应用例子做了必要修改，同时增加了对通信协议的分析、设计、应用举例的内容，使教材内容更加丰富，对通信软件设计者更具有指导作用。

本教材共分8章，由宋茂强主编，其中第6章由雷敏编写，第8章由窦春燕编写。

本书可作为计算机通信专业和软件工程专业（通信软件方向）高年级本科生和研究生的教材，也可供通信软件开发人员参考。本书电子教案可登录http://www.buptpress.com/xzzx.asp下载。

由于编者水平有限，书中难免有不完善和谬误之处，敬请读者批评指正。

作　者

第一版前言

近年来，通信技术发展迅猛，通信系统越来越复杂，通信软件越来越庞大，从事通信软件开发与维护工作的队伍越来越壮大，需要了解和掌握通信软件基础的人也越来越多。为了适应形势需要，北京邮电大学计算机科学与技术学院先后为本科生和硕士研究生开设了“通信软件设计”、“协议工程与通信软件”等课程，但这两门课一直没有合适的教材，本教材试图弥补这一空白。

通信软件的最大特点是广泛使用通信协议和标准。为了便于人们理解和交流，ITU-T在制定各种通信协议和标准时，采用了SDL（Specification and Description Language）语言作为协议和标准的描述语言。根据编者多年来从事通信软件设计的经验，SDL也是一种很好的通信软件设计语言。因此，本教材将重点介绍SDL语言。同时还将介绍通用建模语言UML和消息跟踪语言MSC（Message Sequence Chart）。

本教材共分九章，其中第二章由陈莉萍编写，第六章由张冬梅编写，其余七章由宋茂强教授编写，全书由宋茂强主审。

在编写本教材的过程中，编者得到了杨放春教授、Telelogic公司北京办事处、博士生王颖等的支持和帮助，在此表示衷心的感谢。

李蕾女士为本教材的录入和画图做了大量的工作，在此深表谢意。

本书可作为计算机通信专业高年级本科生和研究生的教材，也可供通信软件开发人员参考。

由于编者水平有限，书中难免有不完善和谬误之处，敬请读者批评指正。

作　者

2001年8月

目　　录

第 1 章　绪论

第 2 章　协议分析技术

第3章 协议设计技术

第4章 协议描述技术

第8章 通信协议设计举例

第1章　绪　论

1.1　通信与通信协议

通信就是互通信息，是利用电子技术在两个或多个实体之间交换信息。为了在这些通信实体之间能够准确、完整地交换信息，必须对信息交换的顺序和条件及信息的格式和内容等进行约定，这一整套约定就称为通信协议。由于通信过程是个十分复杂的过程，单一的通信协议是不能满足通信需求的，多数通信过程都需要一组通信协议来支持。用来支持特定通信过程的一组协议称为协议栈或协议族。

计算机或终端之间的通信采用分层结构，比如，国际标准化组织(ISO)定义的开放系统互连参考模型(OSI-RM)在功能上把计算机网络划分成7层，即物理层(最底层)、数据链路层、网络层、传输层、会话层、表示层和应用层。通信只能发生在对等层之间，而各层采用的通信协议是各不相同的，即使是在同一层，不同的功能要求也可能采用不同的通信协议，如目前应用很广的TCP/IP协议栈(协议族)共分4层，即网络接口层(最底层，含对硬件的驱动软件)、网络层、传输层和应用层。每层包含的通信协议各不相同，如：网络层包括IP(网际协议)、IGMP(网际组管理协议)、ICMP(网际控制报文协议)等；传输层包括TCP(传输控制协议)、UDP(用户数据报协议)等；应用层包括TELNET(远程通信网络协议)、FTP(文件传输协议)、SMTP(简单邮件传送协议)、DNS(域名系统)、SNMP(简单网络管理协议)、DHCP(动态主机配置协议)等。

电信网中的信令系统实质上也是通信协议，同样规定了信息的交换顺序和条件、信息的格式和内容等。在电信网中，信令系统主要分为用户信令和局间信令两大类。用户信令规定了用户终端与电信网之间的接口关系，局间信令规定了网络中节点间的接口关系。

随着通信技术的不断发展，通信的形式也在不断地变化，从“有线”到“无线”，从“固定”到“移动”,从“硬交换”(电路交换)到“软交换”(IP 交换)。这些变化无不需要新的通信协议来支撑,因此,研究通信协议、开发新的通信协议是推动通信技术发展的重要工作之一。

1.2 通信软件的概念及特点

什么是通信软件？凡是用来实现两个或多个实体(计算机、电信终端、交换设备等)之间交换信息的软件都可称为通信软件。通信软件主要有两大类:电信软件和计算机网络软件。电信软件主要包括电话交换软件、移动通信软件、智能网软件等;网络软件主要包括各种网络协议和网络应用软件。电信软件和计算机网络软件的特点不尽相同,电信软件具有以下特点。

(1) 实时性强

电信软件系统属于实时系统,系统对外部事件能做出及时响应,如电话交换机用户在任何时刻拿起话机都能听到拨号音(300 ms 以内),用户拨完号码后,系统就会马上为其找到被叫,如果被叫空闲,就可接通被叫(向被叫振铃,向主叫用户送回铃音)。被叫摘机后,双方即可通话。

(2) 运行时间长

电信软件系统一旦投入运行,就要一直运行下去,除非发生故障,因而要求系统具有很高的可靠性。

(3) 并发性强

电信软件系统能够“同时”为成千上万的用户服务,必须具有很强的并发处理能力。

(4) 结果可预期

用户在接受电信软件系统提供的服务时,对其结果是可预期的,如电话用户拿起话机应该听到拨话音(作为主叫时)或可以与对方通话(作为被叫时),如果不是这样,说明系统出故障了,用户只好挂机。用户拨完号码后,可以听到回铃音(被叫空闲)、忙音(被叫忙)、空号音(号码错)或相应的语音提示,否则可认定系统发生故障了。

(5) 离散性

电信软件系统是离散系统,支持离散事件,系统行为可以用有限状态机来描述。

网络软件具有以下特点:

(1) 网络软件采用分层结构,如 TCP/IP 协议栈把计算机网络分成 4 层,上下层之间通信采用原语形式,每层使用不同的协议;

(2) 网络软件实时性要求较低而可靠性要求高。

网络技术的发展趋势是电信与计算机网络的融合,主要是业务的融合,如:VoIP 就是利用 IP 来承载语音信息;软交换就是利用计算机网络来取代传统电话交换机,实现语音和多媒体信息的交换；XDSL 技术则是利用现有电话网络承载宽带业务等。

1.3　通信软件开发过程

与开发其他软件一样，开发通信软件也需要经历以下阶段：

- 需求分析
- 概要设计
- 详细设计
- 编码
- 单元测试
- 集成测试
- 系统测试
- 运行维护

本节重点讨论前 3 个阶段的内容。

1.3.1　需求分析

需求分析的主要任务是把用户对软件产品的需求和软件产品的运行环境搞清楚，经过对要求和环境的分析，采用某种形式化语言对需求进行描述，最后形成需求规格说明书。用户的需求分为功能性需求和非功能性需求。对于通信软件而言，功能性需求主要包括：软件系统应具有的功能、采用协议或信令系统的情况、与硬件环境的接口关系、与其他系统交互信息的情况等。非功能性需求主要包括：软件的可移植性、可靠性、实时性、可用性、安全保密和可重用性等。

在需求分析阶段，可以采用对象建模技术（OMT）把分析结果抽象成不同的对象，并描述对象之间的关系。统一建模语言（UML，Unified Modeling Language）是一种比较成熟的标准建模语言，非常适合于实时系统特别是通信软件系统的分析建模。UML 具有完备的语法和语义定义，具有两种语法表示：图形语法和文本语法。图形语法直观易懂，便于交流，设计人员一般采用图形语法来建模。UML 的主要内容可归纳为静态建模机制和动态建模机制。静态建模机制主要用来构造系统的结构，而动态建模机制主要用来描述系统的行为。

由于通信软件的特殊性，在需求分析阶段，除了要描述系统的结构和系统行为之外，还需要对系统与应用环境之间交互信息的情况以及系统组件之间交换信息的情况进行描述。ITU-T Z.120 建议中给出的 MSC（Message Sequence Chart，消息顺序图）是一种形式化语言，特别适合于描述通信软件系统与外部环境之间以及系统内各功能模块之间的消息交互情况。关于 MSC 更多的内容见第 4 章。

需求分析阶段的文档是需求规格说明书，需求规格说明书主要包括以下内容。

(1) 引言

说明本项目的背景，如：项目的委托单位和开发单位、本软件系统与其他系统的关系等；给出缩写词的原文和专用术语的定义；列出参考文献。

(2) 任务概述

说明本软件系统的设计目标、运行环境、条件与限制等。

(3) 功能需求

说明本软件系统的功能划分情况、类的定义、系统类图、系统与外部环境之间的消息(信号)交互图等。

(4) 性能需求

说明本软件系统的可移植性、可靠性、实时性、可用性、安全保密性和可重用性等。

(5) 数据描述

给出本软件系统用到的数据项(包括静态数据和动态数据)的描述。如果用到数据库，还要给出数据库的名称和库表结构等。

1.3.2 概要设计

需求分析阶段解决了系统应该“做什么”的问题，而概要设计和详细设计阶段就是要解决系统“如何做”的问题。概要设计的任务就是根据需求规格说明书，采用合适的形式化语言给出系统的结构设计，划分功能模块，给出模块间接口定义，定义主要的数据结构，设计主要算法等。

ITU-T Z.100 建议中给出的 SDL(Specification and Description Language，规范说明和描述语言)也是一种形式化语言，该语言基于扩展的有限状态自动机(EFSM)模型，特别适合于描述软件系统的离散过程。SDL 既适用于概要设计阶段，也适用于详细设计阶段。由于已有工具支持 SDL 到 C 语言或 C++语言的翻译，即代码自动生成，使得 SDL 语言在通信软件设计中得到越来越多的应用。如果在设计阶段采用 SDL 语言，则在概要设计阶段需设计出 SDL 系统图(含功能块划分)，给出必要的信号(消息)定义，设计必要的进程类和功能块类，明确各功能块的功能等。

本书将花较大篇幅来介绍 SDL 语言。

本阶段的文档是概要设计说明书，概要设计说明书主要包括以下内容。

(1) 总体设计

说明软件系统的总体结构和功能模块划分情况以及各模块的功能分配。

(2) 接口设计

设计系统与环境的接口(包括软件接口和硬件接口)以及各功能模块之间的接口。

(3) 数据结构设计

设计数据的逻辑结构和物理结构，定义必要的新的数据类型，说明静态数据的加载方法等。

(4) 操作维护管理设计

定义故障信息,设计系统故障监测和故障处理策略,设计系统维护操作等。

1.3.3 详细设计

概要设计完成后,系统功能已划分清楚,系统结构也已确定。详细设计的任务就是细化各功能模块的功能,详细设计系统行为,并用形式化语言来描述设计结果。详细设计分功能模块进行,一般将功能模块分解成多个有限状态自动机(FSM),首先画出状态机的状态转移图,然后用SDL语言来描述这些状态机。一个状态机对应SDL的一个进程,进程间的信号(消息)交互情况可用MSC来描述。对于一些复杂的算法,可以定义过程来实现。

编写测试计划也是详细设计阶段的任务,测试计划包括测试方法的设计和测试用例的设计。

本阶段的文档是详细设计说明书,详细设计说明书主要包括以下内容。

(1) 软件结构

说明进程划分情况和进程间的消息交互情况,定义本模块内使用的消息。

(2) 数据定义

定义本模块内使用和各进程内使用的数据类型和数据结构,声明变量等。

(3) 行为描述

用SDL进程图详细描述系统行为,定义必要的过程,提供变量和过程的共享机制。

(4) 测试计划

设计各进程单元测试的测试方法和测试用例,设计本模块集成测试的测试方法和测试用例。

1.4 通信协议开发过程

协议开发过程就是开发协议的过程。开发协议有两个含义:其一是指为了满足新的通信需求,研究开发新的协议,制定协议标准;其二则是指在一个特定应用环境下,实现某个已经成熟的协议。所谓成熟的协议是指已经成为标准文本的协议,如TCP/IP协议等;也可以是即将成为标准文本的协议,如3GPP制定的一系列关于第三代移动通信的协议文本等。

对于第一个含义(开发新的协议),开发协议的目标是形成新的协议文本,重点是说明本协议应该具有什么功能,其协议开发过程包括:

- 协议环境分析,包括用户要求、通道性质、工作模式等;

- 协议功能设计，根据环境分析结果明确本协议应具有的功能；
- 协议元素设计，设计服务原语、PDU 格式等；
- 形成协议文本，用自然语言描述协议结构及协议元素之间的关系；
- 协议描述，用一种形式化语言来描述协议内容，包括建议的软件系统结构、模块划分、系统应具有的行为等；
- 协议验证，在开发环境下仿真运行协议软件，验证协议的正确性。

对于第二个含义(实现具体协议)，开发协议的目标是生成一个软件系统，该软件系统可以实现具体协议的全部功能或一个功能子集，重点是说明如何实现协议功能，其协议开发过程包括：

- 协议分析，包括协议环境分析和协议功能分析；
- 协议设计，包括协议机制设计、协议元素设计及协议组织设计；
- 协议描述，用一种形式化语言来描述设计结果，包括软件系统结构、模块划分、系统行为实现细节等；
- 协议验证，在开发环境下仿真运行协议软件，验证协议的正确性；
- 协议实现，用某种编程语言实现协议软件系统(自动生成代码或手工编码)；
- 协议测试，在目标环境下测试协议软件系统；
- 协议维护，在协议软件的使用过程中不断完善系统。

实现具体协议的过程基本上涵盖了开发新的协议的过程，只是两个过程的出发点和侧重点是不同的。从应用角度来看，实现具体协议的需求大于开发新的协议的需求，所以本书将重点介绍实现具体协议的过程。在后续章节中，除非特别说明，“开发协议”均指实现具体协议。

思 考 题

1. 什么是通信协议？
2. 通信软件的主要特点是什么？
3. 开发通信软件与开发非通信软件(如信息管理软件)有何区别？
4. 设计新的协议与实现具体协议有什么区别？

本章参考文献

[1] Ivar Jacobson, etc. Object-Oriented Software Engineering. Addison-Wesley Publishing Company, 1995.

[2] 周之英. 现代软件工程. 北京：科学出版社，1999.

[3] 郑人杰，殷人昆，陶永雷. 实用软件工程. 2 版. 北京：清华大学出版社，1998.

[4] ITU-T Z.120，Message Sequence Chart(MSC)，1999.

[5] Jan Ellsberger etc. SDL Formal Object-oriented Language for Communicating Systems. Prentice Hall Europe,1997.

[6] Douglas E. Comer. 计算机网络与互联网. 徐良贤,等译. 北京:电子工业出版社,2001.

[7] 龚正虎. 计算机网络协议工程. 长沙:国防科技大学出版社,1993.

第 2 章　协议分析技术

协议分析包括两大部分:协议环境分析和协议功能分析。不论是设计开发一个新的协议,还是设计实现一个具体协议,都需要从协议的环境分析入手,只有了解了协议的环境,才能明确协议的功能,协议设计才能进行。

2.1　协议环境分析

在讨论协议环境之前,我们先建立一个协议模型。图 2-1 是一个 n 层协议的模型。n 层可有多个协议实体(A 和 B 是其中两个),它们怎样分布,各起什么作用等属于协议工作模式问题。USER1 和 USER2 为(n+1)层协议实体,称之为 n 层协议的用户(简称 n 层用户)。n 层协议实体利用(n−1)层协议提供的服务按照 n 层协议通信,这种通信活动在两个(n−1)SAP(服务访问点)之间构成一个通道,称之为(n−1)层通道。n 层用户的要求、(n−1)层通道的性质以及 n 层协议的工作模式构成 n 层协议的环境。

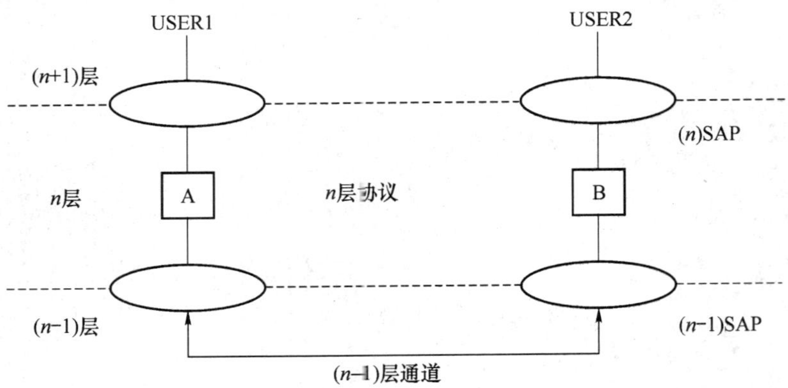

图 2-1　n 层协议模型

本节中，n 层协议和 n 层协议实体（协议机），n 层用户和 $(n+1)$ 层协议实体，以及 $(n-1)$ 层通道和 $(n-1)$ 层服务将混用，不作严格区分。这里所指的 n 层协议可以是 OSI 7 层模型中的任意一层协议。协议分析的对象就是 n 层协议。

2.1.1 用户要求

n 层用户对 n 层协议提供的服务可能提出的要求可以归纳为以下几个方面。

1. 连接管理

n 层用户可要求 n 层协议提供有连接服务、无连接服务和永久连接服务，并要求 n 层协议负责连接的建立、释放、作废、复位、恢复等管理工作。连接建立过程中，网络资源的分配和管理，连接合法性和安全性检查，以及目标名和地址的转换工作也由 n 层协议来完成。

2. 广播与组播

n 层用户可能要求 n 层协议提供广播或组播功能。广播是指一个 n 层用户发出的数据报，在同一个网络中的其他用户都能够接收到。组播是指一个或多个 n 层用户发出的数据报，在网络中有一组用户可以接收到该数据报，每个用户可以加入或退出该组。

3. 服务证实方式

n 层用户通过服务原语得到 n 层协议提供的服务。服务原语由服务动作和原语类型两部分组成，原语类型只有 4 个，即：请求（request）、指示（indication）、响应（response）和证实（confirm）。请求原语和响应原语由 n 层用户来调用，发给 n 层协议，而指示原语和证实原语由 n 层协议实体来调用，向 n 层用户提交。服务动作代表用户的功能需求，如连接建立、数据传输、连接释放等。服务原语的交换时序称为服务证实方式。不同的服务要求不同的服务证实方式，主要有 3 种服务证实方式：用户证实方式、协议证实方式、无证实方式。这 3 种证实方式涉及通信双方的用户和协议实体。

(1) 用户证实方式

用户证实方式的服务需要 4 条服务原语：

- request（请求）
- indication（指示）
- response（响应）
- confirm（证实）

用户证实方式的服务原语时序关系如图 2-2 所示，图中，“X”代表不同的服务动作。当 n 层用户需要进行应答式通信时采用这种证实方式，在这种证实方式下通信，由于要求对端用户做出响应，发端用户在得到证实之前不能发送新的数据报，因而通信效率较低。

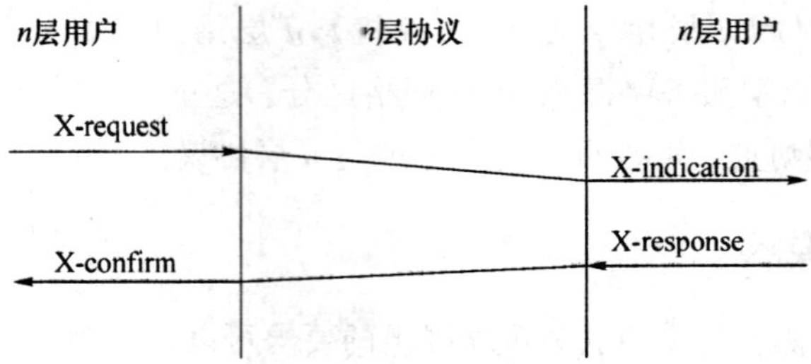

图 2-2　用户证实方式的服务原语时序关系图

(2) 协议证实方式

协议证实方式的服务需要 3 条服务原语：

• request
• indication
• confirm

协议证实方式的服务原语时序关系如图 2-3 所示。这种证实方式不需要对端用户响应，但 n 层协议保证用户的请求已经提交给对端用户。

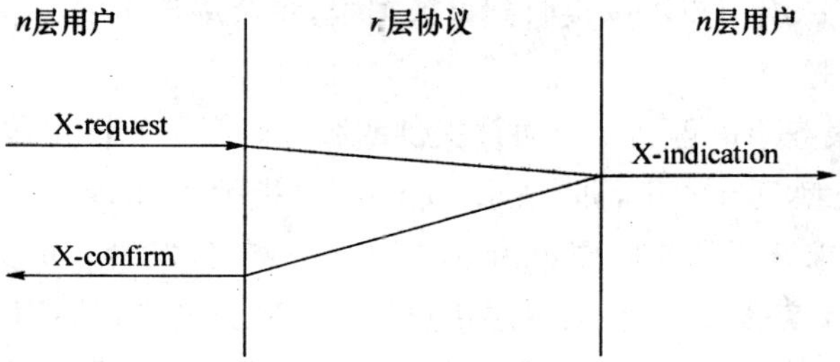

图 2-3　协议证实方式的服务原语时序关系图

(3) 无证实方式

无证实方式的服务只需要 2 条服务原语：

• request
• indication

无证实方式的服务原语时序关系如图 2-4 所示。这种证实方式不能保证用户的请求被提交给了对端用户，但支持用户间采用异步方式通信，通信效率可以大大提高。

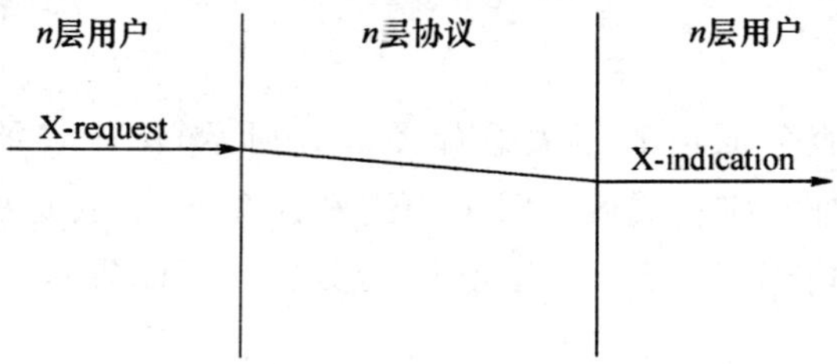

图 2-4　无证实方式的服务原语时序关系图

(4) 其他 3 种特殊的服务证实方式

除了上述 3 种证实方式外，还有 3 种特殊的服务证实方式，即：本地证实方式、单请求原语方式和单指示原语方式。这 3 种方式都只涉及一方的用户和协议实体。本地证实方式就是 n 层用户发出的请求原语由本端协议实体直接给出证实原语，与对端协议实体和用户无关，这种方式可以提供查询类服务。单请求原语方式支持设置类服务，而单指示原语方式支持告警类服务。这 3 种方式的服务原语时序关系如图 2-5 所示。

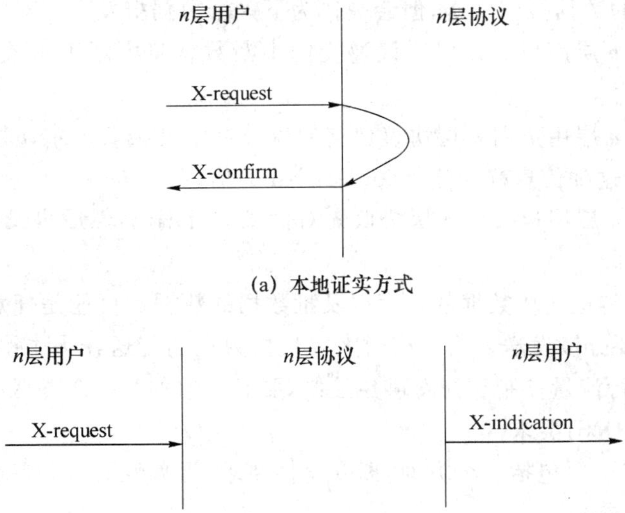

(a) 本地证实方式

(b) 单请求原语方式　　(c) 单指示原语方式

图 2-5　3 种特殊服务证实方式的服务原语时序关系图

4. 通信方式

用户要求的通信方式涉及数据发送权和数据发送方式两个方面。数据发送权是指在通信过程中用户发送数据报的权利。如果在通信过程中，只允许一方用户向另一方用户发送数据报文，这种方式称为单工通信方式。如果在通信过程中，通信双方都可以向对方发送数据报文，但在某一时刻只允许一方向另一方发送数据报文，在这种方式下，n 层协议需要管理“发信权”，只有得到“发信权”的用户可以向对方发送数据报文。这种方式称为半双工通信方式。如果在通信过程中，通信双方可以同时向对方发送数据报文，这就要求 n 层协议必须在(n)SAP 上提供并发的收发服务，这种方式称为全双工通信方式。

数据发送方式是指通信双方采用同步方式还是异步方式。所谓同步通信方式是指 n 层用户之间进行应答式通信，发送端发出数据报文后，要得到对方的应答数据报文才会发送下一个数据报文。如果采用同步通信方式，n 层协议可以免除流控功能。n 层用户的同步通信通过用户证实方式的服务来实现。所谓异步通信方式是指发送数据的用户可向收方用户发出任意个数据报文，不需要对方对每个数据报文做出应答，在这种通信方式下，n 层协议需要施加流量控制，否则报文可能会丢失。

5. 数据形式

服务原语可以携带用户数据。用户可以向协议实体递交多种形式的用户数据，如：

- 块数据，n 层用户向 n 层协议递交整块数据；
- 流数据，n 层用户向 n 层协议递交连续的数据流；
- 批数据，n 层用户向 n 层协议递交大批数据块(短时间内)；
- 优先数据，n 层用户向 n 层协议递交的数据有不同优先级别，优先数据不会影响正在发送的数据报的传送，但会被作为下一个数据报发送到对方；
- 中断数据，n 层用户向 n 层协议递交的中断数据将中断正常数据的传递，立即被发送到对方；
- 流外信息，n 层用户向 n 层协议递交的流数据中夹杂着要求 n 层协议截获并作处理的信息，这种信息称为流外(out-of-band)信息；
- 编码信息，n 层用户要求 n 层协议先对信息进行编码，然后再发送到对方。

6. 数据长度

n 层用户要求传送的块数据的长度以及批数据的数据量可能是任意的。如果数据块过大，n 层协议需要分段发送。为了应付大宗量批数据的传送，n 层协议要加宽($n-1$)层通道的带宽，要进行流量控制和拥塞避免控制，要有足够的数据缓冲区。

7. 服务质量(QoS)要求

服务质量要求主要包括 3 个方面，即安全性要求、可靠性要求和性能要求。

(1) 安全性要求

- 鉴权：只允许合法用户建立连接。
- 访问控制：防止对一个服务提供者的资源进行未授权使用。
- 保密性：保证在 SDU(服务数据单元)中传递的信息不被泄露。
- 完整性：确保 SDU 中传递的信息在接收端与发送端是相同的，即要求数据报文无校验错。

(2) 可靠性要求

- 完全性：确保所有已发送的 SDU 至少传递一次，即报文不丢失。
- 非二义性：确保所有已发送的 SDU 至多传递一次，即报文不重复。
- 时间有序：确保所有已发送的 SDU 按发送次序接收，即报文顺序正确。

(3) 性能要求

- 吞吐率：吞吐率定义为在单位时间内，协议为用户传输的数据总量。
- 时延：一个 SDU 从传输请求到传输指示之间需要一定时间，这段时间就是传输时延。时延要求就是规定该时延的最大值。
- 抖动：抖动定义为同一数据流的所有 SDU 中最大时延与最小时延之间的差值。抖动要求就是规定该差值的大小。
- 差错率：差错率定义为数据报丢失和出错的概率。

2.1.2　通道性质

n 层中任何两个协议实体(例如图 2-1 中的 A 和 B)通过($n-1$)SAP 所形成的数据逻辑通路称为($n-1$)层通道。($n-1$)层通道的性质对 n 层协议的功能是有影响的，通道性质可归纳为以下几个方面。

1. 通道形成方式

n 层协议实体 A 和 B 可用下述 3 种方法形成($n-1$)层通道。

(1) 独占连接方式。即协议实体 A 和 B 之间建立一条专用连接，其他协议实体不能利用该连接传送信息，如图 2-6 所示。这种方式要求($n-1$)层提供有连接服务。

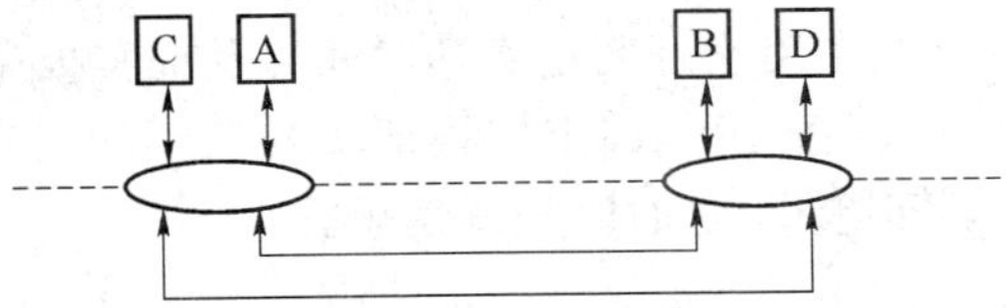

图 2-6　独占连接

(2) 共享连接方式。即协议实体 A 和 B 之间建立一条连接并与其他协议实体一起共享这条连接，如图 2-7 所示。同样，这种方式要求($n-1$)层提供有连接服务。

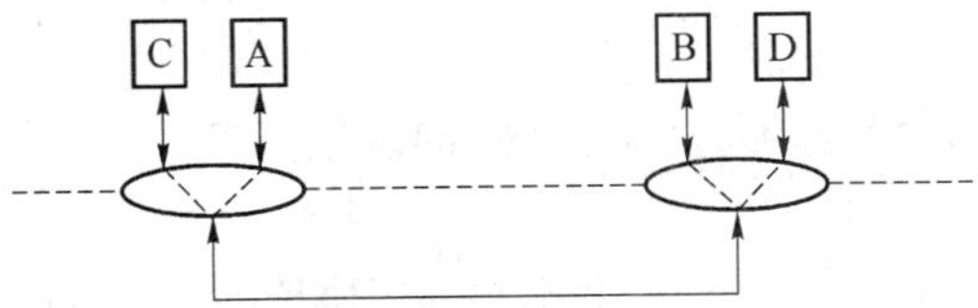

图 2-7　共享连接

(3) 无连接方式。即协议实体 A 和 B 之间无需建立连接，利用($n-1$)层提供的无连接服务进行通信，如图 2-8 所示。

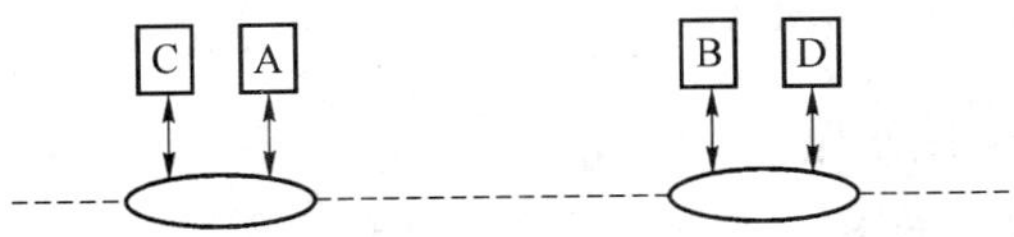

图 2-8　利用无连接服务

如果($n-1$)层为物理层，A 和 B 可独占一条物理信道，或共享一条物理信道。

n 层协议必须有一个负责与($n-1$)层服务访问点接口的模块，该模块的功能取决于通道形成方式。该模块要负责连接的建立和连接共享控制工作。如果是物理信道，要负责信道接口工作及信道共享控制工作。

2. 队列性质

一般情况下,($n-1$)层通道可看成队列通道,也就是说一个数据报文从 n 层源端协议实体发出之后要在 n 层以下各层多次存储转发,每个存储转发处就存在一个队列。平均队列长度以及最大队列允许长度是队列的主要性质。平均队列长度影响数据报文的传输时延,平均队列长度越长,传输时延就越大。而最大队列长度则反映通道承载突发数据的能力,队列越长,通道的缓冲容量就越大,承载突发数据的能力也就越强。如果队列实际长度达到最大允许长度,那么后续的数据报文将会丢失。

3. RTT(往返时间)

RTT(Round Trip Time)定义为报文从 n 层源端实体发出到该报文的证实信息回到该实体所花费的时间,它包括报文从源端实体传送到目标实体所需时间和目标实体收到报文之后,对报文进行处理然后发出证实信息的时间以及证实报文的传送时间。RTT 是 n 层协议的最重要参数之一,主要用于确定监视证实报文到达的定时器定时时长。RTT 越大,定时时长就越长;RTT 越小,定时时长就越短。

4. 数据的可靠性

数据在通道中传送的可靠性包括报文的出错率、报文丢失率、报文重复率、报文顺序错误率。通道的形成方式与数据可靠性有一定关系。如果通道是利用($n-1$)层的有连接服务形成的,或是物理信道,那么报文的传递顺序不会改变;如果通道是利用($n-1$)层的无连接服务形成的,报文的传递顺序就无保障。

5. 通道可靠性

通道可靠性指通道故障(如断连、复位等)的发生概率。

6. 报文最大长度

通道所能接收的最大报文长度,该参数影响 n 层协议的报文分段、拼接等功能的施行。

7. 工作方式

通道工作方式涉及单工、半双工、全双工,以及同步、异步等方面。n 层协议将根据通道工作方式提高通道利用率。

2.1.3 工作模式

n 层协议的工作模式涉及如下一些问题。

1. 点对点模式和多点模式

n 层协议任意两个协议实体(如 A 和 B)利用一条($n-1$)层通道通信,协同完成指定协议功能,此模式称为点对点模式。而两个以上协议实体利用多条通道相互通信,协同执行一定任务,此模式称为多点模式。如图 2-9 所示为点对点模式和多点模式的例子。

2. 主从模式和平衡模式

在点对点模式或多点模式中,如果一个协议实体为主控实体,其他实体受主控实体控制(称为从实体),则此模式为主从模式;如果各协议实体的作用和功能是相似的,控制上是自治的,则此模式为平衡模式。

3. 中转和路由

在有些情况下，*n* 层内两个协议实体不能找到或形成直接通道〔或是因为它们的协议不同，或是因为($n-1$)层服务不相同〕，此时它们的通信必须通过中转实体进行(如图2-10所示)。如果在 *n* 层内存在多个中转实体，这些中转实体形成一个逻辑网络，这时就要求每个中转实体要有路由功能。中转实体可以不直接向 *n* 层用户提供服务(如图 2-10 中的实体 C)。

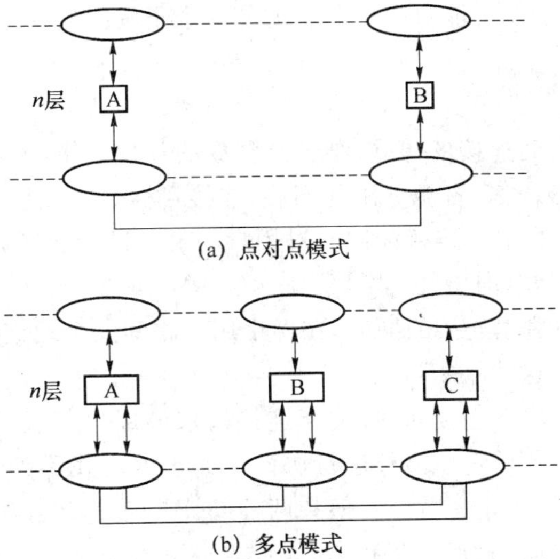

(a) 点对点模式

(b) 多点模式

图 2-9　点对点模式和多点模式的例子

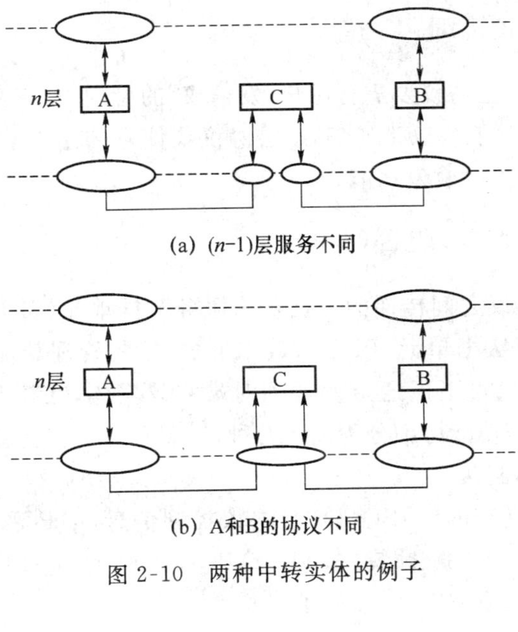

(a) (n-1)层服务不同

(b) A和B的协议不同

图 2-10　两种中转实体的例子

2.2 协议功能分析

完成协议环境分析后，基本上就可以明确协议应该具有哪些功能了。协议功能分析就是明确协议应该具有的功能。这里要讨论的协议功能是针对整个计算机网络而言的，具体到某一层，其协议功能可能只是这些功能的一个子集。

2.2.1 连接控制管理

该功能负责用户之间连接的建立、维护及释放的管理工作，该功能还包括连接的合法性检查、密钥交换、QoS 协商、资源分配与回收、连接目标名与地址的翻译等。

(1) 合法性检查。在建立连接的同时对用户的身份进行验证。这种验证可以是连接双方相互验证，也可以是单向验证。

(2) 密钥交换。在建立连接的同时，在两个用户之间安全地交换一个密钥，以便在数据传输阶段进行加密传送。

(3) QoS 协商。在建立连接期间，发起连接请求的用户与服务提供者或连接响应者可能会就数据传输的服务质量(QoS)进行协商。如果他们找不到双方可以接受的 QoS，则不能建立连接，即连接建立失败。一般有两种 QoS 协商过程：

- 发起者建议的 QoS 被服务提供者、响应者或二者同时接受或拒绝。
- 发起者建议的 QoS 被服务提供者、响应者或二者同时接受、降级或拒绝。

2.2.2 通信方式管理

对于半双工通信，n 层协议要进行用户“发信权”的管理，只有获得发信权的用户可以向对端用户发送数据；对于全双工通信，n 层协议要使它的用户能在任意时刻递交 SDU 和接收 SDU，即具有并发的收发功能。

2.2.3 数据发送/接收管理

n 层用户与 n 层协议之间传递的数据称为服务数据单元(SDU)，而 n 层协议实体之间传递的数据称为协议数据单元(PDU)，数据发送/接收管理功能就是要把用户提交的 SDU 以 PDU 的形式，通过下层通道发送到对端协议实体，在接收端再将 PDU 还原成 SDU 送给收端用户。该功能可细分为以下几种。

1. PDU 的封装/解封装

在发送端，将用户递交的(n)SDU 加上协议控制信息(n)PCI，封装成(n)PDU；在接收端，将接收到的(n)PDU 解封装，去掉(n)PCI，还原成(n)SDU 送交接收端用户。(n)PDU 与(n)SDU的关系如图 2-11 所示。

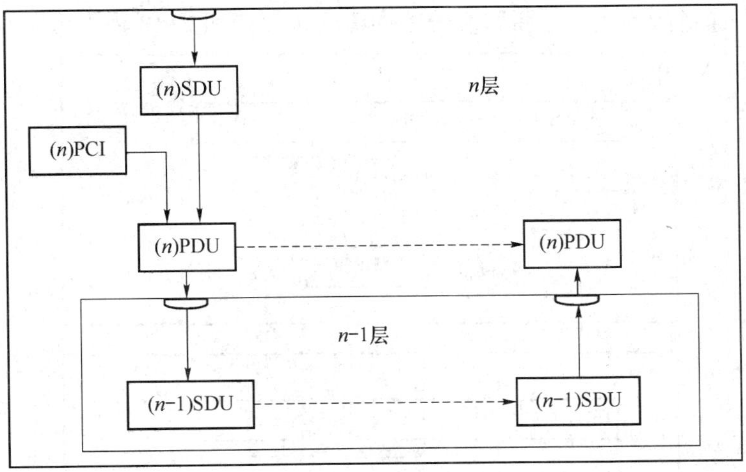

图 2-11　PDU 与 SDU 的关系

2. SDU 分段/装配

如果下层通道的带宽不能满足传递(n)SDU 的需要，就需要将一个(n)SDU 分成多段，分别封装成(n)PDU 发送出去(分段)；在接收端再将这些(n)PDU 解封装后重新装配成(n)SDU。分段与装配的概念如图 2-12 所示。

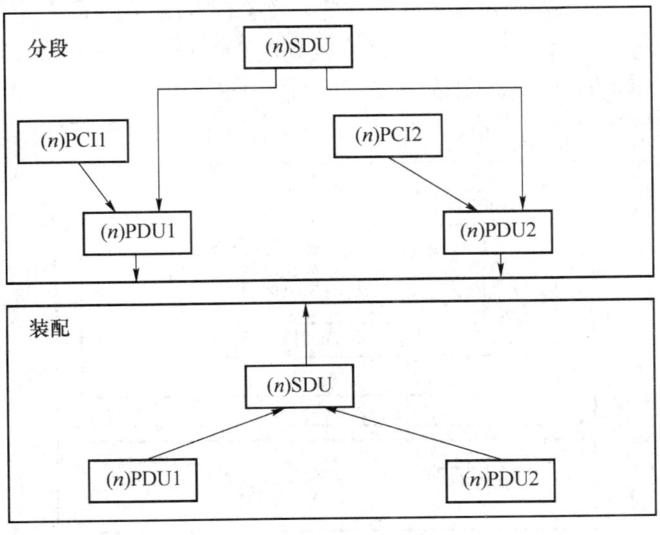

图 2-12　SDU 分段与装配的概念

3. SDU 拼接/分离

拼接是指在发送端 n 层协议实体把多个长度较短的(n)SDU 封装成一个(n)PDU 来发送，在接收端再将接收到的(n)PDU 解封装，将多个(n)SDU 分离出来。采用拼接功能的目的是提高通道的利用率。拼接和分离的概念可以用图 2-13 来表示。

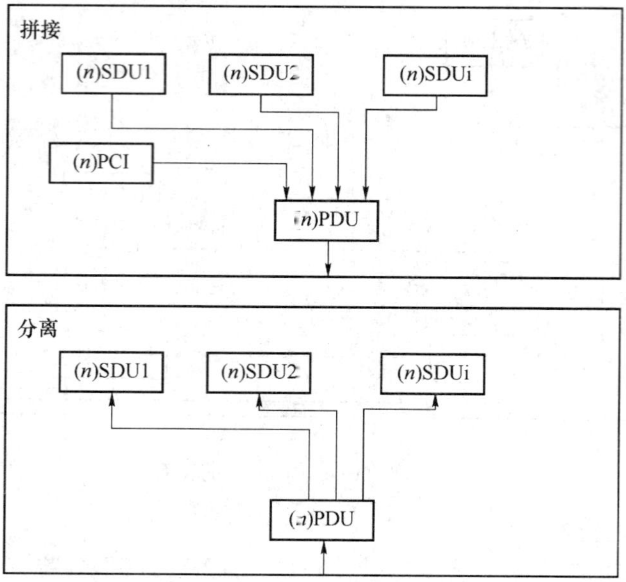

图 2-13 SDU 拼接和分离的概念

4. PDU 分割/组合

PDU 分割是指在发送端 n 层协议实体把一个 (n)PDU 分割成多个 $(n-1)$SDU，并行地从多个 $(n-1)$ 通道发送出去；接收端再将收到的多个 $(n-1)$SDU 组合成一个 (n)PDU。由于这是一个 n 层功能，所以组合操作在 n 层中进行，即 n 层先得到多个分割开的 (n)PDU，然后把它们组合成一个 (n)PDU。图 2-14 给出了 PDU 分割与组合的功能说明。

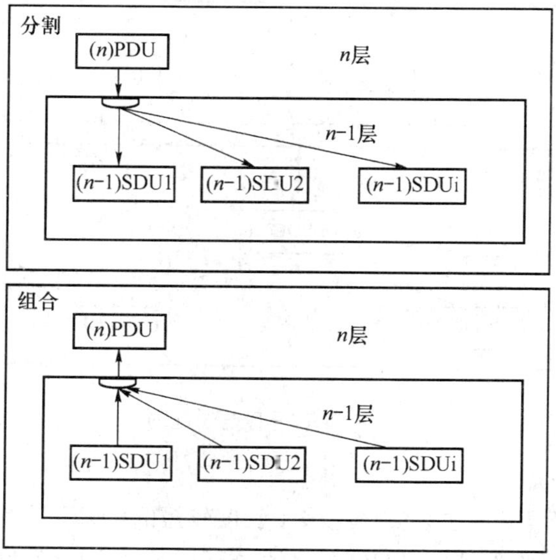

图 2-14 PDU 分割与组合的概念

5. 通信量填充

通信量填充功能用来产生虚假的(*n*)SDU,主要有两个目的:一是为了产生一个恒定速率的数据流,无正常 SDU 传送时就需要虚假的 SDU 来填充;另一个是填充 SDU 至一个恒定的长度。

假的 SDU 和 SDU 填充内容的选择应能满足这样一个条件:在接收端,这些假的 SDU 和 SDU 填充内容既不会被识别成正常数据,又能从正常数据流中区别出来。

2.2.4 数据安全与完整性

数据的安全性可以通过加密功能来实现。加密功能完成数据的密码转换,它把数据从明文变成密文。加密之后,数据的语义被改变,如果没有对应的解密算法,就得不到数据原来的语义。相反的功能叫做解密,它把密文还原成明文,数据的语义得到恢复。一般来说,加密和解密是基于一个公开的算法和一个必须保密的密钥,或者是两个密钥,其中一个是公开的。

数据的完整性可以通过加校验和或前向纠错来实现。加校验和功能以 PDU 作为输入,产生一个固定大小的校验和作为输出。校验和是一种针对 PDU 中所有位的功能,提供位差错检测能力,任一位的改变将导致一个不同的校验和。校验和的算法包括:奇偶校验、累加和校验、CRC 校验(循环冗余检验)等。

前向纠错(FEC)功能以 PDU 作为输入,产生一个冗余数据块作为输出。FEC 的相反功能是以 PDU 和与之相关的冗余数据块作为输入,检查并纠正数据中可能存在的比特差错,返回正常的数据(PDU)。如果错误不能纠正,则指示失败。

2.2.5 发送/接收控制

发送/接收控制功能主要用来保证接收到的数据报不丢失、不重复、接收顺序正确,以满足用户的可靠性要求,该功能可细化为如下几项。

1. 顺序控制

为了保证 PDU 按顺序发送和接收,每个 PDU 都分配了一个序列号,顺序控制功能负责核对接收到的 PDU 序列号,剔除重复的 PDU,保证接收到的数据报不重复、接收顺序正确。

2. 重发控制

为了保证 PDU 被对方正确接收,一般采用接收端向发送端回送确认报文的方式,如果接收到的报文被损坏,接收端回送非确认报文。如果报文丢失,发送端将得不到确认报文,所以,在发送端需设置定时器,如果定时器超时,说明报文丢失或确认报文丢失,发送端重发报文,这就是重发控制功能。重发控制保证了报文不丢失。

3. 速率流控

该功能的作用是调节发送端发送 PDU 的间隔,以保证在接收端和中间节点不会造成拥塞。如果发送速率比接收速率大，就会在接收端造成拥塞。

4. 抖动补偿

抖动是指最大 SDU 传输时延与最小 SDU 传输时延之间的差值，为了保证接收端用户收到的 SDU 是连续的，就需要进行抖动补偿。一般通过设置缓冲，延迟递交数据流中的第一个 SDU 来补偿时延差。

5. 窗口流控

该功能的作用是调节发送者和接收者之间传输的 SDU 的数据总量，以避免在接收端出现缓冲区溢出。

2.2.6 中继

中继功能是中转实体具有的功能，其作用是为两个不同的连接搭桥，形成一个连接。

完成中继功能的节点通常称为中继系统。在 OSI 7 层模型中，处于不同层的中继系统具有不同的名称，如表 2-1 所示。

表 2-1 中继系统的名称

中继系统所在层	中继系统的名称
应用层	
表示层	
会话层	
传输层	网关
网络层	路由器
链路层	网桥
物理层	中继器

2.2.7 路由选择

当网络中存在多个中转实体时，在中转实体中就需要路由选择功能。路由选择功能就是根据输入数据流的目的地址选择下一个中转实体（或下一节点）。

路由选择功能一般采用路由表的形式来实现。路由表可以是静态定义的，也可以是基于时间或事件驱动进行动态更新的。基于静态定义的路由表的路由选择功能提供静态的路由选择，它与($n-1$)通道的状况（如负载情况）无关。基于动态更新路由表的路由选择功能提供适应性的路由选择，由于路由表的内容会因为($n-1$)通道状况的变化而被改变，它为用户提供的路由是变化的。路由选择可以基于以下因素。

- 性能。选择具有最大吞吐率、最小端到端时延和最小时延抖动的任意组合的路由。
- 可靠性。选择具有最小丢包率和最小位差错率，或二者之一的路由。

- 安全性。选择提供适当保护级的路由。
- 价格。选择收费最少的路由。

2.2.8 通道管理

通道管理功能主要负责通道的形成（如建立连接）、监视通道状态、处理通道故障（如通道复位、断连等的恢复）以及共享通道控制等。

2.2.9 其他功能

除了上述八类功能外，通信协议还可能具有其他功能，如环路测试、流量统计、无活动控制等。

思　考　题

1. 分析协议环境对开发协议有何意义？
2. 你能举出几种本章未列出的协议功能？
3. 试分析一种你熟悉的协议。

本章参考文献

[1] 龚正虎. 计算机网络协议工程. 长沙：国防科技大学出版社，1993.

[2] Stefan Boecking. 面向对象的网络协议. 陈葆珏，严伟，译. 北京：机械工业出版社，2000.

第3章 协议设计技术

通过对协议环境和协议功能的分析，一个特定协议应该具有哪些功能已经基本明确，接下来的任务就是设计这个特定协议。协议设计主要解决如何实现协议功能，包括采用什么方法、设计多少服务原语、需要多少条 PDU、PDU 的格式是怎样的、协议采用怎样的结构等。协议设计可以分成三大部分来考虑，即协议结构设计、协议机制设计和协议元素设计。

3.1 协议结构设计

与设计其他软件系统一样，在设计协议时，先要设计好协议的结构，然后再设计协议的内容。协议的结构可以从 3 个方面来考虑：分层、分阶段、分类。

1. 协议分层

OSI 模型把计算机网络协议分成了 7 层，TCP/IP 协议栈把网络协议分成 4 层。这里的协议分层是指把 n 层协议再分成两个或多个子层，然后再分层设计。分层的原则是：与用户接口的协议实体和与下层通道接口的协议实体在功能上相互独立，而且各自的功能都比较复杂。通过划分子层，可以使复杂协议的结构变得清晰，有利于协议的设计、验证、实现和测试。但划分子层后，由于增加了子层间的通信，协议效率会受到一些影响，因此当用户对协议的效率要求很高时，应尽可能避免划分子层。

协议分层的例子如数据链路层协议，通常，数据链路层协议都再分成逻辑链路控制(LLC)和媒体访问控制(MAC)两个子层。

2. 协议分阶段

协议分阶段是指把 n 层协议分成多个运行阶段，每个阶段只需要部分协议功能在工作。例如,传输层协议就分了 3 个阶段,这 3 个阶段是:建立连接阶段,这一阶段负责在两个用户之间建立一条连接;数据传送阶段,用户利用已经建立好的连接传送数据;释放连接阶段,用户数据传送完毕,拆除连接。

协议分阶段同样有利于协议的设计、验证、实现和测试。协议分阶段的依据是协议的运行过程具有明显的阶段性。

3. 协议分类

协议分类是指当 n 层协议需要满足不同用户要求或需要适应不同的下层通道时,把 n 层协议分成不同的类别,每类协议只适用于一定用户和一定通道。协议分类可以起到简化协议的作用。

3.2　协议机制设计

设计协议机制就是设计实现协议功能的方法、策略、算法等。由于协议功能多种多样,不可能有统一的方法或算法来实现这些功能,因而协议机制的设计也就不可能有统一的方法。设计协议机制时,除了保证实现协议功能外,还应注意以下几点。

1. 运行效率

通信协议一般都有实时性要求,如果协议机制运行效率低下,不能满足协议的实时性要求,也就难以实现协议的功能。

2. 资源利用率

主要指存储资源的利用率,协议运行期间都会用到存储缓冲区,缓冲区大小的设计关系到协议的运行效率和吞吐量。

3. 异常处理

相对来说,实现协议功能要比考虑异常情况容易得多。在协议运行期间,什么样的异常情况都可能出现,正确处理这些异常情况,才能保证协议的可靠运行。

下面通过几个典型例子来说明协议机制的设计。

3.2.1　连接控制管理

以 TCP 协议建立连接和释放连接为例。TCP 支持点到点通信,下面把发起连接请求的主机称为主机 1,把对端主机称为主机 2。TCP 建立一个连接采用 3 次握手方案,即主机 1 向主机 2 发出建立连接请求报文(SYN 比特置位),主机 2 收到建立连接请求后向主机 1 回送证实＋请求报文(ACK 比特和 SYN 比特均置位),即在证实收到对方请求报文(证实号等于请求报文的序列号)的同时发出建立连接请求,主机 1 收到证实＋请求报文后再向主机 2 发送证实报文(ACK 比特置位,证实号等与主机 2 的请求报文的序列号),3 次握手过程完成,连接建立成功。两个主机之间传递的 TCP 报文(PDU)都包含一个序列号,序列号采用 32 位编码,每发送一个报文,序列号加一,溢出后归零。每次建立连接时在两端各随机产生一个初始序列号。建立连接的3次握手过程如图3-1所示。

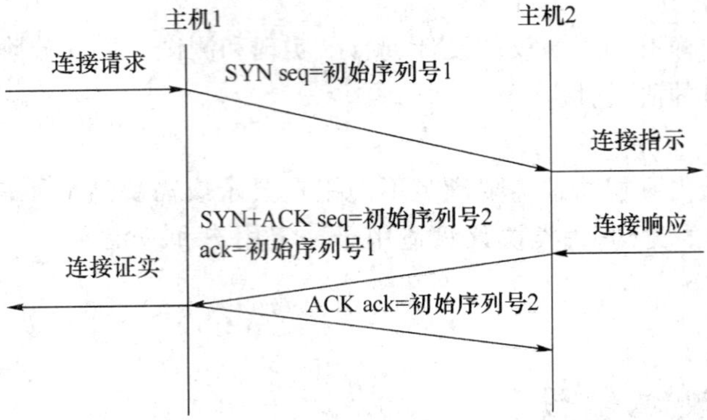

图3-1 建立连接的3次握手过程

由于每次建立新的连接时都将在两端各产生一个随机的初始序列号，因而连接建立过程不会受前一连接的重复报文或延迟报文的影响。也就是说，这些重复报文或延迟报文(如果存在的话)的序列号与建立新的连接时产生的初始序列号相同的概率几乎为零。

如果两个主机同时向对端发出建立连接请求报文，则两个主机都会向对端回送证实报文，并在收到对端的证实报文后完成建立连接过程。通信双方同时发出建立连接请求的连接建立过程如图3-2所示。

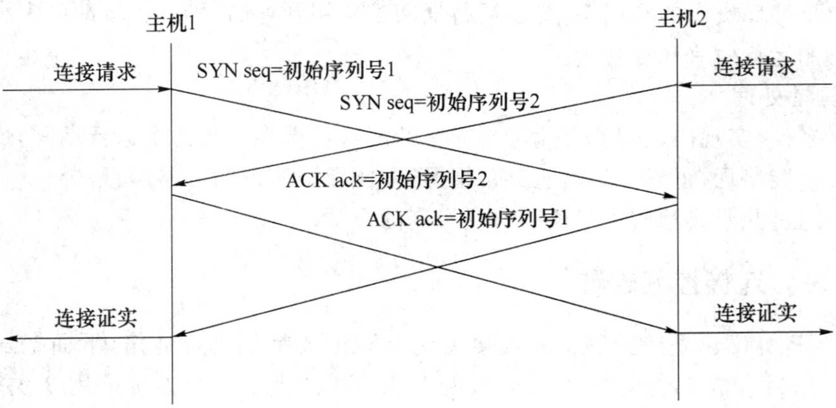

图3-2 同时进行的建立连接过程

连接释放的功能是关闭一个连接。为了完善地关闭连接，通信双方分别关闭本方的输出流，即输出最后一个数据报文后就不再输出新的数据报文，先关闭输出流的一方要继续接收对方发来的数据报文，直到收到最后一个报文。连接释放的过程如图3-3所示。

由图 3-3 可知，连接释放过程采用用户证实方式，主机 1 协议实体向用户提交释放证实后并不是马上回到空闲状态，而是延时一段时间，保证对方收到证实报文后才回到空闲状态，允许建立新的连接。

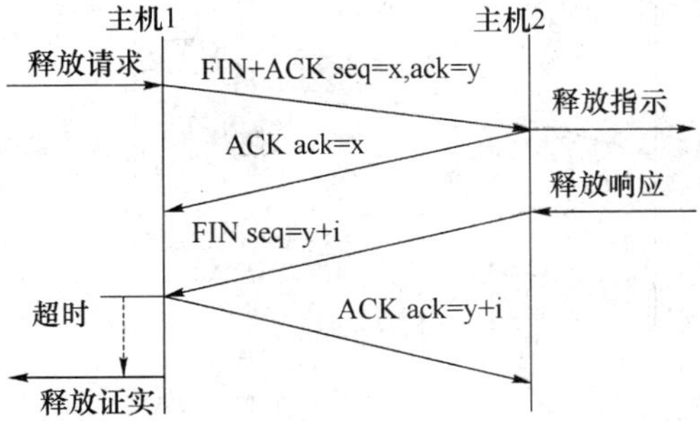

图 3-3　连接释放过程

3.2.2　重发控制

重发控制功能用来保证 PDU 不丢失，一般做法是在发出一个 PDU 后，设定一个定时器，在定时器超时之前如果没有收到证实报文，就重发该 PDU。定时器的时长依据 RTT 来定。而 RTT 与通信距离有关，一台机器与同在一个办公室内的另一台机器通信，RTT 可能只需几毫秒，如果一台机器通过卫星电路与另一国家的一台机器通信，RTT 就可能需要几百毫秒甚至几秒。这样，在设计时就不能采用固定的定时长度，而是要根据实际的 RTT 值来确定。TCP 采用自适应方式来确定定时长度，其具体做法是：TCP 通过测量收到一个应答所需的时间来为每个活动的连接估算 RTT。当发送一个报文时，TCP 记录下发送的时间，当应答到来时，TCP 从当前时间中减去记录的发送时间就可以得到一个 RTT 的一个新的估计值。在多次发送数据报文并收到应答后，TCP 就产生了一系列的 RTT 估计值，然后利用一个静态的函数产生一个加权平均值。除了加权平均值，TCP 还保留了一个变化量的估计值。利用加权平均值和变化量估计值的线性组合作为重发的等待时间，即定时器的定时长度。

当传输时延保持常量时，TCP 调整的定时长度比 RTT 的平均值稍大一点，当传输时延发生变化时，TCP 把定时长度调整到比平均值加变化量稍大的值，以适应延时峰值。图 3-4 给出了两个不同 RTT 估计值导致不同的定时器定时长度的例子。

由于 TCP 采用自适应方式调整重发定时器，可以及时发现丢包，及时重发，对提高吞吐率是有帮助的。调整重发定时器的目标是：为确定一个数据包的丢失等待足够长的时间，但绝不会比必须等待的时间更长。

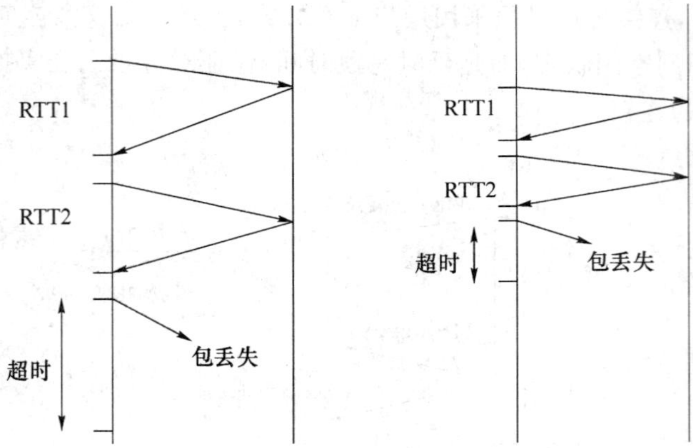

图 3-4　不同的 RTT 导致不同的定时器定时长度

3.3　协议元素设计

一般来说,协议由 6 种元素组成,这 6 种元素是:

- 服务原语和服务原语时序
- 协议数据单元(PDU)和 PDU 交换时序
- 协议状态
- 协议事件
- 协议变量
- 协议动作和谓词

3.3.1　服务原语和服务原语时序

服务原语是协议与用户的接口(即服务访问点 SAP),用户通过服务原语得到协议提供的服务。协议实体通过服务原语得到用户的服务要求和返回结果。服务原语的类型主要有 4 种:请求、指示、响应和证实。每条服务原语可以带若干参数,不同的服务动作可能携带不同的参数。服务原语时序取决于用户要求的服务证实方式,第 2 章中给出了多种服务原语的时序关系图。

仍以 TCP 协议为例。TCP 协议与其他传输层协议一样,具有以下服务原语:

- 建立连接请求(connection_req),主要参数为对端 IP 地址(或对端主机名,由协议翻译成对端 IP 地址);
- 建立连接指示(connection_ind),主要参数为对端 IP 地址;
- 建立连接响应(connection_resp);

- 建立连接证实(connection_conf),主要参数为 TCP 端口号(一个主机可以建立多条 TCP 连接,需要用端口号来区别);
- 发送数据请求(data_req),主要参数为数据报文;
- 发送数据指示(data_ind),主要参数为数据报文;
- 释放连接请求(disconnect_req),主要参数为 TCP 端口号;
- 释放连接指示(disconnect_ind),主要参数为 TCP 端口号;
- 释放连接响应(disconnect_resp);
- 释放连接证实(disconnect_conf)。

TCP 协议正常的服务原语时序如图 3-5 所示。

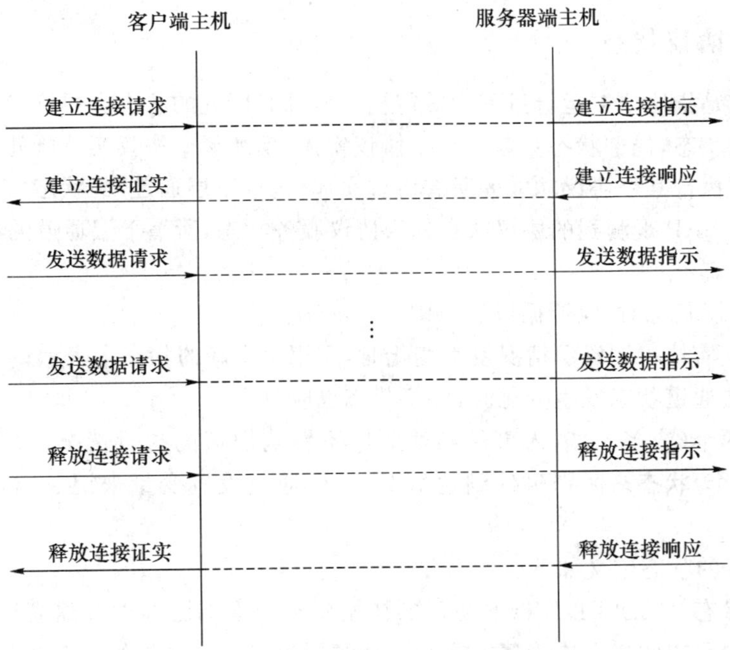

图 3-5　TCP 协议服务原语时序图

3.3.2　PDU 格式和 PDU 交换时序

对等协议实体之间交换信息均以 PDU 为单位,PDU 格式严格定义了信息的内容和含义,PDU 的格式一般用 ASN.1 语言来定义。在协议中存在两种 PDU,即数据 PDU 和控制 PDU。数据 PDU 用来传递用户数据,而控制 PDU 用于协议实体之间的信息交互,如确认报文 PDU。在设计协议时,除了要定义 PDU 格式外,还必须定义 PDU 的交换时序,即规定一方收到某个 PDU 后应该回什么 PDU 或可以回哪些 PDU。PDU 的交换时序必须包括正常情况和各种异常情况。MSC 可以用来描述各种情况下的 PDU 交换时序，MSC 的语法将在下一章中介绍。

TCP 协议采用统一的 PDU 格式，包括：源端口号、目的端口号、报文序号、确认报文序号、控制位、窗口、校验和、紧急指针等字段（具体格式参见文献 3）。其中，控制位字段标明该 PDU 的性质，例如，“SYN”位置位，表示该 PDU 为同步 PDU，用于建立连接；“FIN”位置位，表示数据传输已经结束，用于释放连接；“ACK”位置位，表示确认报文序号字段有效，该位可以与其他位同时置位，即 TCP 协议的确认报文可以在其他报文中携带，这样可以提高下层通道的利用率。

图 3-1 和图 3-3 也可以理解成 TCP 协议建立连接阶段和释放连接阶段的 PDU 交换时序。

3.3.3 协议状态

协议状态是指协议在运行过程中等待输入事件时所处的状态。协议状态可以分为局部状态和全局状态，局部状态只涉及单个协议实体，反映单个协议实体所处的状态。全局状态是指参与执行某个协议功能的所有协议实体（包括下层通道）的状态之和。

用户通过 SAP 观测到的协议状态称为协议服务状态，所谓下层通道的状态就是下层协议的服务状态。

在设计协议状态时，应遵循以下原则：

- 当协议实体占用资源情况发生变化时，应用一个新的状态来表示；
- 当下层通道状态发生变化时，协议状态也应改变；
- 如果两个（或多个）输入事件到达顺序不影响协议的执行情况，就不必设置两个（或多个）状态来区别事件到达情况，可以通过设置变量来记录输入事件到达情况。

TCP 协议的状态定义如下。

- 关闭状态“CLOSED”：TCP 协议的初始状态。本端已经做好建立连接的准备，等待本端用户的建立连接请求或对端来的同步 PDU（对端发起的建立连接请求）。
- 等待同步状态“SYN_SENT”：本端已经发出同步 PDU，等待对端的同步 PDU 和确认 PDU。
- 等待用户响应状态“WAIT_RESP”：收到对端的同步 PDU，通知本端用户，等待用户做出响应。
- 预同步状态“SYN_RECVD”：已经收到对端的同步 PDU，本端也已发出同步 PDU 和对对端同步 PDU 的确认 PDU（可以在同一个 PDU 中发送），等待对端的对本端同步 PDU 的确认 PDU。
- 连接已建立状态“ESTABLISHED”：连接已经建立，双方可以发送数据了。
- 等待用户关闭状态“CLOSE_WAIT”：收到对端释放连接请求（FIN 置位的 PDU），等待本端用户的释放连接响应（关闭指令）。

- 等待最后确认报文状态“LAST_ACK”：双方已经关闭数据流，本端已经发出最后一个确认 PDU，等待对端最后一个确认 PDU，收到后将关闭连接，回到“关闭状态”。
- 释放状态 1“FIN_WAIT_1”：本端用户请求释放连接（也是关闭指令），已关闭本端数据流（发出 FIN 置位的 PDU），等待对端确认并关闭数据流。
- 释放状态 2“FIN_WAIT_2”：本端关闭数据流后收到对端确认 PDU，等待对端关闭数据流。
- 预关闭状态“CLOSING”：双方已经关闭数据流，本端已发出最后一个确认 PDU，等待对端最后一个确认 PDU。本状态与“LAST_ACK”状态的区别是：“LAST_ACK”状态下收到的确认 PDU 是该连接中传递的最后一个 PDU；而在“CLOSING”状态下，由于本次连接释放过程是由本端用户启动的，对端发出的最后一个确认 PDU 可能不是该连接中传递的最后一个 PDU，所以，收到该确认 PDU 后不能立即关闭连接。
- 延迟关闭状态“TIME_WAIT”：已经收到对端发出的最后一个确认 PDU，但为了保证在本端发出的最后一个确认 PDU 到达对端前，本端不会发出任何 PDU，需要延时一定时间（可以取 RTT 时长）后再关闭连接。

3.3.4 协议事件

协议事件就是协议的输入，协议的输入包括 3 个部分：来自本方用户的服务原语，来自对方协议实体的 PDU 以及来自内部的定时器信号（超时）。由于服务原语和 PDU 已经设计好，这里只需要设计定时器及定时时长，定时时长可以简单地根据 RTT 来确定。

3.3.5 协议变量

协议中用到的各种变量都可以称为协议变量。与其他软件一样，协议软件中的变量也分全局变量、局部变量和临时变量 3 种。设计协议变量时，一般只设计全局变量和局部变量，临时变量可以在设计和实现过程中根据需要随时添加。设计协议变量就是给出变量名称、变量的数据类型以及变量的取值范围等。变量名的取名应尽可能与其用途一致。

3.3.6 协议动作和谓词

协议动作是指协议在状态转换（迁移）过程中执行的操作，协议从一个状态迁移到另一个状态的过程称为协议过程，协议功能一般通过执行一组协议过程来实现，协议过程由协议事件驱动，被驱动的过程执行一系列操作，这些操作包括：

- 输出信息（SDU 和 PDU）
- 设置定时器（开始计时）
- 复位定时器（停止计时）

- 修改协议变量
- 改变协议状态
- 执行一系列动作(操作)的过程(函数)
- 其他操作(如读、写文件等)

在有些情况下,协议过程中一些协议动作的执行是有条件的,描述这些约束条件的语句称为谓词。谓词一般用布尔表达式来表示。

对于输出操作,输出 PDU 时,一般采用函数(过程)调用的方式来实现,即通过输出函数(过程)可以把要输出的 PDU 送到下层通道,通过下层通道输出到对端协议实体。但在输出 SDU 时,有时不可能通过调用函数(过程)直接输出,这是因为在一些情况下,下层软件不能直接访问上层资源,更不可能直接调用上层软件中的接收函数(过程)。这时,输出 SDU 的操作就需要采用"回调"的方式来实现。所谓"回调"是指下层协议软件为用户(上层协议实体)准备一个可以得到最新 SDU 的函数(过程),当接收端协议实体将接收到的 PDU 解封装并还原成 SDU 后,产生一个中断信号通知用户,上层协议实体通过调用该函数(过程)得到 SDU,从而实现了协议实体向用户"输出"SDU 的功能。这种函数称为回调函数。如果不采用中断方式,n 层协议也可以为用户准备一个查询接收函数,由用户定期或不定期地调用该函数,如果协议实体已经接收到一个完整的 SDU,用户在调用该函数时就可以得到该 SDU,否则函数将给用户返回一个数据未准备好的标志。

当 n 层协议采用硬件来实现时,一般都采用回调函数的方式来向用户"输出"SDU。

设置定时器的操作主要包括:激活定时器,设定定时时长,在定时器的数据结构中记录使用者的标识符。记录使用者标识符的目的是当定时器超时时可以通过该标识符将超时信号送到对应的协议实体。

复位定时器就是去激活定时器,停止计时。

如果在多个协议过程中存在一些相同的操作,为了使协议简练,也可以定义函数(过程),用函数(过程)来完成这些操作,在需要这些操作的地方调用该函数(过程)就行了。

如果在一次协议状态的迁移过程中执行的协议过程比较复杂,也可以将该协议过程设计成一个函数(过程),这样可以增加协议的可读性。

3.4 协议状态机

协议状态机用来描述协议状态的迁移情况,协议状态机反映了协议元素之间的关系,即:在什么状态下,收到什么输入事件,将会引起什么协议过程,协议过程中将在什么条件下执行什么协议动作,协议过程执行完后状态机将转入什么状态等。协议的工作过程实际上也是协议状态机的状态迁移过程,准确描述协议状态机是十分必要的。

协议状态机可以用事件状态表或有限状态机来描述。

3.4.1 事件状态表

事件状态表用表格形式详细说明协议状态与协议事件及协议动作的关系，事件状态表的表格内容如表 3-1 所示。TCP 协议的事件状态表如表 3-2 所示。

表 3-1　事件状态表表格内容

当前状态	输入事件	谓　词	协议动作	下一状态

表 3-2　TCP 协议事件状态表

当前状态	输入事件	谓　词	协议动作	下一状态
CLOSED	connection_req		syn	SYN_SENT
CLOSED	syn		connection_ind	WAIT_RESP
SYN_SENT	syn+ack		ack,connection_conf	ESTABLISHED
SYN_SENT	syn		ack,connection_conf	SYN_RECVD
SYN_SENT	disconnect_req			CLOSED
SYN_SENT	Tcon_req	重发少于 3 次	syn	—
SYN_SENT	Tcon_req	重发超过 2 次	disconnect_ind	CLOSED
WAIT_RESP	connection_resp		syn+ack	SYN_ RECVD
WAIT_RESP	Tw_resp			CLOSED
SYN_RECVD	ack			ESTABLISHED
SYN_ RECVD	disconnect_req		fin	FIN_WAIT_1
SYN_ RECVD	Twait_ack		fin	FIN_WAIT_1
ESTABLISHED	data_req		data+ack	—
ESTABLISHED	data+ack		data_ind	—
ESTABLISHED	disconnect_req		fin+ack	FIN_WAIT_1
ESTABLISHED	fin		ack,disconnect_ind	CLOSE_WAIT
CLOSE_WAIT	disconnect_resp		fin	LAST_ACK
LAST_ACK	ack			CLOSED
FIN_WAIT_1	ack			FIN_WAIT_2
FIN_WAIT_1	fin		ack	CLOSING
FIN_WAIT_1	fin+ack		ack	TIME_WAIT
FIN_WAIT_2	fin		ack	TIME_WAIT
CLOSING	ack			TIME_WAIT
TIME_WAIT	Tdelay		disconnect_conf	CLOSED

表 3-2 中，下一状态栏中的"—"表示状态不发生改变。协议动作栏只给出了输出事件，没有考虑"变量赋值"、"设置定时器"、"复位定时器"等协议动作。协议动作栏中，"ack，connection_conf"表示执行两次输出。TCP 协议的输出事件定义如表 3-3 所示。

表 3-3　TCP 协议输出事件定义

输出事件符号	输出事件含义
ack	确认 PDU
connection_conf	建立连接证实原语
connection_ ind	建立连接指示原语
data+ack	带确认信息的数据 PDU
data_ind	发送数据指示原语
disconnect_conf	释放连接证实原语
disconnect_ind	释放连接指示原语
fin	关闭输出流 PDU
fin+ack	带确认信息的关闭输出流 PDU
syn	同步 PDU
syn+ack	带确认信息的同步 PDU

TCP 协议的输入事件定义如表 3-4 所示。

表 3-4　TCP 协议输入事件定义

输入事件符号	输入事件含义
ack	确认 PDU
connection_req	建立连接请求原语
connection_ resp	建立连接响应原语
data+ack	带确认信息的数据 PDU
data_req	发送数据请求原语
disconnect_req	释放连接请求原语
disconnect_resp	释放连接响应原语
fin	关闭输出流 PDU
fin+ack	带确认信息的关闭输出流 PDU
syn	同步 PDU
syn+ack	带确认信息的同步 PDU
Tcon_req	等待同步 PDU 超时
Tdelay	延时释放定时超时
Tw_resp	等待用户响应超时
Twait_ack	等待确认 PDU 超时

3.4.2　有限状态机

有限状态机用状态迁移图来描述协议状态与协议事件及协议动作的关系，有限状态机的定义有多种版本，但基本内容是相同的。下面介绍一种扩展有限状态机(EFSM)，EFSM 可以定义成一个四元系统 $<S,i,E,T>$。

- S：系统状态集，状态数是有限的。
- i：系统初始状态，$i\in S$；一个系统有且仅有一个初始状态。
- E：输入事件集。
- T：转移函数集，是从 $S\times E$ 到 S 的映射。

转移函数定义为：

$$S_i \xrightarrow{t} S_j \in T; S_i, S_j \in S$$

"t"代表转移函数，有以下 4 种形式：

- $t=e/p:a$
- $t=e/\neg p:a$
- $t=e/a$
- $t=e$

其中，e 代表输入事件，$e\in E$；p 为谓词，表示条件；a 表示动作。4 种转移函数可以解释为：

- 系统在状态 S_i 下，收到输入事件 e，如果谓词 p 为"真"，系统执行动作 a，并转移到状态 S_j；
- 系统在状态 S_i 下，收到输入事件 e，如果谓词 p 为"假"，系统执行动作 a，并转移到状态 S_j；
- 系统在状态 S_i 下，收到输入事件 e，无条件执行动作 a，并转移到状态 S_j；
- 系统在状态 S_i 下，收到输入事件 e，无条件转移到状态 S_j，不执行任何动作。

扩展有限状态机可以用图形方式来表示，圆圈表示状态，状态名位于圆圈内；一个无源箭头指向系统初始状态；连接两个圆圈的箭头表示状态转移，转移函数标在箭头附近，与箭头关联。

图 3-6 给出了用扩展有限状态机描述的 TCP 协议状态机。

协议状态机的两种描述方式各有优点，事件状态表方式直观易懂，便于编程实现。有限状态机方式整体感强，便于理解和交流。但这两种方式都限于描述单个协议机的协议状态，难以描述协议机之间的通信关系。后续章节将要介绍的消息顺序图 MSC 和规范说明和描述语言 SDL 很好地解决了协议机之间通信行为的描述问题。

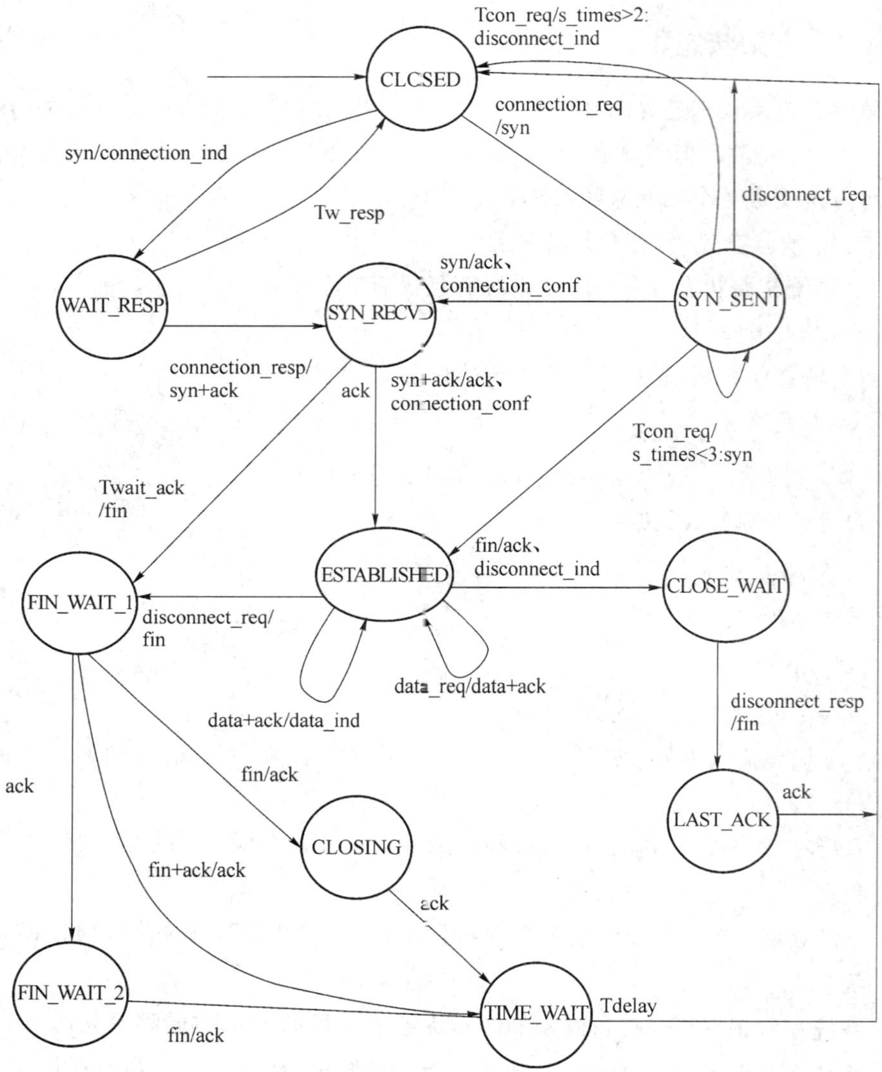

图 3-6 TCP 协议的有限状态机图

思 考 题

1. 设计协议时应考虑哪些问题?
2. 协议包含哪些元素?
3. 怎样描述协议元素之间的关系?

本章参考文献

[1] 龚正虎.计算机网络协议工程.长沙:国防科技大学出版社,1993.

[2] Stefan Boecking.面向对象的网络协议.陈葆珏,严伟,译.北京:机械工业出版社,2000.

[3] Douglas E. Comer.计算机网络与互联网.徐良贤,等译.北京:电子工业出版社,2001.

[4] Douglas E. Comer,David L. Stevens.用 TCP/IP 进行网际互连:第 2 卷.设计、实现和内部构成.2 版.张娟,王海,译.北京:电子工业出版社,2000.

第4章　协议描述技术

协议描述就是用某种语言来描述协议的内容，包括：协议的结构、服务原语和PDU、协议实体间信息交互情况和协议动作等。协议可以用自然语言、程序设计语言、形式描述语言或专用描述语言来描述，这里所说的协议描述是指对协议文本的描述。

用自然语言描述的协议可读性好，容易理解，但描述可能存在二义性，不同的人实现的协议可能由于理解不同而导致协议不能互通。更为不利的是，用自然语言描述的协议只能用人工来实现，对于较复杂的协议，人工实现效率低下，容易出错，验证困难。

用通用程序设计语言（如Pascal，C等）描述的协议便于实现，但可读性差。此外，程序设计语言描述协议并发性、不确定性等协议性质的能力较差，也不能直观地描述协议实体之间信息交互的情况。

用形式描述语言描述的协议可以比较充分地描述协议的各种性质，由于形式描述语言具有很好的数学基础，用它描述的协议在语义上不存在二义性，同时由于它抽象于具体的协议实现环境，支持协议在不同环境下的实现。

用专用描述语言描述的协议便于实现，能充分描述协议的各种性质。但只适用于某种特定环境，不能作为国际标准的协议文本的描述语言，因为这种专用描述语言一般都是一些大公司为本公司设计的。

对于标准协议文本而言，形式描述语言是最合适的描述语言。协议的描述可以分为协议的通信行为描述和协议状态机描述两类。本章介绍一种形式描述语言——MSC，可用来描述协议（通信软件）的通信行为。第5章介绍另一种形式描述语言——SDL，用来描述协议（通信软件）的系统结构和系统行为。

4.1 MSC 概述

MSC 是 ITU-T Z.120 建议中给出的一种形式语言，用来描述多个实体之间和实体与环境之间消息交互的顺序。MSC 是一种易学易用，应用广泛的语言。比如，在协议开发中，MSC 可以用来描述两个协议实体之间或多个协议实体之间 PDU(协议数据单元)的交换时序；在通信软件中，MSC 可以用来描述两个通信实体之间或多个通信实体之间消息交互情况。更有意义的是，MSC 可以用来描述两个或多个不对等实体之间消息交互情况。比如，可以用 MSC 来描述 SDL 系统中一个进程与一个功能块之间的消息交互顺序，这在大型软件系统的设计中是非常有用的。

在 ITU-T Z.120 建议中，MSC 的定义用两种具体文法给出，即文本文法(Textual grammar)和图形文法(Graphical grammar)。本书将参照 MSC-2000 的内容，采用图形文法来介绍 MSC 的概念。

4.1.1 MSC 的特点

概括来说，MSC 有以下几个主要特点。

- MSC 是一种消息跟踪语言。MSC 描述通信及其他事件发生的顺序，同时也可以表示对数值传递和事件定时的限定。
- MSC 是一种"场景"语言。每张 MSC 图只描述系统在某种情况下的通信行为，不同的"场景"(不同情况)需要不同的 MSC 图来描述。
- MSC 支持完整的和不完整的规范说明。在需求分析初期，可以用 MSC 描述不完整的系统通信行为。
- MSC 是一种图形化语言。它用二维图形来概括通信实例的行为。
- MSC 是一种形式语言。该语言的定义采用自然语言和形式化记法。
- MSC 是一种实用语言。MSC 可用于软件开发的全过程，从需求分析到总体设计，再到详细设计，直到软件测试，只是在不同阶段，MSC 的用法有一些不同。
- MSC 的应用很广泛。MSC 不是仅为一个应用领域而设计的，它可用于所有具有信息交互的应用领域。
- MSC 支持结构化设计。用高级 MSC 图可以把用简单 MSC 图描述的单个历程组合成更完整的规范说明。MSC 图集中起来形成 MSC 文档。分解(decomposition)机制支持历程的模块化设计。
- MSC 经常被用来与其他方法和语言联合使用。与其他语言联合，MSC 可以支持系统规范说明、系统设计、系统模拟验证、测试及建立文档系统。比如，MSC 与

SDL 联合，可以支持 SDL 系统的自动验证，与 TTCN 联合，支持测试用例的自动生成。

- MSC 可以描述系统不允许出现或不可能出现的通信行为。

4.1.2 MSC 的实体类型

MSC 有以下几种实体类型：

- MSC 文档
- MSC 图
- 实例(instance)
- 状态(condition)
- 定时器(timer)
- 消息(message)
- 通道(gate)
- 变量(variable)

各实体类型的含义和特点将在后续章节中介绍。其中，MSC 文档和 MSC 图也称为视见域(scope)。在一个系统中，每个实体都用一个名称来标识。在同一个视见域内，属于同一种实体类型的两个实体不能使用相同的名称。比如，在同一张 MSC 图中，不能有两个实例都叫"实例 A"。但在不同的 MSC 图中，则可以出现"实例 A"，这些"实例 A"代表同一个实体。在同一个视见域内，可以多次出现的实体有：状态、定时器和消息等，多次出现的实体代表同一个实体。实体的名称只在同一个视见域内是可见的，在该视见域之外不能被引用。

4.1.3 定义图形文法的符号说明

在用图形文法定义 MSC 语法(及后续章节定义 SDL 语法)时，将采用类似于巴科斯范式(BNF)的符号，具体如下：

- <>表示括号内的符号为非终结符，即还需进一步定义；
- {}表示括号内的内容有关联性；
- <> * 表示括号内的内容是可选的，可以为零或重复任意次；
- <>+表示括号内的内容是必选的，可以出现一次或重复任意次；
- ::=为定义符，定义符左部是非终结符，右部是由非终结符和"/"或终结符组成的符号串；
- |为"或"符，该符号两边的内容为并列关系。

非终结符最终都要用终结符来定义。终结符包括 MSC 中的关键字、各种标识符、名称、各种图形符号等。

此外，图形文法还采用了一组说明句法结构的词组，这组词组的内容及含义说明如下。

• **contains**

“＜area1＞ **contains** ＜area2＞”表示＜area1＞包含＜area2＞，包含的意义体现在几何图形上，也反映在逻辑关系上。图 4-1 是说明“**contains**”的例子。图 4-1 中的图形符号是一个 MSC 引用符，符号中的文字是被引用的 MSC 图的名称。该图说明了一个引用 MSC 的例子，被引用的 MSC 图的名称必须位于引用符内。

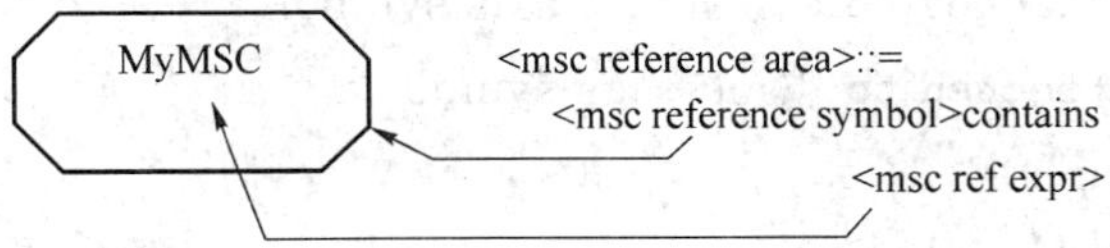

图 4-1　说明“contains”的例子

• **is followed by**

“＜area1＞**is followed by**＜area2＞”表示 ＜area2＞ 在逻辑上和几何图形上与＜area1＞关联，而且有上下相连的关系。图 4-2 对“**is followed by**”做了进一步解释。对于实例域而言，从逻辑上看，实例体域（＜instance body area＞）跟在实例头部（＜instance head area＞）下面，而实例结束符（＜instance end symbol＞）则跟在实例轴符（＜instance axis symbol＞）后。从几何图形上看，实例轴符接在实例头部符下，实例结束符则接在实例轴符下。

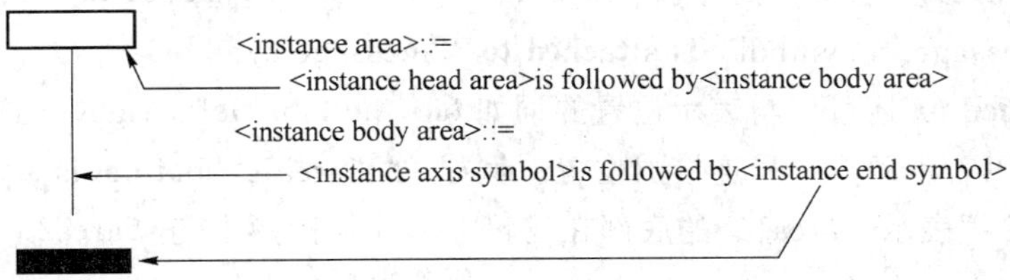

图 4-2　说明“is followed by”的例子

• **is associated with**

“＜area1＞**is associated with**＜area2＞”表示＜area2＞附属于＜area1＞，而且＜area2＞一般为文字内容。图 4-3 对“**is associated with**”作了进一步解释。消息标识（＜msg identification＞）附属于消息符（＜message symbol＞），在图中，有消息符就必须给出消息标识。

• **is attached to**

“＜area1＞**is attached to**＜area2＞”表示＜area1＞与＜area2＞相连，而且＜area2＞必须是一个或一组图形符号。图 4-3 也是一个“**is attached to**”的例子。图 4-3 中说明消息符与消息开始域（＜message start area＞）和消息结束域（＜message end area＞）相连。需要注意的是，如果“符号 A **is attached to** 符号 B”，则也有“符号 B **is attached to** 符号 A”，因此，两个符号相连的定义在语法中可能出现两次。接图 4-3 的例子，对＜message end area>做进一步定义如下：

<message end area>:: =

<message in area> | <gate in area> | <gate out def area> | <inline expr>

<message in area>:: =

<message in symbol>

is attached to <instance axis symbol>

is attached to <message symbol>

<message in symbol>:: =

<void symbol>

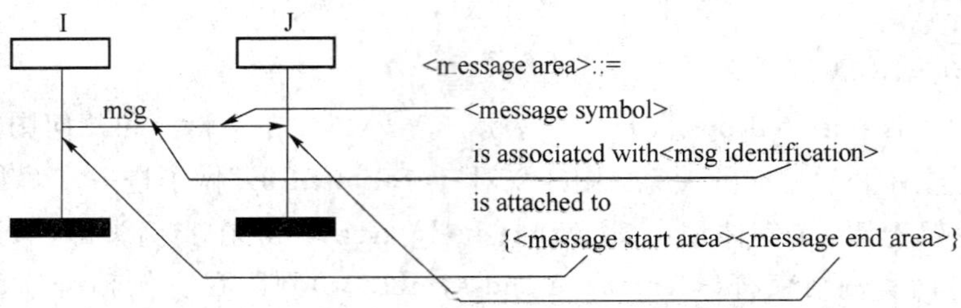

图 4-3　说明"is associated with"的例子

在图 4-3 和以上定义中就有了<message symbol> **is attached to** <message in symbol> 和<message in symbol>**is attached to** <message symbol>。

"is attached to"还可以与表示位置的词如 **top**，**bottom**，**left**，**right** 或这些词的任意组合联合使用，以表示两个符号连接的位置。例如："<area1> **bottom is attached to top or right** <area2>"表示<area1>的底部在逻辑上和几何图形上与<area2>的顶部或右边相连。

- **above**

"<area1> **above** <area2>"表示<area1> 与 <area2> 在逻辑上是有序的，在几何图形上则有<area1> 位于 <area2> 上方(垂直方向)。如果两个域(<area>)处于同一水平线，则这两个域之间没有定义顺序关系，但只有一个例外，就是对于一条消息，必须消息输出在前，消息输入在后。

- **set**

"set"为一个后缀操作符，接在花括号{}后，表示{}内的一组符号属于一个集合，而且集合内的元素是无序的。例如：

<text layer>:: =

{<text area> * } **set**

表示文本层(<text layer>)是一个包含零个或多个文本域(<text area>)的集合，而且这些文本域之间无先后关系。

<msc body area>:: =

{ <instance layer> <text layer> <gate def layer> <event layer>

<connector layer> } **set**

表示<msc body area>是由花括号内的元素组成的一个无序的集合。

4.2　MSC 基础

4.2.1　MSC 图

MSC 图的定义如下：

<msc diagram>:: =

<simple msc diagram> | <hmsc diagram>

从定义可知，MSC 图可以有两种定义方式：一种是简单的 MSC 图(simple msc diagram)；另一种是高级 MSC 图(high-level msc diagram)。简单 MSC 图描述一个系统中若干组件之间的通信行为和组件与系统外部环境之间的通信行为，系统组件在 MSC 图中以实例的形式出现，一张简单 MSC 图只描述系统的部分通信行为；高级 MSC 图用来描述简单 MSC 图的连接关系和结构关系等，构成更复杂的 MSC 图。本章主要介绍简单 MSC 图的语法和应用，下面的内容中，除了特别说明，MSC 图就是指简单 MSC 图。

简单 MSC 图可以进一步定义如下：

<simple msc diagram>:: =

<msc symbol>

contains <msc heading> <msc body area>

上面的定义可以解释为：简单 MSC 图由 MSC 头部(msc heading)和 MSC 主体域(msc body area)组成，这两部分内容被包含在 MSC 符号内。MSC 符号定义如下：

<msc symbol>:: =

<frame symbol> **is attached to** { <def gate area> * } **set**

<frame symbol >::=

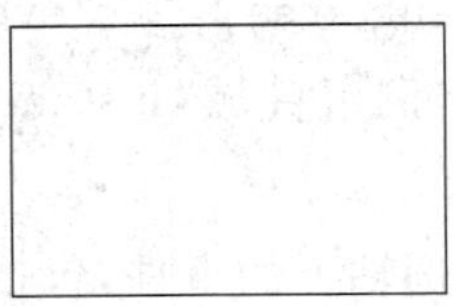

方框符作为 MSC 图的边界，方框符的左右两边可以视作 MSC 系统的环境。MSC 图描述的通信行为都限定在方框符内。MSC 系统与环境需要交互消息，每条消息的收(环

境发给 MSC 实例)和发(MSC 实例发给环境)就形成消息通道,称为通道定义域(definition gate area),所以方框符可能与多个通道定义域相连。当 MSC 图只描述系统内组件(实例)之间的消息交互情况时,就不需要与环境打交道了,所以,通道定义域是可选域,用“< > *”定义。

MSC 头部由关键字“**msc**”和 MSC 图名(msc name)组成,其定义如下:

<msc heading>∷=

msc <msc name>

MSC 主体域包括 5 个层面,即:实例层(instance layer)、文本层(text layer)、通道定义层(gate definition layer)、事件层(event layer)和连接器层(connector layer)。每张 MSC 图的主体域由这 5 个层面的任意组合构成,其定义如下:

<msc body area>∷=

{ <instance layer> <text layer> <gate def layer>
<event layer> <connector layer> } **set**

实例层主要用来说明 MSC 图中包含的实例的情况,包括实例类型、实例名及实例体等,这些由实例域给出。实例层包括零个到多个实例域,说明个别 MSC 图可以不包含实例。实例层的定义如下:

<instance layer>∷=

{ <instance area> * } **set**

文本层主要是 MSC 图中的文本说明,是一个独立层,与其他层在逻辑上和图形符号上均无联系。文本层包括零个到多个文本域。文本层的定义如下:

<text layer>∷=

{ <text area> * } **set**

通道定义层包括零个到多个通道定义域,通道定义域用来定义系统与环境之间交互消息的通道(gate)。通道定义层的定义如下:

<gate def layer>∷=

{ <def gate area> * } **set**

事件层由一个到多个事件域组成,事件域按顺序上下排列。事件层的定义如下:

<event layer>∷=

<event area> | <event area> **above** <event layer>

MSC 中共有 3 种事件域,即:实例事件域(instance event area)、共享事件域(shared event area)和创建域(create area)。

实例事件域描述仅发生在本实例轴上的事件,包括消息事件(发送消息或消耗消息)、方法调用事件、回复事件等。其定义如下:

<instance event area>∷=

{<message event area>　　/* 消息事件域 */
| <method call event area>　　/* 方法调用事件域 */
| <reply event area>　　/* 回复事件域 */
| <timer area>　　/* 定时器域 */
| <concurrent area>　　/* 并发域 */
| <method area>　　/* 方法域 */
| <suspension area>　　/* 挂起域 */
| <action area>}　　/* 动作域 */

如果某一事件与两个实例有关，则需用连接器层的相关域来连接这两个事件。例如：从一个实例发送一条消息到另一个实例，在这两个实例上分别对应两个消息事件，一个发送消息事件，一个消耗消息事件，而中间就需要消息域来连接这两个事件。

共享事件域描述与多个实例有关的事件。其定义如下：

<shared event area>::=
| <condition area>　　/* 条件域 */
| <msc reference area>　　/* MSC 引用域 */
| <inline expression area>　　/* 线内表达式域 */

创建域描述实例之间的创建关系，具体定义在 4.2.7 小节中给出。

<connector layer>::=
{ <message area> * | <incomplete message area> * |
<method call area> * | <incomplete method call area> *
<reply area> * | <incomplete reply area> * } **set**

连接器层主要描述连接两个实例的事件，包括消息域(message area)、未完成消息域(incomplete message area)、方法调用域(method call area)、回复域(reply area)等。

根据定义，简单 MSC 图的一般形式如图 4-4 所示。

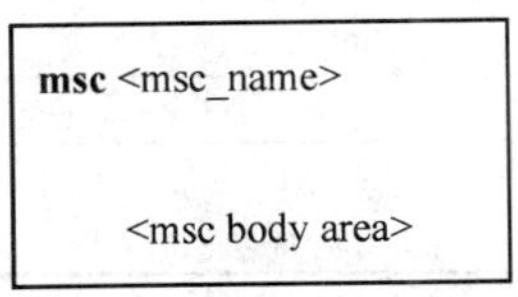

图 4-4　MSC 图的一般形式

其中：方框符(frame symbol)代表系统的外部环境，MSC 头部位于方框符的左上方，关键字 **msc** 说明这是简单 MSC 图，<msc_name>标识本 MSC 图，以区别于其他 MSC 图。<msc body area>是本 MSC 图的主体部分，描述系统的部分行为。图 4-5 是个简单 MSC 图的例子，描述了电话交换中在呼叫连接建立阶段，两个进程类型的实例"calling_ party"和"called_party"之间，以及实例与环境之间消息交互的过程。

在 MSC 图中，在两个实例之间交互一条消息被定义为两个事件，即发送消息事件(对发出该消息的实例而言)和消耗消息事件(对接收并处理该消息的实例而言)。对同一条消息，发送消息事件必须发生在消耗消息事件之前。从图 4-5 可知，在 MSC 图中，环境可以向实例发送消息，也可以从实例接收消息。一般情况下事件发生的顺序是自顶向下的，以图 4-5 为例，设 out(msg)表示发送消息事件，in(msg)表示消耗消息事件，"事件 1>事件 2"表示事件 1 在事件 2 之前发生，则图 4-5 的 MSC 图中的事件发生顺序如下。

• 对于实例"calling_party"有：

in(off_hook)>out(dial_tone_on)>in(digit)>out(dial_tone_off)>in(digit)>out(seizure_int)>in(ack)>out(ring_back_tone_on)>in(answer)>out(connection)

• 对于实例"called_party"有：

in(seizure_int)>out(ack)>out(internal_ringing_on)>in(off_hook)>out(answer)

• 在两个实例之间有：

out(seizure_int)>in(seizure_int)

out(ack)>in(ack)

out(answer)>in(answer)

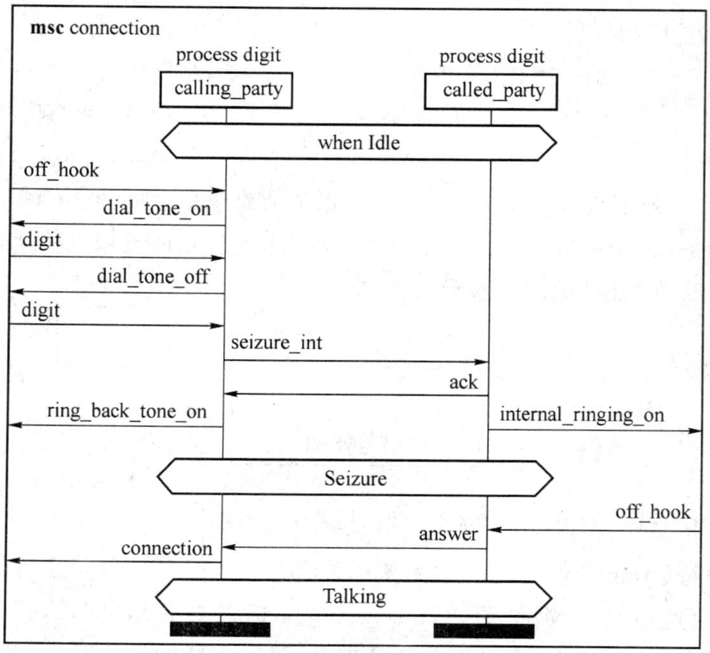

图 4-5　建立连接的简单 MSC 图

关于 MSC 主体域的具体内容将在后续章节中一一介绍。

4.2.2　实例

实例是 MSC 图的重要组成部分，代表某种实体，具有该实体的所有属性。在 SDL 中，实体可以是系统(system)、功能块(block)或进程(process)。在通信领域，实体可以是一个系统，也可以是某层协议实体。实例的图形表示可以有 3 种形式，如图 4-6 所示。

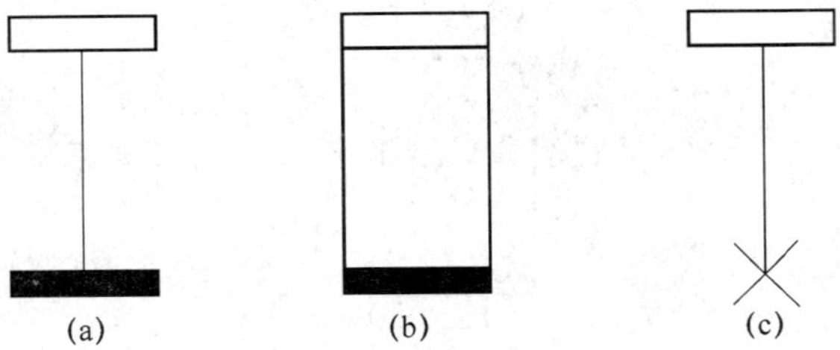

图 4-6　实例的 3 种表示形式

实例由实例头部、实例轴、实例结束符或终止符组成。相关图形符号定义如下：

<instance head symbol>∷ =

<instance axis symbol1>∷ =

<instance axis symbol2>∷ =

<instance end symbol>∷ =

<stop symbol>∷ =

实例轴符有两种形式，即单线形式〔如图 4-6(a)、图 4-6(c)〕和双线形式〔如图 4-6(b)〕，但在同一张 MSC 图中，同一个实例只能采用其中一种，不能混合使用。采用双线形式的实例轴时，上下宽度要一致，即实例头部符号和结束符号的宽度与两条轴线的宽度一致。

实例结束符(instance end symbol)仅代表该实例需在本 MSC 图中要描述的部分的

结束，而不表示该实例的结束。同样地，实例头部符号也只表示该实例需在本 MSC 图中要描述的部分的开始，而不表示该实例的创建。终止符(stop symbol)则表示该实例真正地结束，终止符只适用于进程类型的实例，表示进程终止，如图 4-6(c)所示。

实例头部还有附属于头部符的实例标题。标题部分给出实例名称、实例类型等。实例标题可以有以下几种形式。

形式 1：

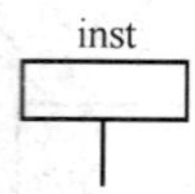

这是最简单最常用的形式，标题部分只给出实例名，不关心实例的类型是什么。

形式 2：

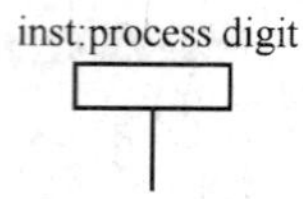

这是在标题中给出实例类型的例子，该实例的类型为 **process**(进程)，类型标识符为 digit，说明实例 inst 具有进程类型 digit 的属性。MSC 支持的实例类型有：进程类型(**process**)，功能块类型(**block**)和系统类型(**system**)。

形式 3：

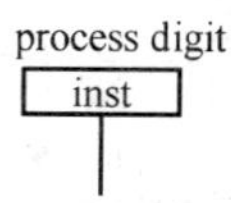

这是实例名与类型和类型名分开来放的例子。如果分开放，则实例名要放在实例头部符中。

在上述 3 种形式中，如果加上关键字 **decomposed**，则表示该实例还需用另一个 MSC 图做进一步说明。如：

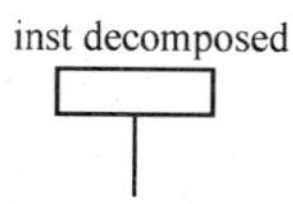

或

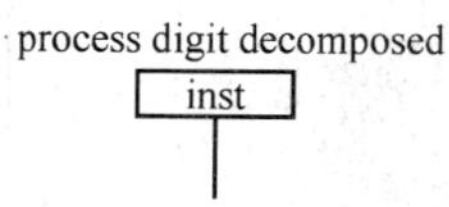

表示实例 inst 将被分解成另一个 MSC 图，对应 MSC 图的图名为 inst。如果分解后的 MSC 图采用别的图名，则需在实例标题中给出该图名，形式如下：

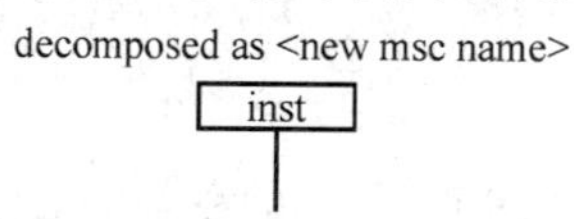

通过 MSC 提供的这种分解机制，可以构成层次化的 MSC 图结构。图 4-7 是一个简单的实例分解为 MSC 图的例子。在图 4-7(a)中，设计者只关注实例“Sys”与环境之间的消息交互情况。实例“Sys”内部的消息交互情况用以该实例名作为图名的 MSC 图给出，如图 4-7(b)所示。

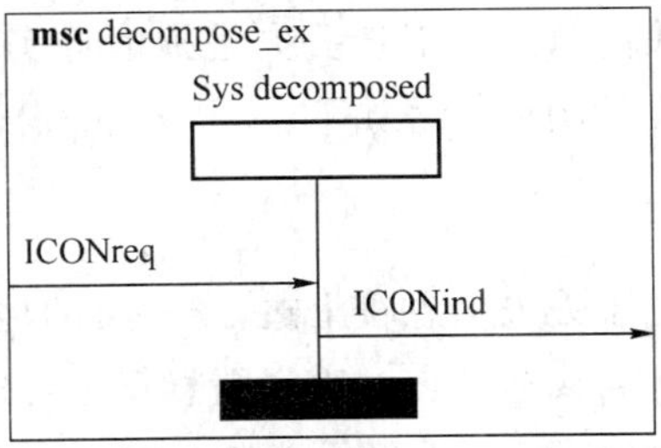

(a) 包含分解实例的MSC图

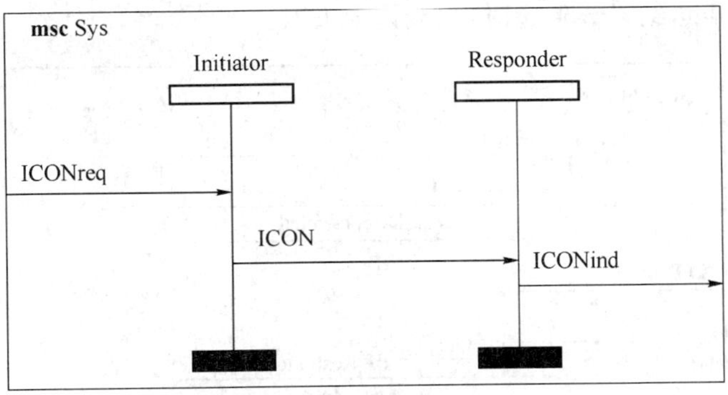

(b) 实例展开后的MSC图

图 4-7　实例分解为 MSC 图的例子

4.2.3　消息

在 MSC 图中,消息(message)用来在两个实例之间或实例与环境之间交换信息。在两个实例之间交换一条消息可以看成两个事件:消息入(message in)和消息出(message out)。实例发出消息称为消息出事件,实例消耗消息称为消息入事件。消息用消息名来标识,可以带参数,参数列表中不用给出参数类型。消息出事件和消息入事件共享同一个消息名。输入消息可以来自实例或环境,输出消息可以到实例或环境。以图 4-7(b)为例,消息"ICONreq"从环境发出,到达实例"Initiator";消息"ICON"从实例"Initiator"发出,到达实例"Responder";而消息"ICONind"则是由实例"Responder"发出,到达环境。消息到达实例表示该消息已经被实例接收并处理。在 MSC 中,默认环境具有发送消息和接收消息的能力。

对于同一条消息,消息事件发生的顺序是消息出在前,消息入在后。发送一条消息就等于创建一个消息实例,该实例在发送点产生,在接收点结束。在 MSC 中无法表示把消息放入缓冲区的情况。

在实际通信过程中,常常因为传输通道故障等因素导致消息发送出去后没有到达接收端,在通信软件设计中必须考虑这种情况,给出处理办法。针对这种情况,MSC 提供了相应的描述方法，即消息丢失的情况。消息丢失是指消息实例被发送出去后未到达目的地，中途丢失。表示消息丢失的图形符号如下：

<lost message symbol>:: =

在画图时，消息实例名位于丢失消息符上边，表示目的地的实例名或通道名位于实心黑圈旁边，也可以不给出实例名或通道名。丢失消息符也可以反方向使用。

图 4-8 是一个消息丢失的例子，图中显示消息 ICON 从实例 Initiator 发出后丢失，未到达实例 Responder，结果导致超时，连接请求失败。

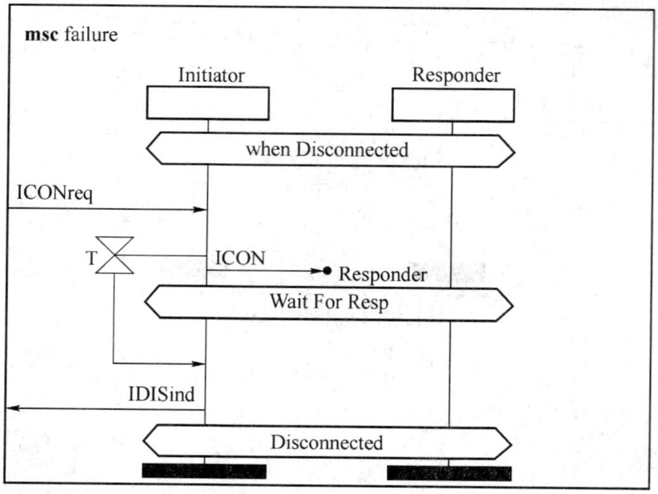

图 4-8　消息丢失的例子

4.2.4　条件

在 MSC 图中，条件(condition)描述系统的全局状态(global condition，涉及 MSC 图中所有实例)或局部状态(non-global condition，涉及 MSC 图中部分实例)，当局部状态只涉及 MSC 图中的一个实例时，也称为本地状态(local condition)。

条件的定义如下：

<condition area>:: =

　　<condition symbol> **contains** <condition text> [<shared>]

　　is attached to { <instance axis symbol> * } **set**

<condition symbol>:: =

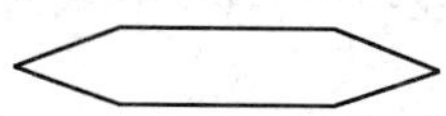

下面给出 3 个图例：

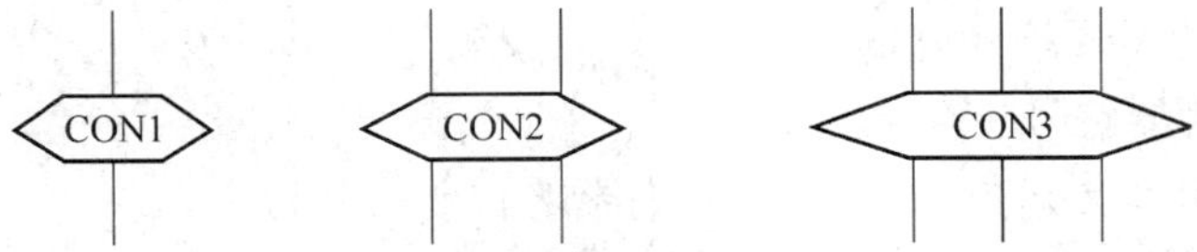

条件 CON1 只涉及 1 个实例，条件 CON2 涉及 2 个实例，条件 CON3 涉及 3 个实例。条件可以涉及 MSC 图中的所有实例。

当条件符穿过某个实例而又不涉及该实例时，该实例的实例轴应穿过该条件符，如下例所示：

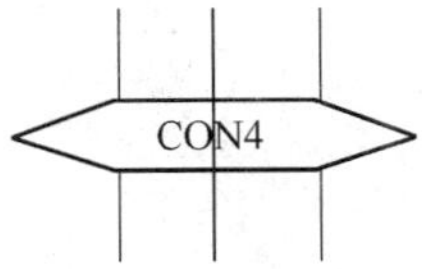

该例中，中间的实例与条件 CON4 无关。

根据画图规则，MSC 图也可以分开画在多页纸上，MSC 图的分解可以从横向分也可以从纵向分，每页上有相同的 MSC 图名。此外，还需注意以下几点：

- 实例头部必须出现在该实例第一次出现的那一页上，而后续页上，实例头部符采用虚线形式“- - - - - - - -”；
- 实例结束符只出现在该实例结束的那一页上；
- 如果消息、定时器、进程创建等跨页，则相关联的文本内容的全部需出现在前一页上，而文本内容的全部或部分出现在后一页上；
- 分解后的图的页码按“v-h”方式编排，“v”对应纵向分页，采用阿拉伯数字“1，2，3，…”；“h”对应横向分页，采用大写英文字母“A，B，C，…”，例如一张 MSC 图分解成 4 页，横向纵向各两页，则这 4 页的页码分别为 1-A，1-B，2-A，2-B。

4.2.5　定时器

在 MSC 图中，定时器可以用来监视某一事件（一般为等待接收消息）的到达。在通信系统中，经常有这样的情况，一个通信实体向另一个通信实体发出一条消息后，要等对方的回应消息，如果在一定时间内收不到回应消息，说明出现了异常，该通信实体要么重发消息，要么做异常处理。这时就要用定时器来进行描述。定时器包括两个操作（或动作，即：启动定时器、复位定时器）和一个事件（定时器超时）。

启动定时器就是在系统中创建一个定时器实例，该实例有个实例名（定时器名），可以带参数，可以给出定时间隔（duration）。定时器是由实例来启动的，所以定时器启动符和再启动符的一端必须与启动该定时器的实例轴相连，而另一端则与定时器终止符（复位定时器）或定时器超时符相连。启动定时器又分为启动和再启动两种，再启动是指定时器启动后，还未到规定的时间，系统也未对定时器做复位操作，系统重新启动该定时器，定时器的计时长度重新设置，但一个定时器实例只能被再启动一次。

关于定时器的图形符号有以下几种。

(1) 启动定时器符号

以下两种符号均表示启动定时器,定时器名位于符号边上。

<start symbol1>∷=

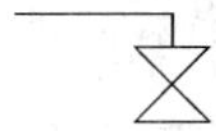

<start symbol2>∷=

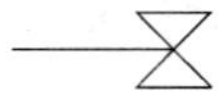

(2) 再启动定时器符号

该符号用于再启动定时器。

<restart symbol>∷=

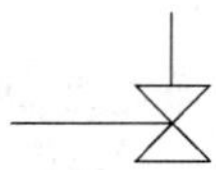

(3) 定时器终止符

定时器终止符有两种,均表示复位定时器。

<timer stop symbol1>∷=

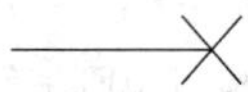

<timer stop symbol2>∷=

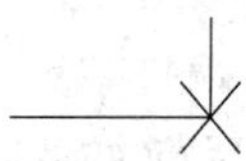

当定时器启动符不便与定时器终止符相连时,采用符号 1,例如,启动定时器在上一页,而复位定时器在下一页;启动定时器在线内表达式外,而复位定时器在线内表达式内。这两种情况下都不便把启动符与终止符连起来。采用符号 1 时,要在符号边给出对应的定时器名。符号 2 用于一般情况,即符号上边的连线将连到定时器启动符。

(4) 定时器超时符

在实例轴上,定时器超时是一种输入事件,所以以下的 3 个定时器超时符都有一个箭头与实例轴相连。

<timeout symbol1>∷=

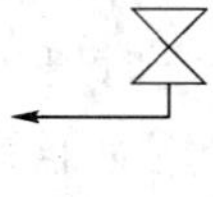

<timeout symbol2>∷=

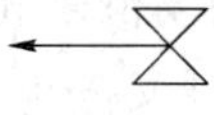

<timeout symbol3>∷=

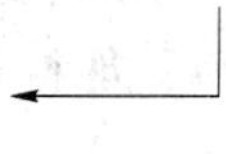

超时符 3 适用于与定时器启动或再启动在同一页的情况，另两个超时符用于定时器跨页或启动定时器在线内表达式外，而定时器超时在线内表达式内的情况。这时，需在符号边给出对应的定时器名。

设置定时器和复位定时器的操作见图 4-9。实例 Initiator 发出消息 ICON 前设置定时器 T，用来监视消息 ICONF 的到达，收到消息 ICONF 后复位定时器。

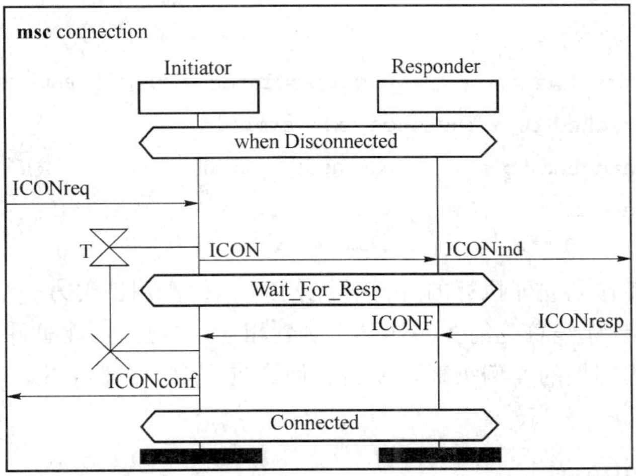

图 4-9　设置定时器和复位定时器的例子

定时器超时的例子见图 4-8。

4.2.6　动作

MSC 除了用来描述通信实体之间的消息交互顺序外，还可描述通信实体在通信过程中需完成的一些动作（操作）。动作的语法定义比较简单，就是在一个动作符（矩形符）内给出操作内容，定义如下：

<action area>::=

<action symbol>
is attached to <instance axis symbol>
contains <action statement>

<action symbol>::=

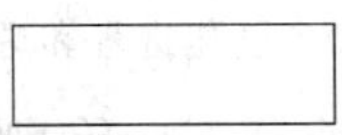

当实例轴线采用双线形式时，动作符的宽度与双线宽度一致。

动作符描述的动作仅限于实例内部。

4.2.7 进程创建

在 SDL 中，进程创建分两种：静态创建和动态创建。静态创建是指系统初始化时创建的进程；动态创建则指在系统运行过程中创建的进程。在 MSC 中，可以用进程创建符来描述动态创建进程。未用进程创建符描述过的进程可视为静态创建的进程。进程创建的定义如下：

<create area> :: =

<createline symbol> [**is associated with** <parameter list>]

is attached to <instance axis symbol>

is connected to <instance head symbol>

<createline symbol> :: =

-------> | <-------

进程创建的动作是立即执行的，由执行创建动作的实例创建另一个进程实例(一般为不同进程类型)。创建线符无箭头一端与实例轴相连，被视为创建事件。创建线符有箭头一端与被创建进程实例的实例头部符相连。创建进程时，创建者可以向被创建进程传递参数，如图 4-10 所示。

4.2.8 进程终止

进程终止是指终止本进程实例，即执行了进程终止的进程实例在系统中就不存在了。显然，进程终止仅适用于进程类型的实例。进程终止符的定义已在 4.2.2 节中给出。图 4-10是一个说明进程创建和进程终止的例子。

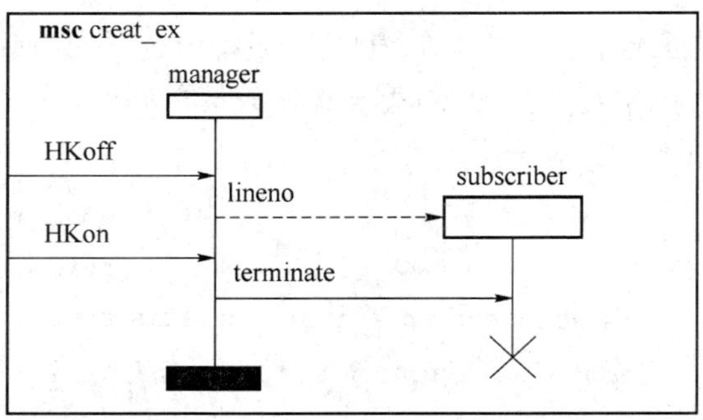

图 4-10 创建进程和进程终止

实例 manager 收到环境发来的消息 Hkoff，创建实例 subscriber，同时向实例 subscriber 传递参数 lineno，进程实例 subscriber 收到消息 terminate 后执行终止操作。

一般来说，进程终止只适用于动态创建的进程实例。

4.2.9　方法调用与回复

在 MSC 的两个实例之间，除了可以通过交互一条消息来交换信息和控制两个实例的执行顺序外，还可以通过调用一个方法(method)和回送结果来达到同样的目的。MSC 中的方法是实例中的一个行为单元，具有独立的名称。一个实例中的方法可以由另一个实例来调用，方法的运行(计算)结果以回复的形式回送给调用者，调用和回复使用同一个方法名。调用者发出调用信号后要等对方的回复信号到达后才能继续往下执行，在等待期间，该实例处于挂起状态。处于挂起状态的实例不能接收或发送消息，也不能有其他事件发生，收到回复后退出挂起状态。

下面以图 4-11 为例，介绍方法调用与回复的概念。图 4-11 中实例 TC 调用实例 SUT 中的方法“Method1”。

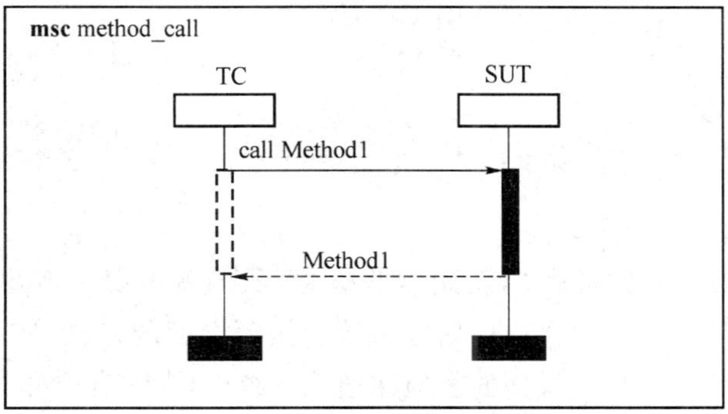

图 4-11　方法调用与回复

方法的调用和回复分成调用域和回复域来定义，这两个域均处于实例之间，与消息域相似。

方法调用与回复均可带参数，使用同一个方法名。方法调用类似于程序设计中的过程调用，也可实现实例之间的信息交互。

4.2.10　环境与通道

前面介绍过，MSC 图的主体是实例，MSC 图的边框是 MSC 系统的环境，实例可以从环境输入消息，也可以向环境输出消息。实例与环境交互的消息通过通道来完成，每个通道都有一个通道名，通道名可以以显式方式给出，即在图中直接给出通道名，也可以以隐式方式给出，即在图中不给出通道名，这时，通道名由消息的方向和消息名来确定。

图 4-12 给出了几种通道的例子。图 4-12 中 MyMSC 是被引用的 MSC 图，该图定义了 5 个通道，其中两个是显式定义，即给出了通道名 g 和 h，3 个是隐式定义，隐含的通道

名分别为：out_s1(对应消息 s1 从引用 MSC 输出的输出点)、in_s2(对应消息 s2 从环境输入的输入点)和 out_s4(对应消息 s4 输出到环境的输出点)。

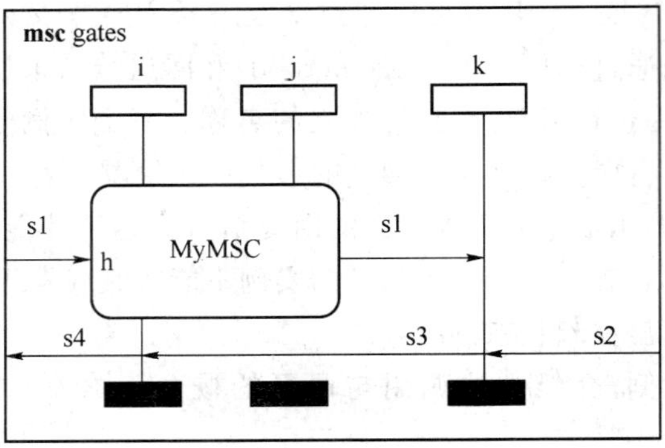

图 4-12　通道定义

4.3　MSC 结构概念

前面介绍了 MSC 的基本概念，运用这些概念，我们就可以用 MSC 来描述两个或多个通信实体之间的消息交互顺序或通信接口等。按照上面的定义，实例轴上发生的各种事件是按从上到下的时间顺序排列的。但在通信系统中，常常有这样的情况：某通信实体在某状态下需要收到两条或更多消息后才能够往下进行，而这些消息到达的顺序是任意的，即实例消耗这些消息的顺序是任意的。这种情况在上面定义的实例轴上就无法表达了，本节将要介绍的“并发”的概念可以解决这一问题。

4.3.1　并发

并发的功能是用来描述在实例轴上发生时间无序的事件，其定义如下：

<concurrent area>::=

　　<coregion symbol>

　　is attached to <instance axis symbol>

　　contains <coevent layer>

<coregion symbol>::=

　　<coregion symbol1> | <coregion symbol2>

<coevent layer>::=

　　<coevent area>　<coevent area> **above** <coevent layer>

<coevent area>::=

{ <message event area> | <action area>
| <timer area> | <create area> } *

<coregion symbol1>:: =

<coregion symbol2>:: =

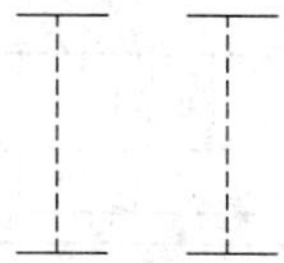

并发区域符也分单线和双线两种，分别适用于单线形式的实例轴和双线形式的实例轴。

图 4-13 所示为并发的例子，在本例中，主叫进程(caller)在号码分析得出出局呼叫类型后，向资源管理进程发出申请出中继和 MFC 收发器(采用中国 1 号信令)。当两种资源均有空闲时(同时消耗消息 trunk_ok 和 mfc_ok，但与消息到达顺序无关)，创建出中继进程(ogt)。

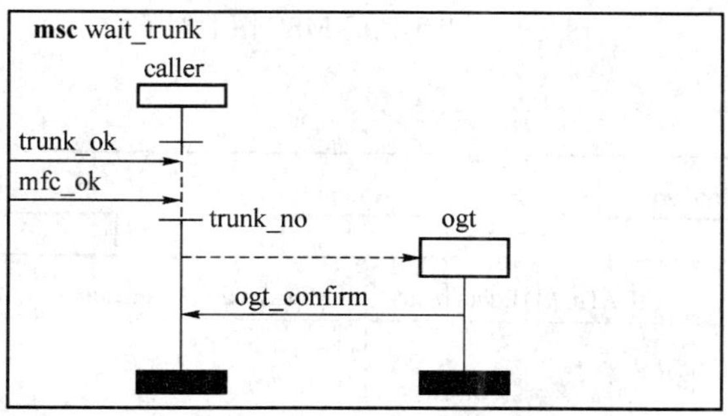

图 4-13　并发的例子

4.3.2　MSC 引用

MSC 引用是指在 MSC 图中引用别的 MSC 图，被引用的 MSC 图用一个引用符来表示，引用符上有实际通道，被引用的 MSC 图通过这些实际通道与新的 MSC 图中的实例和环境交互消息。MSC 引用符与条件符相似，可以与多个实例轴相连，与本引用无关的实例的实例轴可以穿过引用符。MSC 引用符的图形符号定义为：

<msc reference symbol>:: =

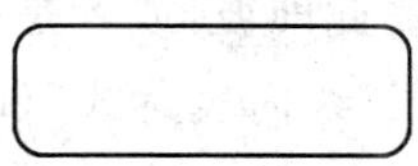

图 4-14 是一个引用别的 MSC 图的例子。图 4-15 是被引用的 MSC 图。

被引用的 MSC 图中,从环境输入的消息在被引用时必须从实际通道输入相同的消息,输出到环境的消息在被引用时也必须从实际通道输出相同的消息。

MSC 引用不能递归进行,即在被引用的 MSC 图中不能引用引用过本 MSC 图的 MSC 图。以上例(图 4-14、图 4-15 所示)为例,MSC 图“data_transmission”中不允许引用 MSC 图“ref”。

通过引用 MSC,可以简化设计,使一些重复出现的消息交互过程以被引用的 MSC 图的形式出现,避免重复画图。

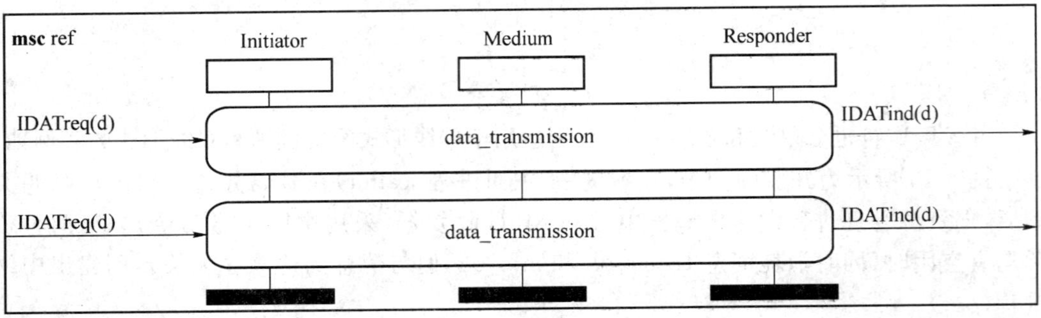

图 4-14　引用别的 MSC 图的例子

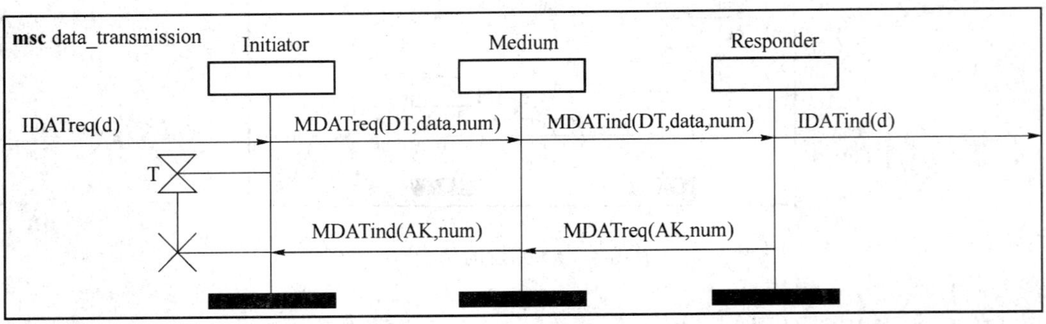

图 4-15　被引用的 MSC 图

4.3.3　线内表达式

本节之前介绍的 MSC 的例子都是在一张 MSC 图中只描述一种消息交互情况。在实际系统中,当用 MSC 图描述通信行为时,常常会发现有两张图的大部分内容是相同的,只有一小部分内容不同,而且是非此即彼,或者是一种情况只是比另一种情况多出几个事件。针对这些情况,MSC 提供了“线内表达式”(inline expression)来合并两种情况,减少重复画图。线内表达式的符号定义如下：

< inline expression symbol >::=

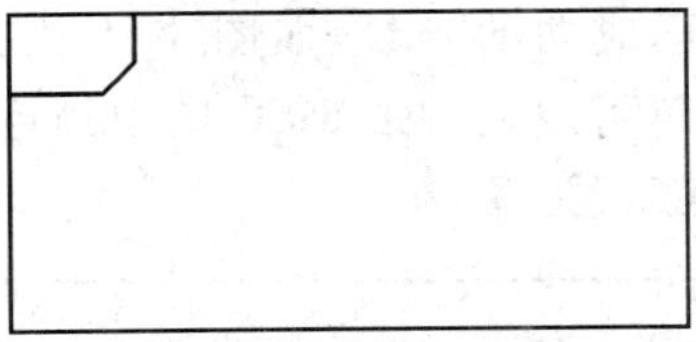

与线内表达式有关的事件被包含在方框符内，相关实例的实例轴线穿过方框符。方框符的左上角用来放线内表达式的运算符，MSC 提供的线内表达式运算符有："alt"（交替）、"opt"（可选项）、"exc"（异常）、"loop"（循环）和"par"（并行）。下面分别介绍这些运算符的含义，其中，"exc"采用的线内表达式符号有所不同，见图 4-20。

- **alt**

采用运算符"alt"时，线内表达式的方框符内被分成两个区，中间用虚线隔开。两个区域内的内容是二选一的关系，非此即彼，不会同时出现。图 4-16 就是一个采用"alt"的例子。

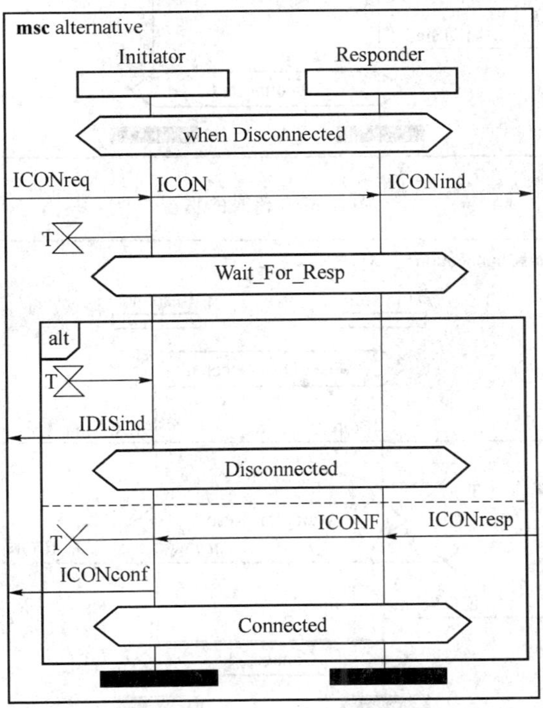

图 4-16　采用"alt"运算符的例子

图 4-16 中，实例"Initiator"发出消息"ICON"后设置定时器"T"，可能有两种结果：一是没有收到期望的消息"ICONF"，定时器会超时，只能向环境发送"IDISind"消息，表示建立连接不成功，回到未连接状态"Disconnected"，这种情况在虚线上方的区域中描述；另

一种情况是收到期望的消息“ICONF”，复位定时器，向环境发送“ICONconf”消息，表示建立连接成功，进入已连接状态“Connected”，这种情况在虚线下方的区域中描述。

图 4-17 描述了建立连接不成功的场景，而图 4-18 则描述了建立连接成功的场景。由此可以看出，采用“alt”运算符可以在一张 MSC 图中描述两种通信场景，其特点是这两种场景不会同时发生，存在“互斥”关系。

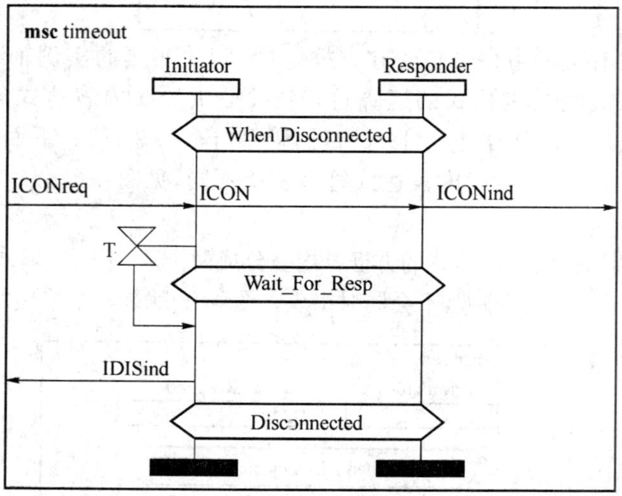

图 4-17　超时的情况

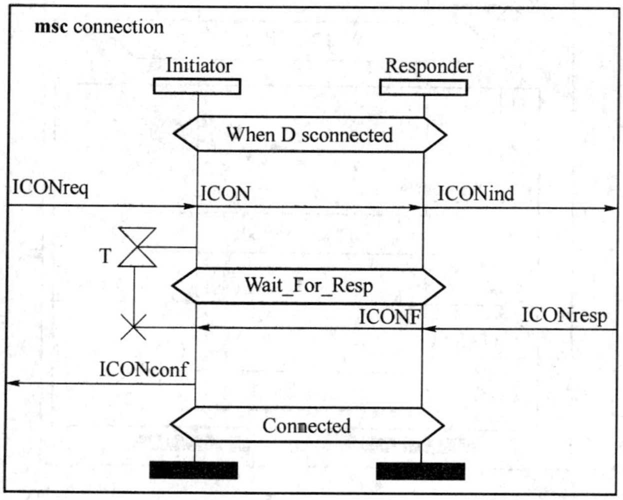

图 4-18　建立连接成功的情况

采用“alt”运算符可以减少 MSC 图的数量，但不减少对通信场景的描述。

- **opt**

“opt”运算符可以看成是“alt”的一个特例，如果“alt”线内表达式中第二个区域为空，就成了“opt”线内表达式。图 4-19 就是一个采用“opt”运算符的例子，描述了这样的场景：用户从 ATM 自动取款机取钱，正确输入密码后，第一次输入的取款数额超过存款余额，ATM 机提醒用户重新输入取款数额，取款成功。但大多数情况是，用户输入取款数额，取款成功。

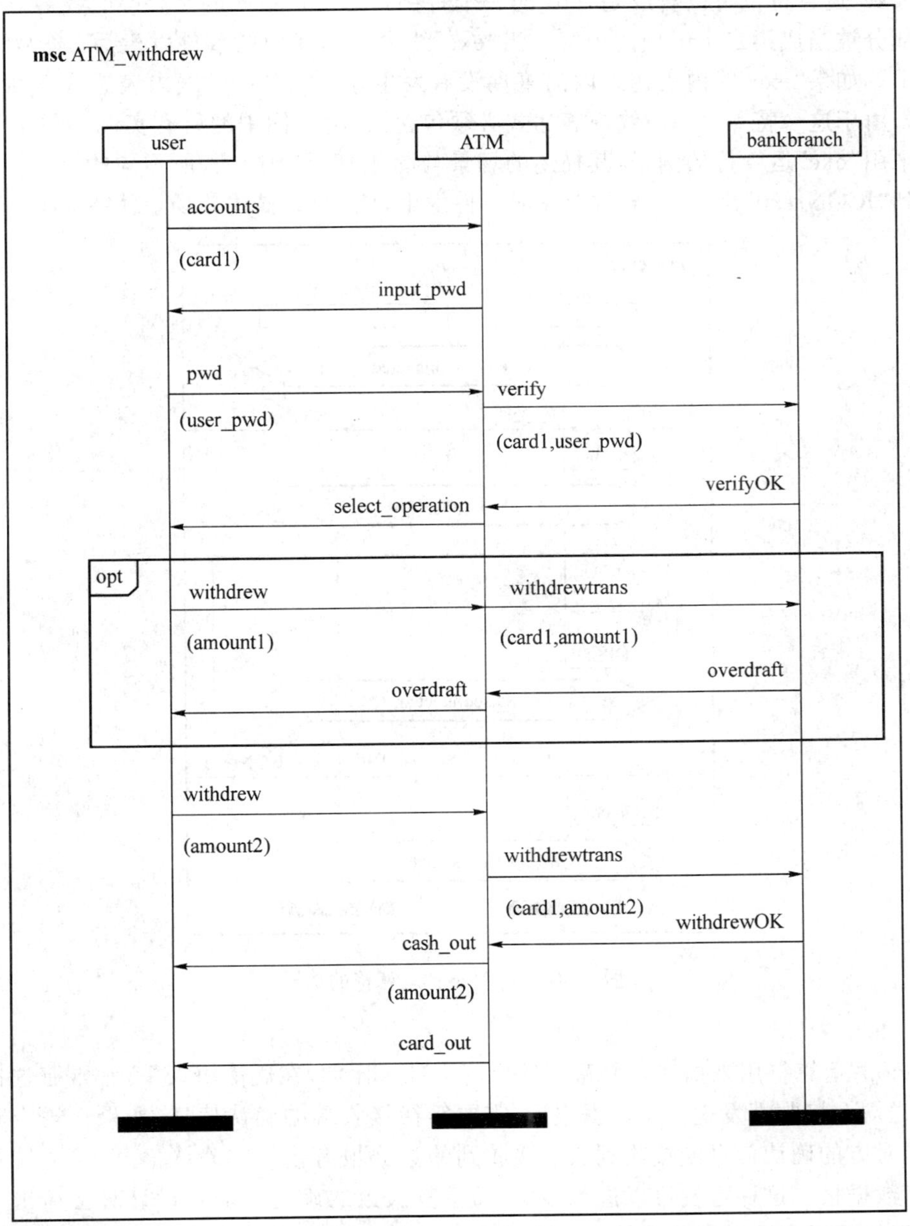

图 4-19　采用“opt”运算符的例子

分析上例,在多数情况下,用户一次输入就成功取款,只有在个别情况下,用户输入错了,但一般第二次就成功了。这里,可以把用户"第一次输入的取款数额超过存款余额,ATM 机提醒用户重新输入"看成是一种例外情况,所以可以用"opt"来描述。

- **exc**

"exc"运算符也可以看成是"alt"的一个特例,与"opt"不同的是,"exc"线内表达式以下的部分被当成第二个区域的内容。当"exc"线内表达式中的事件发生后,该 MSC 图就结束了。如果"exc"线内表达式内的事件没有发生,就执行"exc"线内表达式下面的通信过程。由于这一特点,"exc"线内表达式必须包含该 MSC 图中的所有实例。图 4-20 就是一个采用"exc"运算符的例子,其描述的场景与图 4-16 是相同的,所不同的是,"exc"强调收不到"ICONresp"是一种"异常",超时事件发生,该 MSC 描述的场景就结束了。

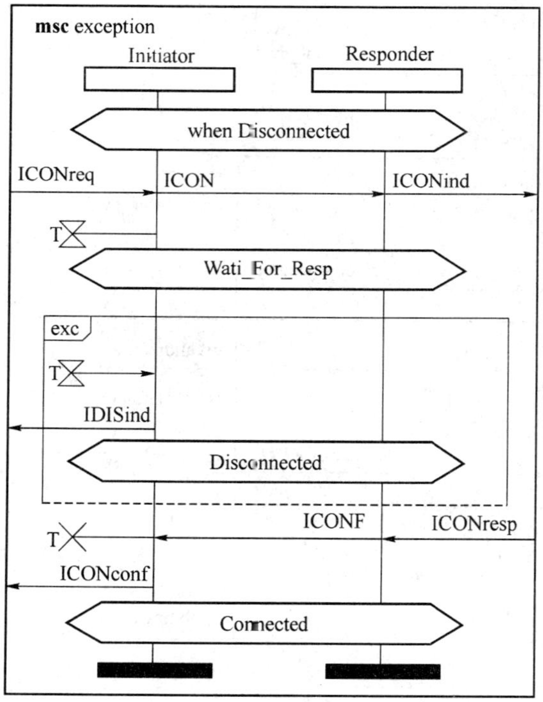

图 4-20 采用"exc"运算符的例子

- **loop**

"loop"运算符用来描述一些重复发生的事件。比如,在通信协议中,常常有这样的情况:发送端向接收端发送一个数据报后,需要等待接收端的确认信息,如果在规定时间内收不到对方的确认信息或接收到表示接收到的数据报有错的非确认信息,发送端就需要重发该数据报。这种重发可以进行多次,而重复次数的确定一般在设计时会给出一个范围,实现者可以在这个范围内选择一个确定的次数。这种情况用前面介绍的各种方法都不能准确描述,而采用"loop"运算符就可以解决这个问题。

“loop”的基本格式是:loop<n,m>。其中,“n”代表至少循环次数,“m”代表最多循环次数。缺省值 loop=loop<1,inf>,表示至少循环 1 次,循环次数不受限制。

图 4-21 给出了一个描述简单循环发送数据的例子,“sender”实例向“receiver”实例发送消息“DATA_1”,如果“receiver”回送“NAK”,则“sender”需要重发“DATA_1”。重发次数定为 2～6 次,即在具体实现时,重发次数定在 2～6 内就符合该 MSC 图描述的需求。因为在具体实现时,重发次数应该是一个定数,而不能是一个范围。

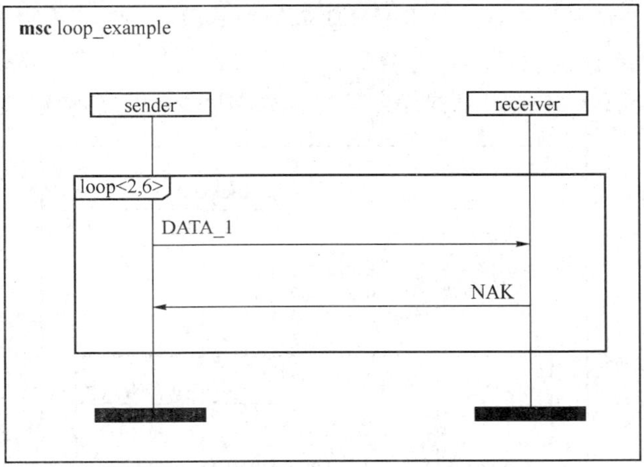

图 4-21　描述循环的 MSC 图

图 4-22 是另一个描述循环情况的例子。

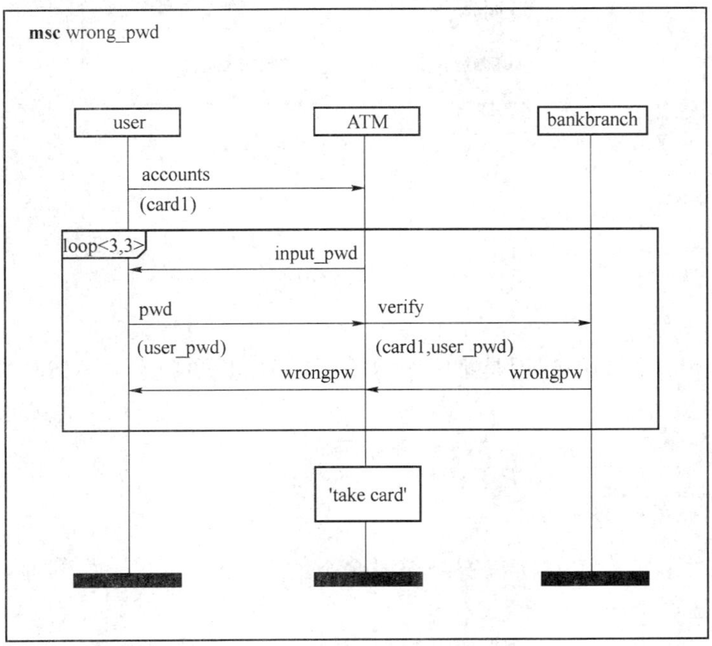

图 4-22　描述 3 次输入密码错的 MSC 图

图 4-22 描述了这样的场景:一用户在 ATM 机上准备取款时,连续 3 次输入密码错,ATM 机将用户卡扣下。这里,循环次数限定为 3 次,所以,参数为<3,3>。

- **par**

"par"运算符用来描述并行发生的事件。线内表达式符号内被分成两个区域,用虚线隔开,两个区域内的事件是并行发生的。图 4-23 描述了并行发生的事件,实例"Station_Ini"收到环境发来的消息"ICONreq",请求建立连接,实例"Station_Ini"设置定时器后向实例"Station_Res"发送"MDAT(CR)",但实例"Station_Res"同时收到环境发给它的"IDISreq",要求拆除连接,所以向实例"Station_Ini"回送"MDAT(DR)",表示连接建立不成功,实例"Station_Ini"复位定时器后向环境回送"IDISind",指示建立连接失败。

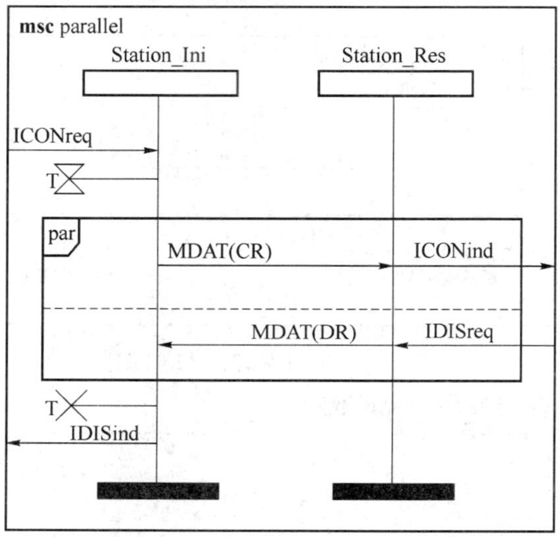

图 4-23 并行事件的例子

4.4 高级 MSC 概念

高级 MSC(HMSC)的作用是把一组 MSC 图组合成更复杂的 MSC 图。HMSC 是有向图,图中的节点有以下几种:

- 开始符 (每个 HMSC 只有一个开始符)

<hmsc start symbol>::=

- 结束符(每个 HMSC 可以有一个或多个结束符)

<hmsc end symbol>::=

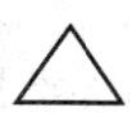

• MSC 引用符（与简单 MSC 中的引用符相同）

• 条件符（与简单 MSC 中的条件符相同）

• 连接点

<connection point symbol>::=

○

• 并行框

<par frame symbol>::=

<frame symbol>

HMSC 采用顺序结构来描述简单 MSC 图的上下关系，采用分支结构来描述简单 MSC 图的互斥关系，采用并行结构来描述相互没有关系的 MSC 图。图 4-24、图 4-25 和图 4-26 分别描述了这 3 种结构的 HMSC。

图 4-24 描述了两张简单 MSC 图“Connection_request”和“Connection_confirm”的顺序关系。MSC“Connection_request”中的事件先发生，MSC“Connection_confirm”中的事件后发生。HMSC 图中可以利用“条件”表示系统的全局状态，但不能描述局部状态，因为高级 MSC 图与“实例”无关。HMSC“con_setup”描述了连接建立成功的情况，系统起始状态为未连接状态“Disconnected”，经过一个中间状态“Wait_For_Resp”，连接建立成功，系统进入已连接状态“Connected”。

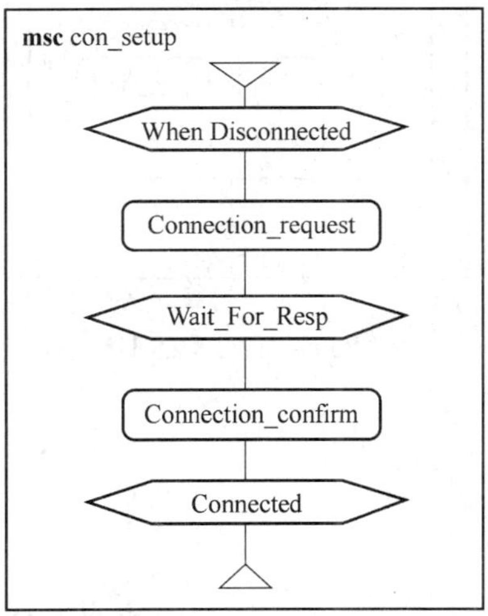

图 4-24　顺序结构的 HMSC

图 4-25 中的简单 MSC“failure”可以循环任意次，图 4-25 中的运行顺序从上往下，当需要改变这种顺序时，需用带箭头的线段来连接节点，连接点连接两个分支构成分支结构。图 4-25 说明在系统起始状态“Disconnected”下，连接建立请求可能成功（connection），也

可能失败(failure)。如果成功则系统进入连接状态“connected”;如果不成功,则系统将循环请求建立连接,直到建立连接成功。

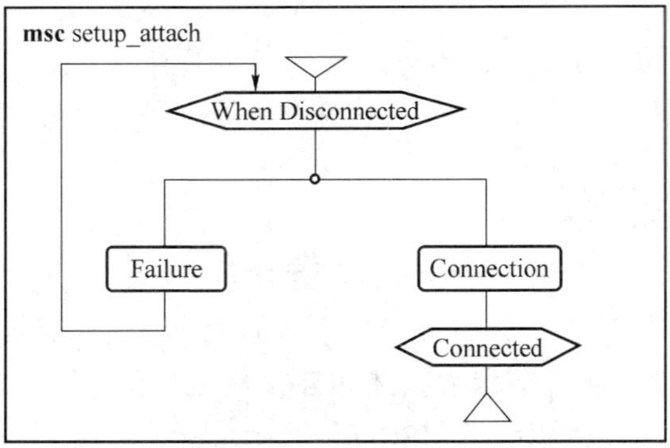

图 4-25　分支结构的 HMSC

图 4-26 是一个并行结构的 HMSC 的例子。HMSC“par_HMSC”中,被引用的两个简单 MSC 图“CR”和“DR”是并行执行的。

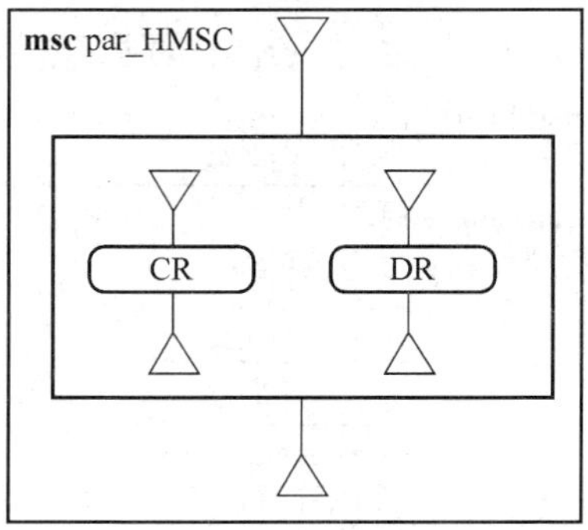

图 4-26　并行结构的 HMSC

4.5　MSC 文档

要把一个系统的所有历程(trace)描述出来,需要若干张 MSC 图和高级 MSC 图。为了说明这些图描述的是同一个系统的通信行为,就需要把这些图集中起来,用一种形式来描述,MSC 文档就是起这个作用。MSC 文档定义本 MSC 系统中用到的实例名、简单 MSC 图名、高级 MSC 图名、消息名及其参数、定时器及变量等。MSC 文档的定义如下:

<msc document area>:: =

<frame symbol> **contains** {<document head>
is followed by <defining part area>
is followed by <utility part area>}

与 MSC 图一样，MSC 文档的内容也包含在方框符内，包括三大部分：文档标题部分、定义部分和应用部分，下面分别说明。

文档标题部分都是文字内容，定义如下：

<document head>∷=
mscdocument <instance kind> [**related to** <sdl reference>]
[<inheritance>] <end>
<using clause>
<containing-clause>
<message decl clause>
<timer decl clause>
[<data definition>]
[<parenthesis declaration>]

标题中，"**mscdocument**"是关键字，说明本图是 MSC 文档，关键字后接文档名，MSC 文档也可看成是一个实例，可以是一个系统，也可以是一个功能块。当本 MSC 系统与一个 SDL 系统有关时，选用可选项"**related to**"，后边给出 SDL 系统的文件名及路径。

<containing-clause>∷=
{**inst** <instance item>} +

包含子句给出本 MSC 文档所有 MSC 图中使用的实例名。

<instance item>∷=
<instance name> [: <instance kind>] [<inheritance>]
[**decomposed** [<substructure reference>]]
{ <dynamic decl list> | <end>}

<inheritance>∷=
inherits <instance kind>

实例可以继承已定义过的实例的属性，关于继承的概念将在 SDL 相关章节中介绍。

<message decl clause>∷=
{**msg** <message decl> <end>} *

<timer decl clause>∷=
{**timer** <timer decl> <end>} *

<sdl reference>∷=
<sdl document identifier>

定义部分给出本文档定义的 MSC 图的引用形式。

<defining part area>∷=

{{<defining msc reference area>*} **set**}

is followed by <separator area>

这部分 MSC 图描述了系统的主要历程。

应用部分给出被定义部分的 MSC 图引用的 MSC 图。

<utility part area>∷=

[<containing area> **is followed by**] {<defining msc reference area>*} **set**

<containing area>∷=

<containing-clause>

<defining msc reference area>∷=

<msc reference symbol>

contains {[<virtuality>] <msc name> | <msc ref expr>}

这部分 MSC 图主要描述了系统中可重用的情况。

图 4-27 是一个 MSC 文档的例子。文档中的定义部分和应用部分用虚线分开。文档

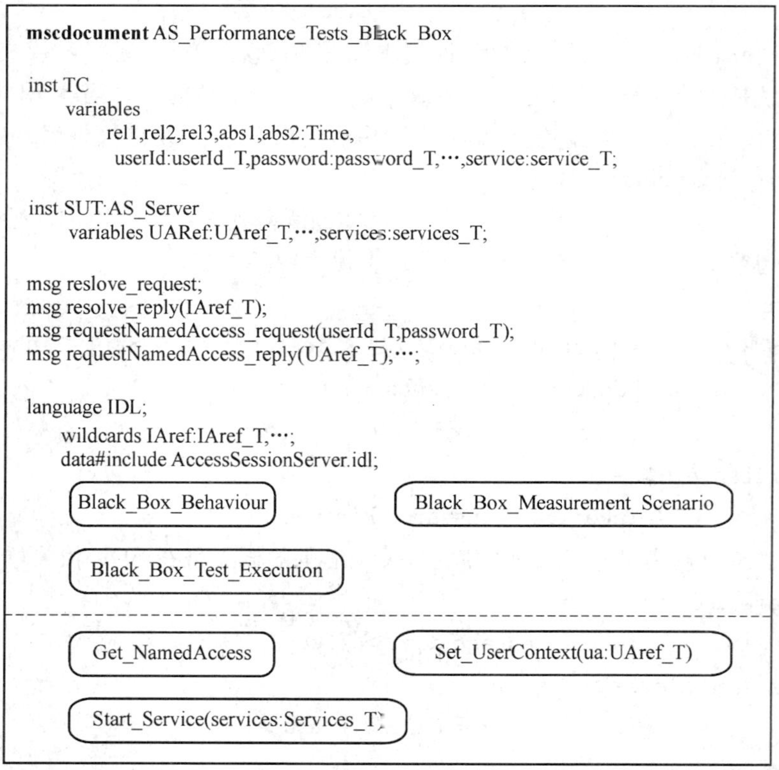

图 4-27 MSC 文档的例子

标题部分还包括数据的定义，在 MSC 中，数据分静态和动态两种，如消息中的参数、方法调用和方法回复中的参数等属于静态数据，只能用来传递数值，不能被修改。而动作符中的变量属于动态数据，可以赋值，可以修改，但动态数据只可在实例内定义，只能由本实例来修改。

MSC 没有定义专门的数据语言，支持用户使用自选的数据语言。为了实现这一点，MSC 提供了从语义和句法上与外部数据语言的接口。

4.6 MSC 应用举例

本节通过一个微型电话交换机的设计来说明如何应用 MSC 来描述通信行为。

4.6.1 硬件结构与工作原理

微型电话交换机的硬件结构示意图如图 4-28 所示。该交换机由主控 CPU、交换网络、用户电路、DTMF 收号器、音信号及电源时钟等组成。最大用户数为 16，每个用户电路配有一个 DTMF 收号器(即收号器资源不需要分配和释放)，音信号包括：拨号音、回铃音、忙音和空号音。

用户电路和音信号都与交换网络相连，各种音信号可以通过交换网络送到各用户电路。用户之间通话话路由交换网络提供。CPU 可以控制交换网络的连接和断开；可以监视用户电路的状态，判断用户是否摘机或挂机；可以监视各收号器，判断用户是否拨号。

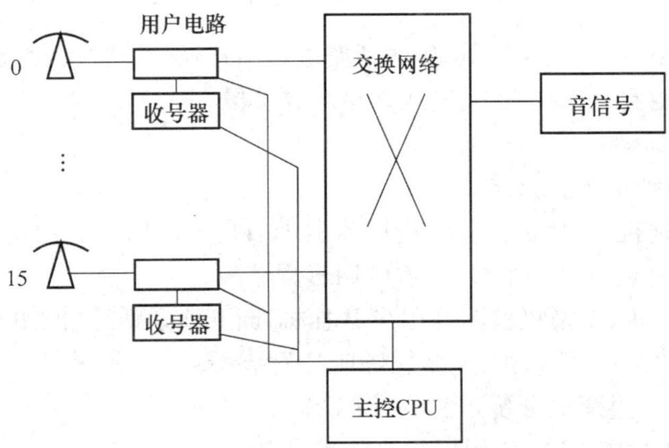

图 4-28 微型电话交换机硬件结构示意图

该交换机只提供内部通话和呼叫转移功能。其中，每个用户可以呼叫其他用户(即每个用户可以做主叫)；每个用户可以接听其他用户的呼叫(即每个用户可以做被叫)。并且限制一个用户同时只与一个用户通话(即不具有三方通话和会议功能)。

用户电话号码采用 3 位编码，0～15 号用户对应的电话号码分别为 300～315。

该交换机的工作原理可以通过一次完整的呼叫过程来描述。呼叫过程可以分成3个阶段:连接建立阶段、通话阶段和连接释放阶段。

下面以用户A(主叫)呼叫用户B(被叫)为例,说明一次完整的呼叫过程。

(1) 连接建立阶段

- 用户A拿起话机手柄(摘机),用户环路接通,引起用户线状态变化,交换机检测到这一变化(交换机定期监测用户线状态),判定用户A摘机,向用户A送拨号音(将拨号音与用户话路连通),交换机准备接收用户拨号号码;
- 用户A听到拨号音后,通过按键输入用户B的电话号码(3位),交换机通过定期监测DTMF收号器,接收到这3位号码。交换机收到第一位号码时,将拨号音与用户话路断开(停拨号音);
- 交换机收齐3位号码后,经过号码分析和地址翻译,确定本次呼叫的被叫为用户B,判断用户B的状态,如果用户B空闲,向用户B的话机振铃,同时向用户A送回铃音;如果用户B忙,则向用户A送忙音;如果用户A所拨的号码不是本交换机内的号码,则向用户A送空号音;
- 用户B听到铃声,拿起话机手柄(摘机应答),交换机检测到用户线状态变化,判定用户B摘机,停止振铃,停送回铃音,通过交换网络把两个用户的话路接通,连接建立阶段结束;
- 对于被叫忙或空号的情况,连接建立不成功,用户A放下话机手柄(挂机),用户环路断开,交换机检测到用户线状态变化,判定用户A挂机,停送忙音或空号音,结束本次呼叫。

(2) 通话阶段

在本阶段,两用户通过交换机提供的话路进行话音通信,交换机则在周期性地监测用户线状态,一旦检测到用户挂机,就进入连接释放阶段。

(3) 连接释放阶段

连接释放分两种情况:

- 用户A先挂机,交换机检测到用户A挂机,断开通话话路,向用户B送忙音;用户B挂机后,交换机停送忙音,本次呼叫过程结束;
- 用户B先挂机,交换机检测到用户B挂机,断开通话话路,向用户A送忙音;用户A挂机后,交换机停送忙音,本次呼叫过程结束。

通过对上述呼叫过程的分析,交换机的工作可以总结如下:

- 用户摘挂机检测,交换机周期性地监测用户线状态,判断用户是否摘机或挂机;
- DTMF收号,对已摘机用户的收号器进行定期检测,及时接收用户所拨号码;
- 交换网络控制,通过交换网络向用户送各种音信号,连接话路等;
- 振铃控制,按1秒振4秒停的节奏向用户送铃流;
- 号码分析,对用户所拨号码进行分析,确定本次呼叫是内部呼叫还是呼叫转移的设置或撤销;

- 地址翻译，根据主叫所拨号码确定被叫用户；
- 用户状态管理，当用户摘机呼出时和用户作为被叫被振铃时，将用户的状态置为“忙”；用户挂机后或被叫未应答而停止振铃后，将用户的状态置为“空闲”；
- 呼叫处理，对整个呼叫过程进行控制。

4.6.2 需求分析

从交换机的工作过程可知，交换机的工作可以分为两类：与硬件有关的工作和与硬件无关的工作。与硬件有关的工作包括：用户摘挂机检测、DTMF 收号、交换网络控制、振铃控制等。与硬件无关的工作包括：号码分析、地址翻译、用户状态管理、呼叫处理等。由于与硬件有关的工作需要了解具体硬件电路的工作原理，这已超出了本书的范围，本书假设与硬件有关部分的软件已经设计好，所以设计工作主要考虑与硬件无关部分。

需求分析主要考虑交换机用户的要求。对本交换机而言，用户要求比较简单，可以归纳为：

- 用户在话机没有振铃的情况下拿起话机手柄，应能及时听到拨号音(300 ms 内)；
- 用户在话机振铃的情况下拿起话机手柄，应能与对方通话，同时停止振铃；
- 用户摘机后，应能通过话机按键输入被叫号码，输入第一位号码后交换机应及时停送拨号音；
- 用户拨完 3 位号码后，如果对方空闲(用户未使用话机)，应能听到回铃音；如果对方忙(用户正在使用话机或话机正在振铃)，应能听到忙音；如果用户拨错号码，应能听到空号音；
- 用户通过输入不同的号码，可以与其他 15 个用户中的任意一个通话；
- 用户可以通过拨号设置或撤销呼叫转移；
- 用户可以在接续过程中随时挂机，结束呼叫；
- 话机振铃时间不超过 60 s，听拨号音时间不超过 10 s，听回铃音时间不超过 60 s，听忙音时间不超过 40 s，听空号音时间不超过 40 s；
- 用户输入号码时，两位号码之间的间隔不超过 20 s。

4.6.3 软件结构设计

本交换机的软件采用分层结构，可以分为两层：应用层和接口层。接口层负责与硬件有关部分的工作，完成以下功能：

- 用户摘挂机检测，上报用户状态(摘机或挂机)；
- DTMF 收号，上报收到的号码；
- 音信号连接和断开；
- 振铃控制和停振铃；
- 话路连接和释放。

本交换机中最多只有 16 个用户，每个用户有 1 个逻辑编号，从 0～15。用户的逻辑编号与物理地址的对应关系由接口层负责维护。

应用层负责与硬件无关部分的工作，完成以下功能：

- 号码分析，对用户所拨号码进行分析，确定本次呼叫类型，包括内部呼叫、设置呼叫转移、撤销呼叫转移；
- 地址翻译，根据主叫所拨号码确定被叫用户；
- 用户状态管理，建立一张用户状态表，记录用户状态；
- 呼叫处理，负责呼叫接续过程连接建立阶段和连接释放阶段的工作。

4.6.4 消息定义

用户在话机上的操作通过接口层处理后形成内部消息送到应用层，应用层对硬件电路的操作以消息的形式发给接口层，由接口层来完成对这些的操作。

接口层发到应用层的消息只有3条，定义如下：

- 摘机消息 off_hook(integer)，参数为用户线逻辑号；其中"off_hook"是消息名，"integer"是参数类型，下同。
- 挂机消息 on_hook(integer)，参数为用户线逻辑号；
- 号码消息 digit(integer,integer)，参数为用户线逻辑号，一位拨号号码。

应用层发到接口层的消息有：

- 连接拨号音 dial_tone(integer)，参数为用户线逻辑号；
- 连接回铃音 ringback_tone(integer)，参数为用户线逻辑号；
- 连接空号音 null_tone(integer)，参数为用户线逻辑号；
- 连接忙音 busy_tone(integer)，参数为用户线逻辑号；
- 停音信号 stop_tone(integer)，参数为用户线逻辑号；
- 振铃 ringing_on(integer)，参数为用户线逻辑号；
- 停振铃 ringing_off(integer)，参数为用户线逻辑号；
- 连接话路 path_connect(integer,integer)，参数为主叫用户线逻辑号，被叫用户线逻辑号；
- 断开话路 path_disconnect(integer,integer)，参数为主叫用户线逻辑号，被叫用户线逻辑号。

其中，"停音信号"可以用来停各种音，无需区别是停哪种音。

4.6.5 消息交互图

接口层与应用层之间消息交互的各种情况可以用MSC图来描述，主要考虑以下情况：

- 被叫空闲的情况；
- 被叫忙的情况；
- 空号的情况；
- 连接建立成功、主叫先挂或被叫先挂的情况；

- 久叫不应(振铃超时)的情况；
- 振铃早释(主叫在听回铃音期间挂机)的情况；
- 用户早释(主叫在拨号期间挂机)的情况；
- 久不拨号(主叫在拨号期间长时间未拨号)的情况；
- 忙音超时或用户挂机的情况；
- 空号音超时或用户挂机的情况。

图 4-29 描述了被叫用户空闲的情况，从主叫用户摘机开始，到主叫听回铃音，被叫用户振铃，应用系统进入占用(seizure)状态，设置定时器时长为 60 s。图 4-29 中，“caller_no”为主叫设备号，“called_no”为被叫设备号。

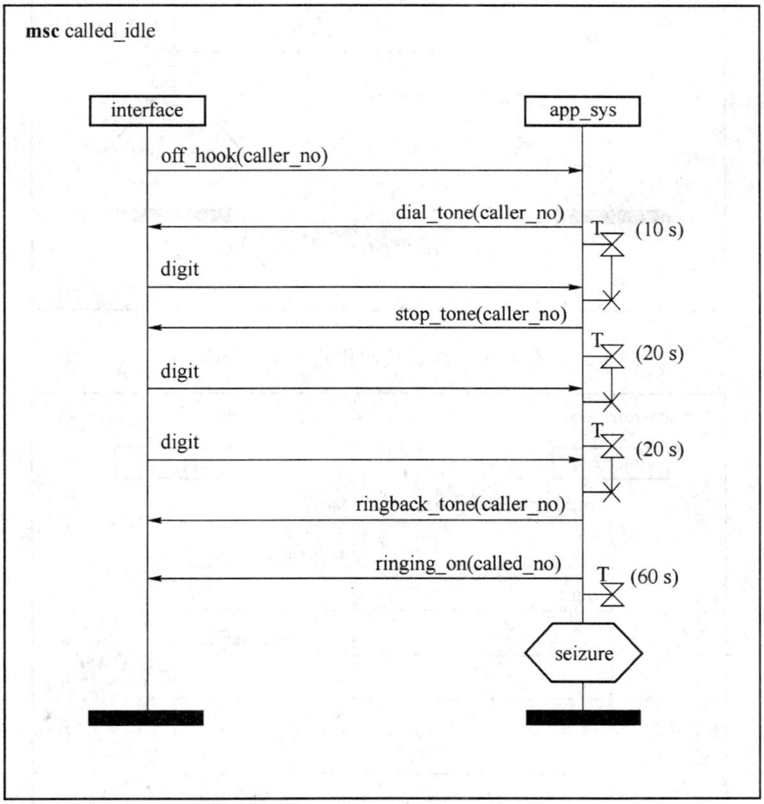

图 4-29　描述被叫用户空闲的 MSC

图 4-30 描述了被叫用户忙的情况，主叫用户拨完号码，系统发现被叫忙，进入听忙音状态。图 4-31 描述了空号的情况，主叫用户拨错号码，进入听空号音状态。从图 4-29、图 4-30、图 4-31 这 3 张图可以发现，3 张图中的拨号过程是相同的，为了简化起见，可以用一张 MSC 图来描述拨号过程，而在描述上面 3 种情况时可以引用拨号过程 MSC。图 4-32 描述了整个拨号过程，图 4-33 则是简化后的被叫空闲情况的描述，消息交互情况与

图 4-29描述的是相同的。

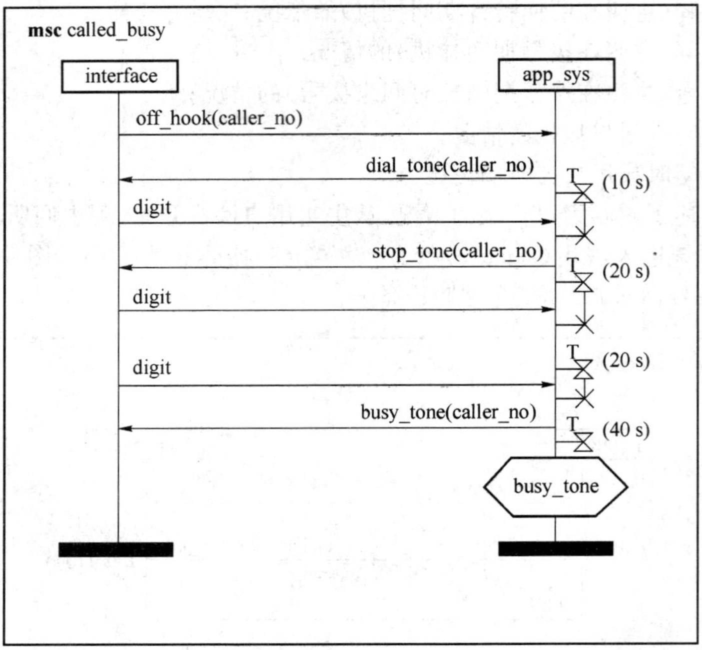

图 4-30　描述被叫用户忙的 MSC

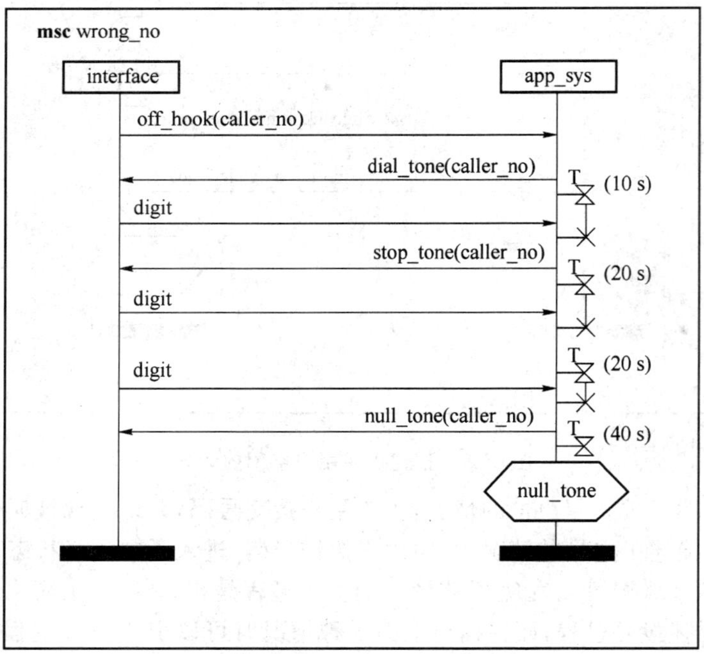

图 4-31　描述空号情况的 MSC

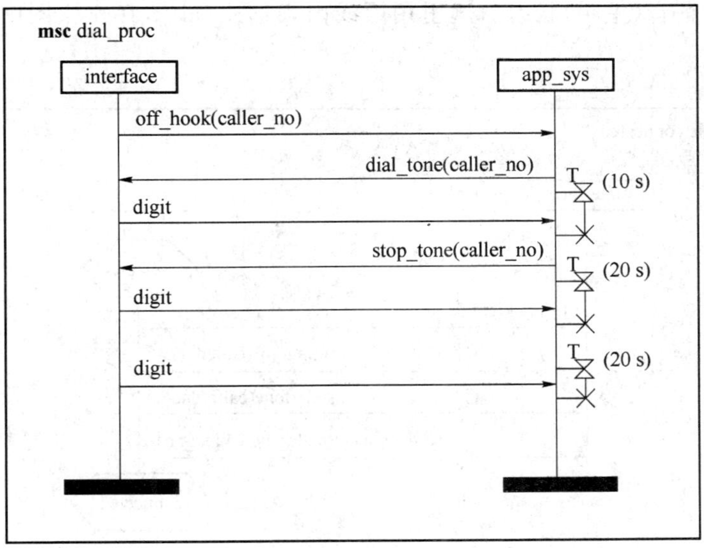

图 4-32　描述用户拨号过程的 MSC

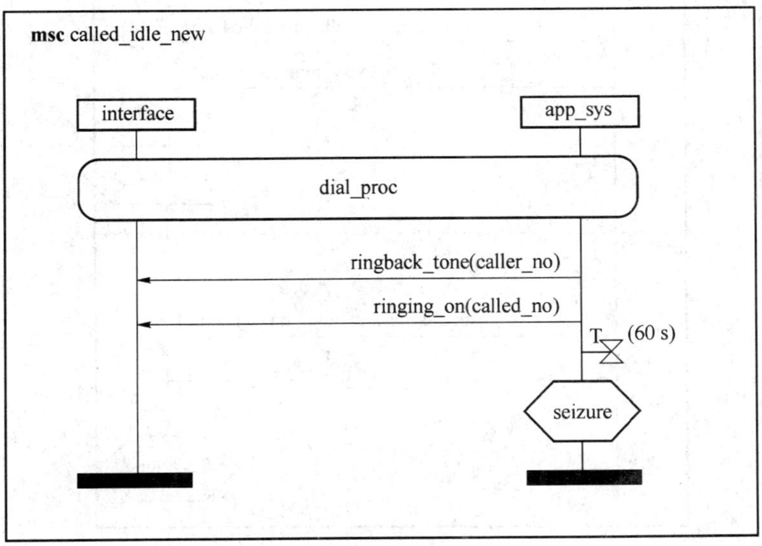

图 4-33　引用了拨号过程 MSC 的被叫用户空闲的 MSC

图 4-34 描述了被叫用户应答情况下的消息交互情况和释放阶段的两种情况。在占用状态下，如果被叫摘机应答，应用系统复位定时器，停振铃，停回铃音，连接话路，主被叫进入通话状态(connected)。释放阶段有两种情况，即主叫先挂或被叫先挂。如果主叫先挂机，断开话路，向被叫送忙音，进入被叫听忙音状态；如果被叫先挂机，断开话路后向主

叫送忙音，进入忙音(主叫)状态。这里用了线内表达式“alt”，在一张图中同时描述了这两种释放情况。

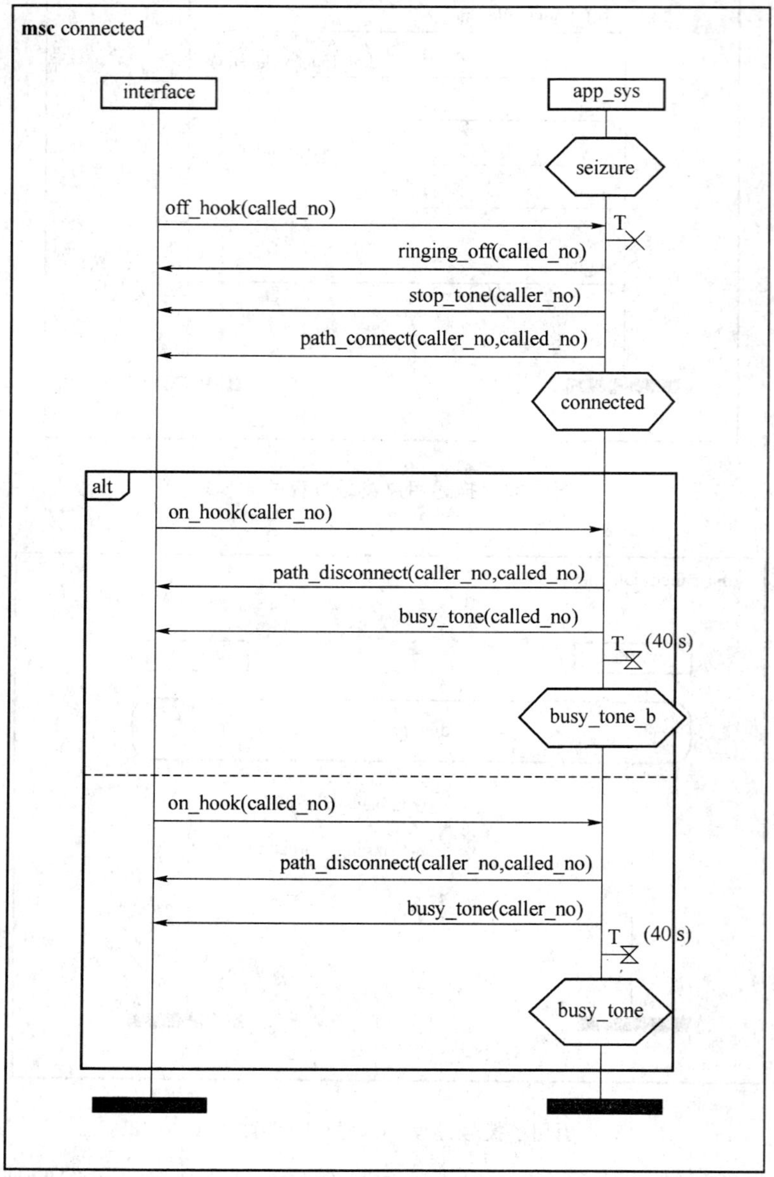

图 4-34 描述被叫用户应答和释放阶段的 MSC

图 4-35 也采用了线内表达式“alt”，在一张图中描述了振铃早释时的消息交互情况和久叫不应时的消息交互情况。如果是振铃早释，即主叫用户在听回铃音期间挂机，复位定时器，停被叫振铃，停音信号，回到空闲状态；如果是久叫不应，即振铃超时，停止向被叫振铃，向用户送忙音。这里需要注意：用户从听回铃音改到听忙音，不需要先停回铃音，后连忙音。因为用户在同一时间只能听到一种音信号，连接忙音，自然就停了回铃音。

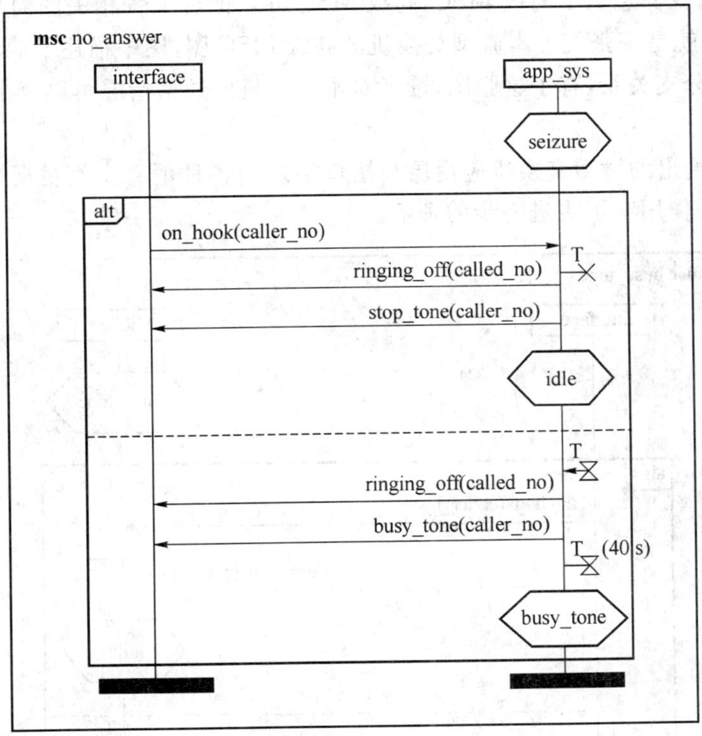

图 4-35　描述振铃早释或久叫不应情况的 MSC

图 4-36 描述了用户听忙音时可能出现的两种情况：如果用户挂机，复位定时器，停送音信号，回到空闲状态；如果用户未挂机(一般是话机没有挂好)，定时器超时，停送音信号，这时，用户状态还不能回到空闲，因为话机未挂好，不能向话机振铃，如果状态变成空闲，当有其他用户呼叫该用户时，就会向该用户振铃，这样的话，话机不会响铃，而且可能损坏话机，因此，当忙音超时，设置一个挂起状态，直到用户挂机。

用户早释是指用户在拨号期间挂机，可以在听拨号音时挂机，也可以在拨的一位号或两位号后挂机。用户一旦挂机，就回到空闲状态。图 4-37 描述了这种情况，由于用户中途挂机不是用户期望的，而挂机后就不再有别的消息交互，所以在图 4-37 中，中途挂机被处理成“异常”，用异常线内表达式“exc”来描述。

对于久不拨号，也可能发生在听拨号音期间或拨号期间，这种情况也可以视为异常，处理方式与用户早释基本相似，如图 4-38 所示。

最后一种情况是空号音超时或用户挂机的情况。如果用户挂机，复位定时器，停掉音信号，回到空闲状态；如果超时，改送忙音。空号音状态对应的 MSC 图见图 4-39。

至此，应用层与接口层之间可能出现的各种消息交互情况都用 MSC 描述了。通过这些 MSC 图，读者对本例介绍的微型交换机的通信情况有了初步的了解，但对全局还缺乏认识。这时，我们想到了高级 MSC，高级 MSC 可以把若干张相关的简单 MSC 图关联起来。图 4-40 就是一张关于本微型交换机的高级 MSC 图，图中描述了简单 MSC 图之间的顺序关系和分支关系，有了这张图，读者对本交换机的通信情况可以有个比较全面的了解了。

通过本节给出的微型交换机应用层与接口层之间各种消息交互情况的描述，相信读者会对 MSC 的作用有了更进一步的理解。

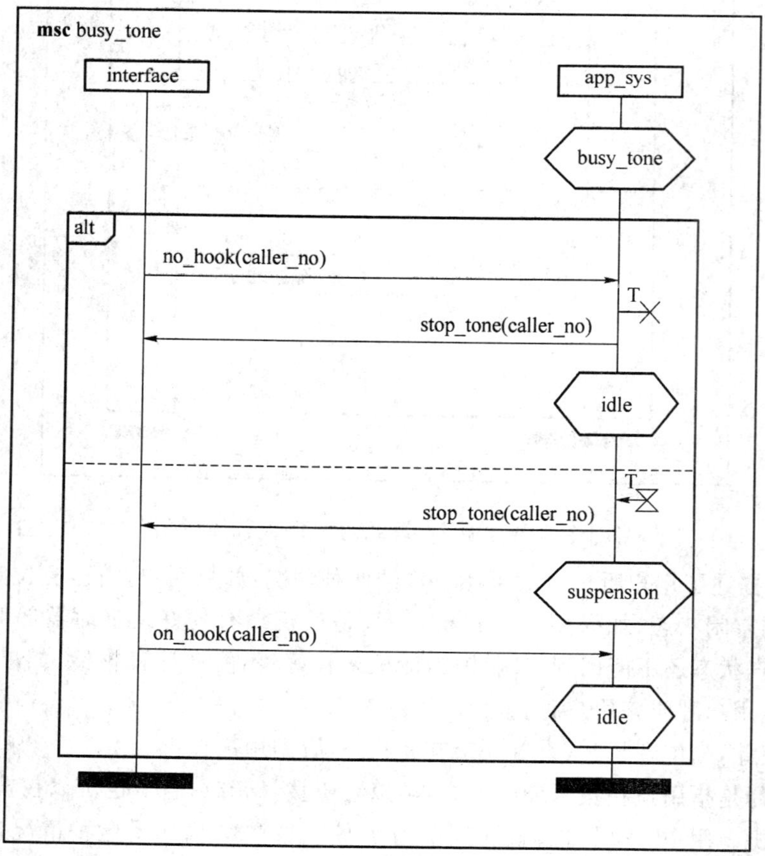

图 4-36　描述忙音状态下消息交互情况的 MSC

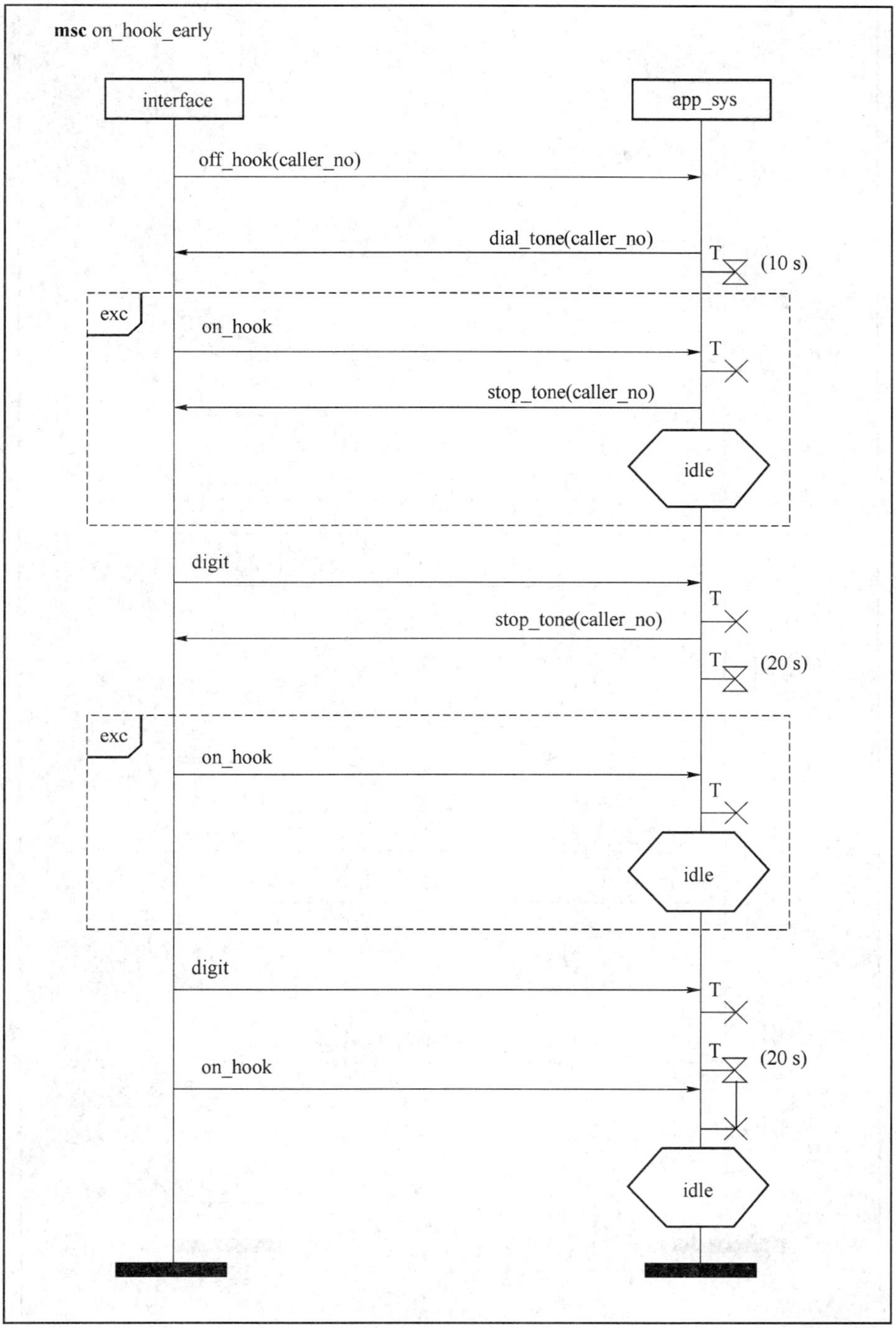

图 4-37　用户早释的 MSC

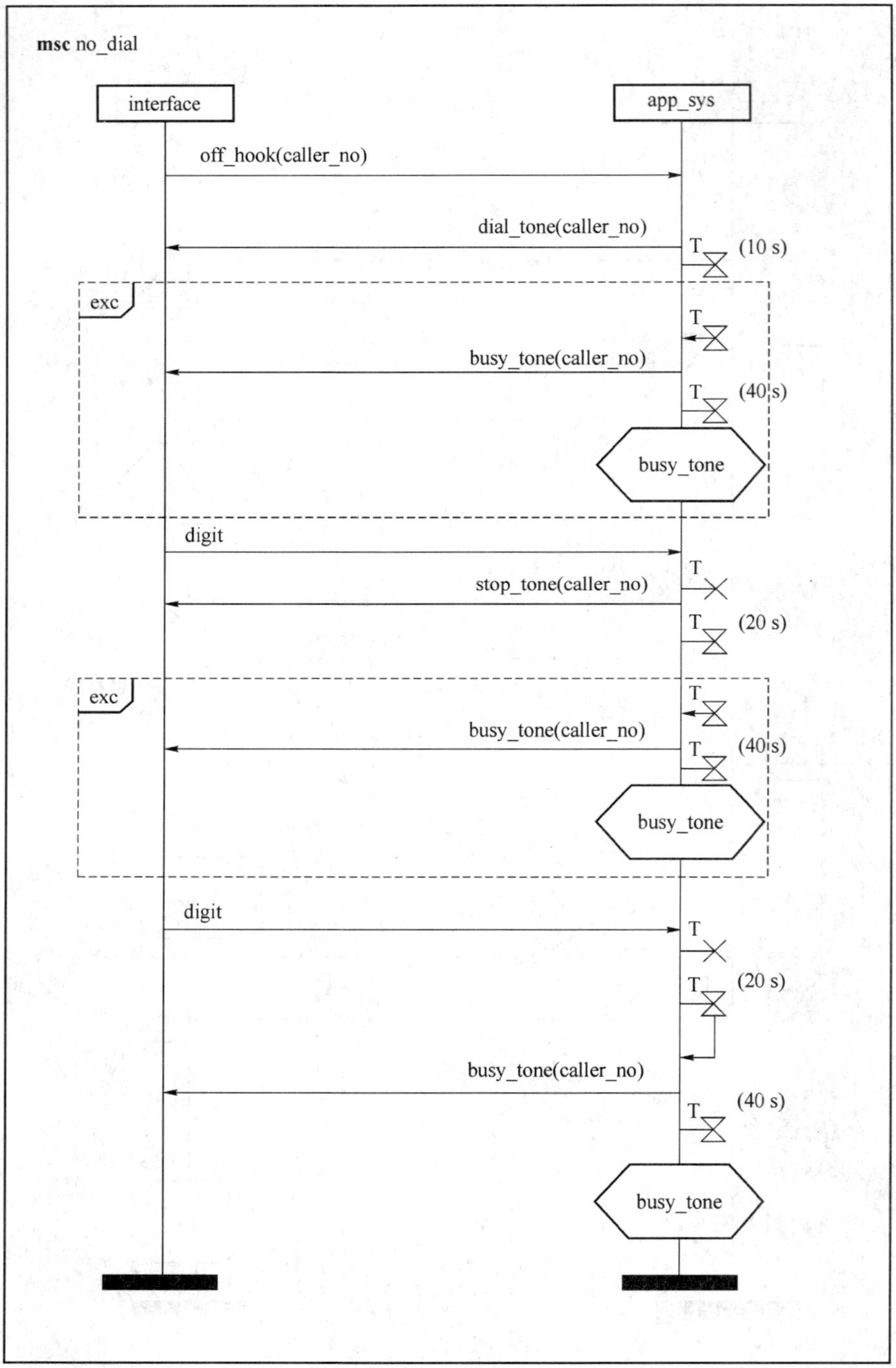

图 4-38　久不拨号的 MSC

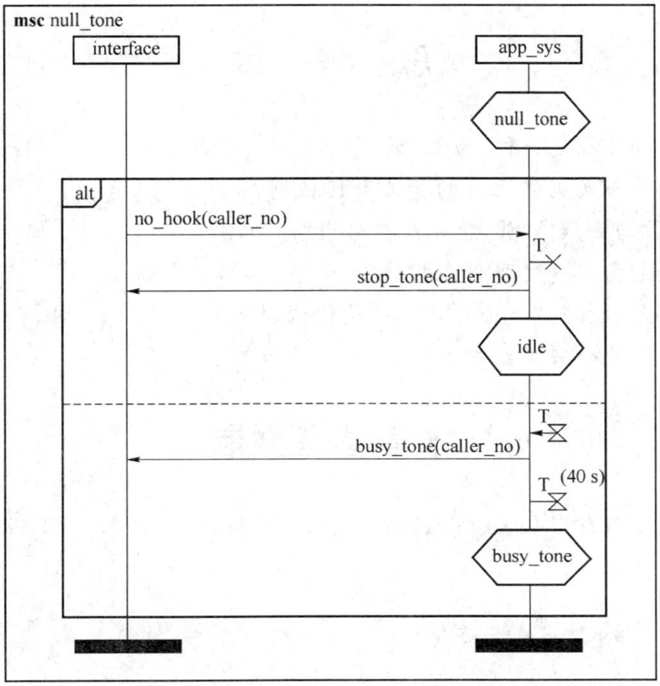

图 4-39　空号音状态下的 MSC

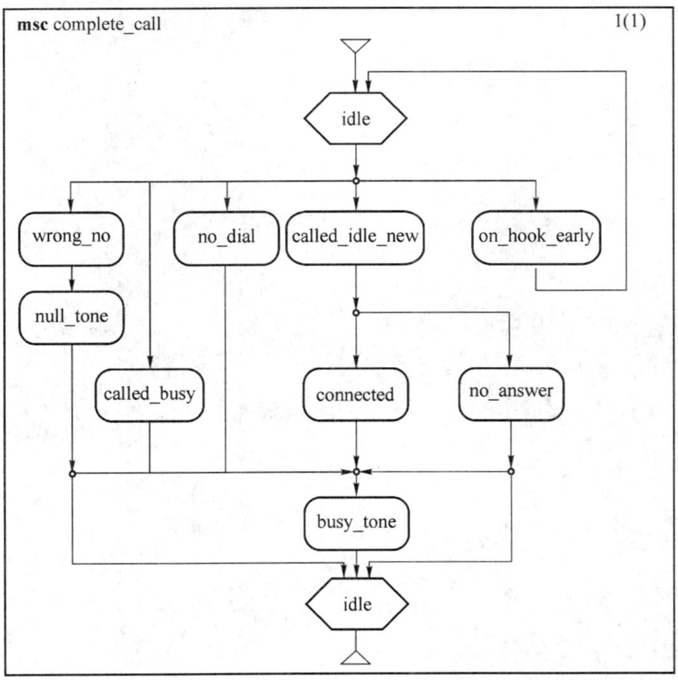

图 4-40　微型交换机的高级 MSC 图

思　考　题

1. 如何理解“MSC是一种‘场景’语言”？
2. 实例结束符与实例终止符的含义有何区别？
3. 简单MSC与高级MSC能否互相引用？
4. 什么情况需要用并发事件来描述？
5. 线内表达式运算符“loop<3,5>”是什么含义？
6. 什么情况下适合采用线内表达式“alt”、“opt”或“exc”？

本章参考文献

[1] ITU-T Z.120,Message Sequence Chart(MSC), 1999.

第5章 规范说明和描述语言SDL

规范说明和描述语言 SDL 是一种应用较广的形式化描述语言，由原 CCITT（国际电报电话咨询委员会）现 ITU-T（国际电信联盟电信标准局）制定，在 ITU-T Z.100 建议中给出了 SDL 的完整定义。SDL 的第一版本形成于 1976 年，1980～1992 年又推出了多个版本。SDL-92 版已经引入了面向对象的概念。1996 年只对 SDL-92 版做了一些补充，作为 Addendum 1 to Z.100（10/96）。1999 年 11 月 ITU-T 推出了 SDL-2000 版，该版本在面向对象的数据方面做了扩展；为了使 SDL 语言更简练，合并了部分特性；为了增强 SDL 语言的可用性，引入了其他语言如：ASN.1，ITU-T ODL（Z.130），CORBA 和 UML。

SDL 主要应用于电信领域，也适用于描述活性离散系统。所谓"活性"是指系统对外来信号（输入）是有反应（输出）的；所谓"离散"是指系统与环境的信息交互不是连续的。

SDL 的特点是既可以用来说明（Specification）一个系统所应具有的行为（behaviour），也可以用来描述（Description）一个系统实际具有的行为，因而，SDL 可以用来制作以下文档：

- 设备需求说明
- 系统说明
- ITU-T 建议
- 系统设计说明
- 系统设计描述（高层设计和详细设计）
- 系统测试说明

5.1 系统行为

SDL 把应用领域划分成两部分：SDL 系统和环境。SDL 系统是设计者关注的对象，用 SDL 语言来说明和描述。系统以外的部分都被视为系统的环境。系统与环境之间可以通过交换信号来通信，保证系统能对外部事件做出反应。系统与环境的关系可以抽象成图 5-1。

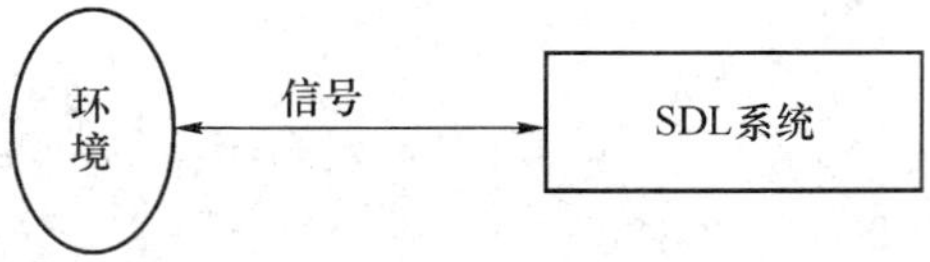

图 5-1　系统与环境的交互

SDL 描述系统行为的基础是扩展有限状态机。系统行为由系统内的所有进程实例对应的有限状态机协同工作以及与环境的信息交互来实现。3.4 节对扩展有限状态机做了简单介绍，同时也指出，用扩展有限状态机难以描述协议机之间的通信关系，而 SDL 在扩展有限状态机的基础上，增加了状态机之间的通信描述。

SDL 中每个进程实例就是一个有限状态机，进程实例之间的通信用交换信号来实现，发送信号时可以明确地给出目标地址。每个进程实例都有一个私有存储空间记录该实例的状态和一些变量值，因而系统中的所有进程实例可以并发地工作。SDL 系统与环境之间也能通信，SDL 把环境视为一个进程，可以通过信号交互信息。

下面用 SDL 进程图来描述图 3-6 中的“TCP 协议的有限状态机”。SDL 进程图可以分页设计，TCP 协议的 SDL 进程图共有 9 页，分别如图 5-2～图 5-10 所示。

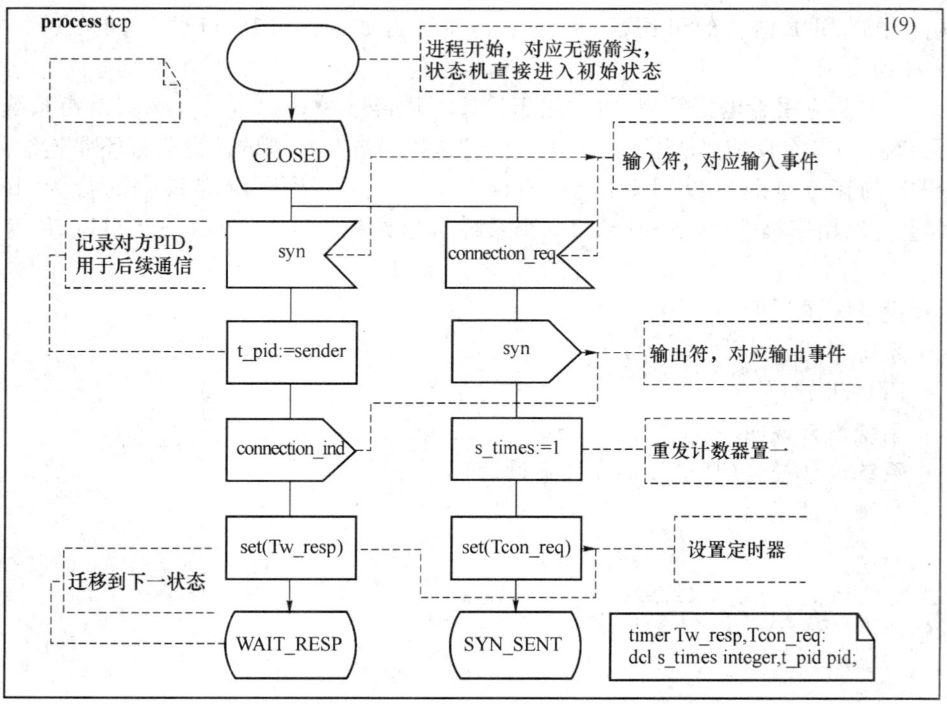

图 5-2　TCP 进程图第 1 页

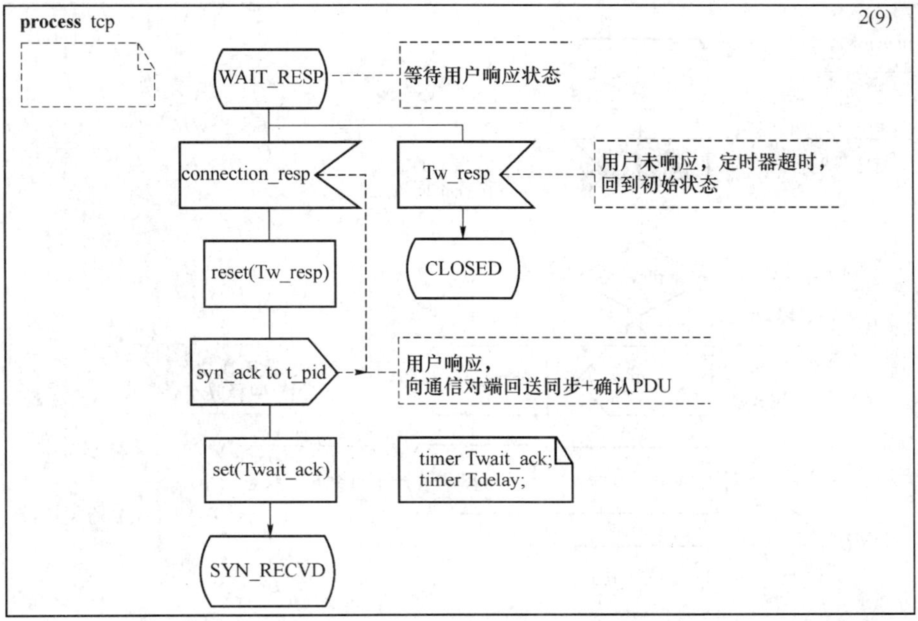

图 5-3　TCP 进程图第 2 页

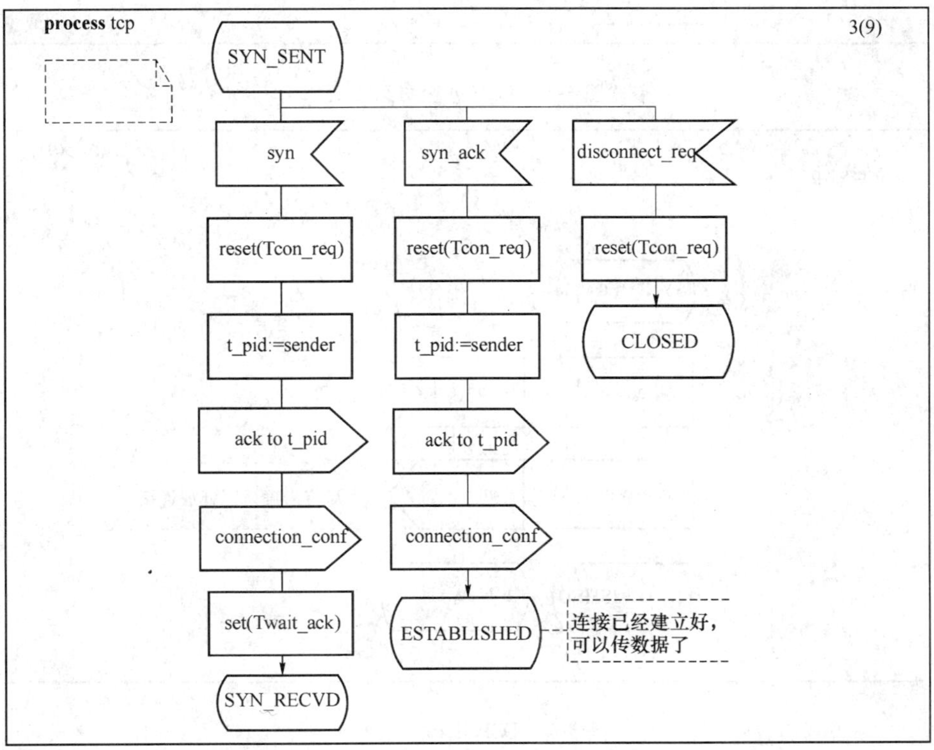

图 5-4　TCP 进程图第 3 页

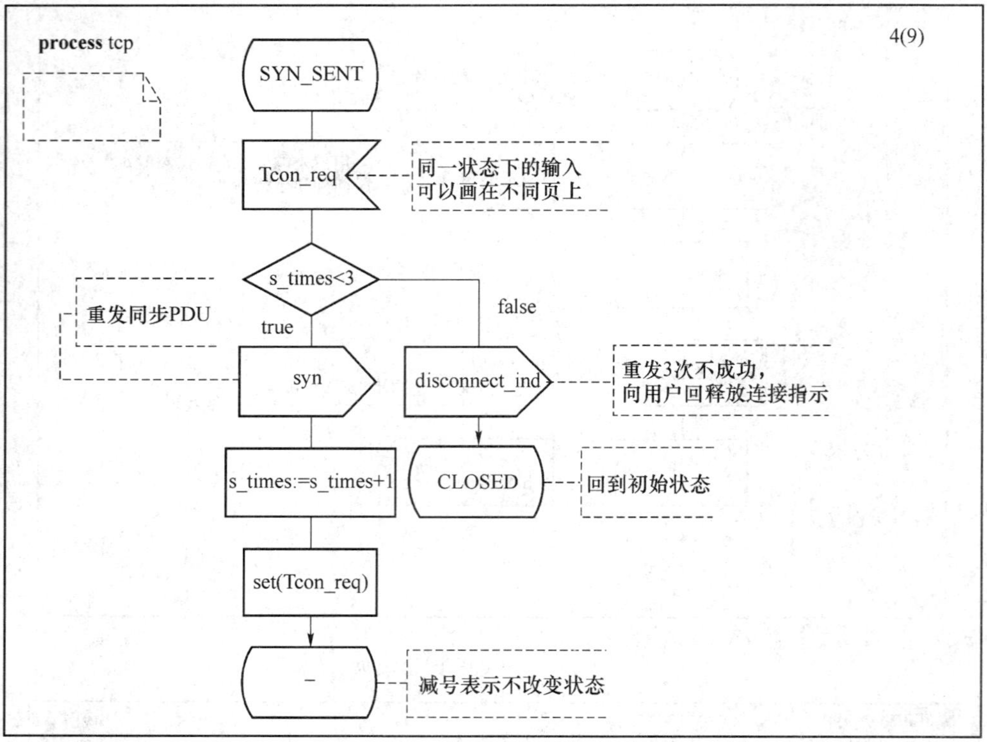

图 5-5　TCP 进程图第 4 页

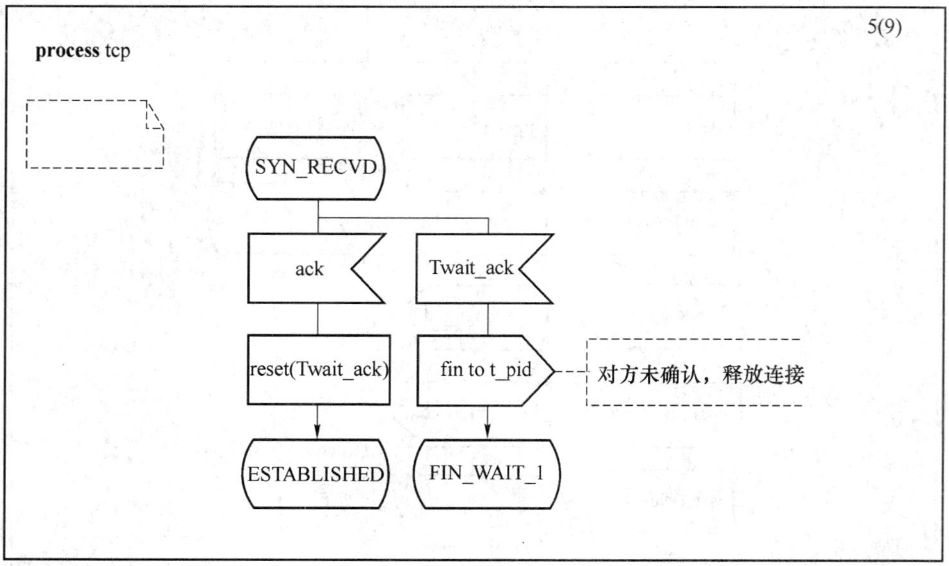

图 5-6　TCP 进程图第 5 页

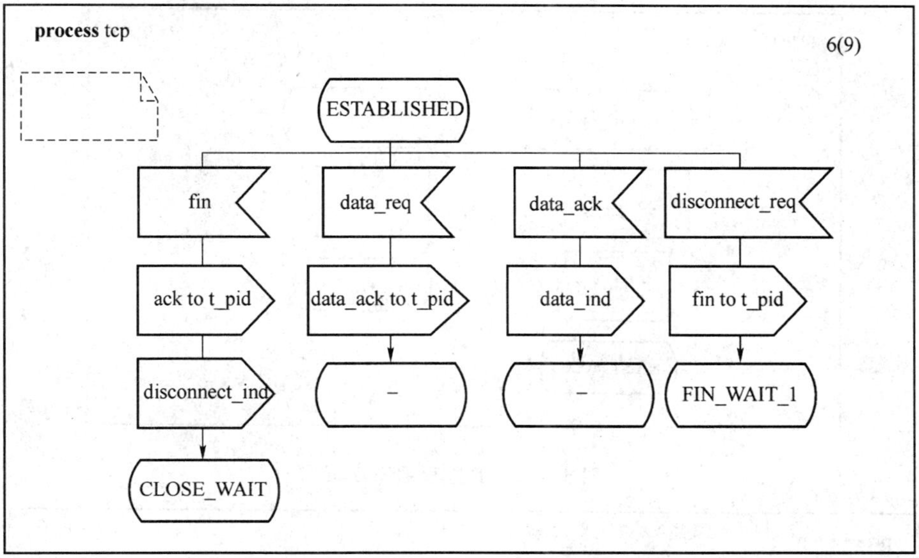

图 5-7　TCP 进程图第 6 页

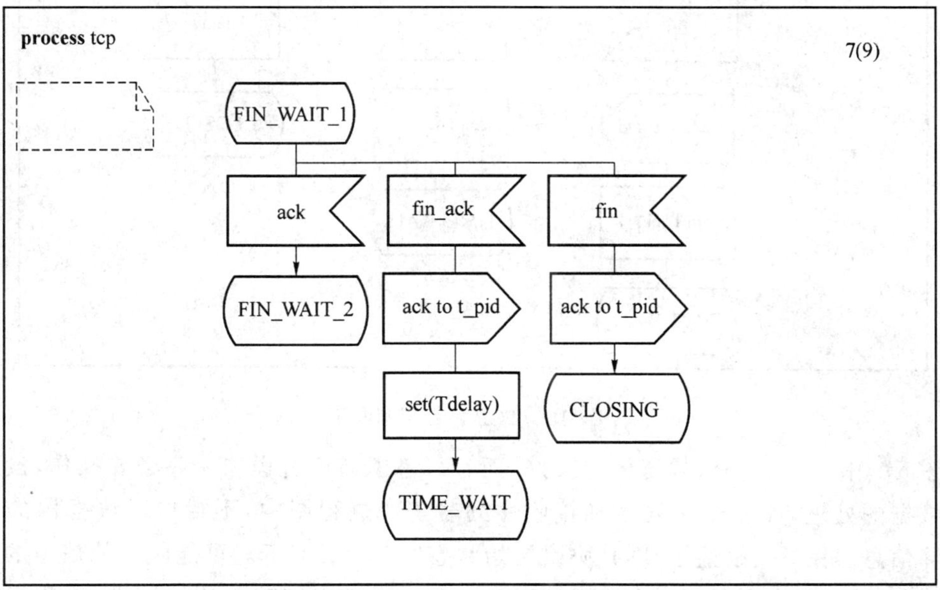

图 5-8　TCP 进程图第 7 页

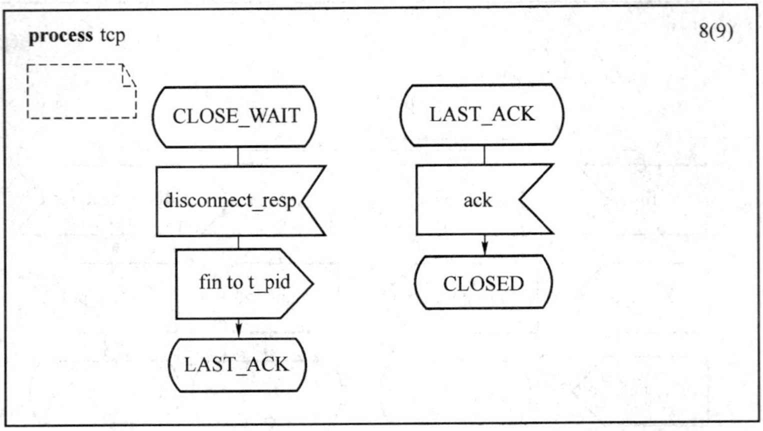

图 5-9　TCP 进程图第 8 页

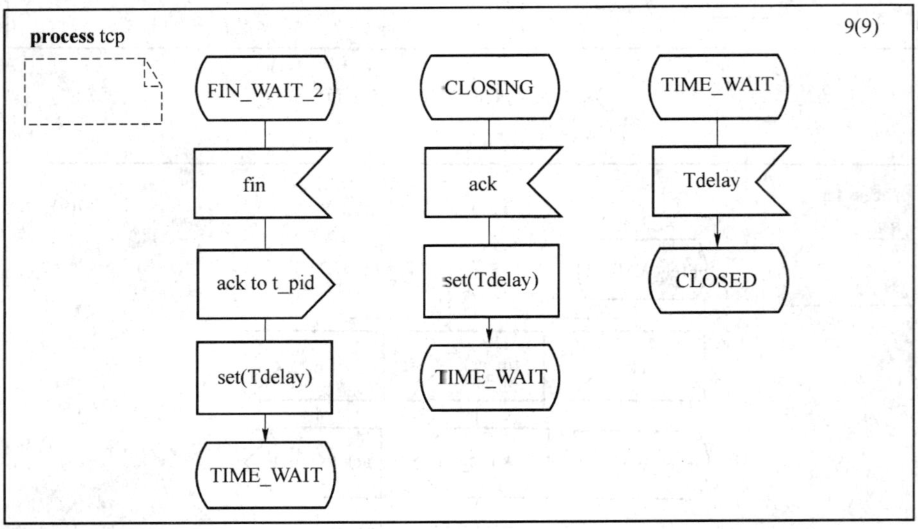

图 5-10　TCP 进程图第 9 页

图 5-2 中假设各种信号已经定义好，而且只考虑通信过程和一些必要操作，没有考虑对数据的处理，如发送序列号和接收序列号等。进程图中，不封口虚线框内的内容是注释信息。图 5-2 描述了 TCP 协议初始状态“CLOSED”下对可能收到的信号的处理流程。“syn”是来自通信对端的同步 PDU，表示由对端发起建立连接请求，进程记录下对端的 PID(进程标识，通过“sender”函数获得)，向本端用户发送建立连接指示服务原语“connection_ind”，进入下一状态，等待用户响应。如果是本端用户发起建立连接请求，进程将收到信号“connection_req”，向对端发出同步 PDU“syn”，进入状态“SYN_SENT”，等待对方的同步 PDU 和确认信息(ack)。图 5-2 中，“timer”用来声明定时器，

“dcl”用来声明变量,其中,“pid”是 SDL 特有的数据类型,称为进程标识,用“pid”定义的变量可以用来记录进程实例的地址,用于进程间通信。如图 5-3 中的“syn_ack to t_pid”就是表示把信号“syn_ack”(同步 PDU 加上确认信息)发送到“t_pid”指向的进程实例(发送同步 PDU“syn”给本进程的对端进程实例)。“timer”和“dcl”必须放在文本定义符(折角矩形符)内,在文本定义符内还可以定义信号(用 signal)、信号列表(用 signallist)、新的数据类型(用 newtype)等。从图 5-2 可以看出,SDL 定义了专门的输入符和输出符,反映了 SDL 用于描述通信行为的特点。对照图 3-6 中的有限状态机图,SDL 进程图更详细地描述了状态机的输入处理和状态迁移过程,更接近编程语言,更能指导状态机的具体实现。

图 5-3 描述了“WAIT_RESP”状态下对两种输入事件的处理流程。根据需要,在 TCR 进程图第 2 页上又声明了两个定时器。这里主要希望告诉读者,在 SDL 进程图中,变量、定时器等可以定义在进程图的任意页上,没有先后之分。

正如图 5-5 中注释所述,SDL 进程图的设计更关注在当前状态下,收到一个输入信号后的处理流程及状态迁移情况,只要把每个状态下可能收到的所有输入都考虑了,设计就完成了。一个状态对不同输入的处理可以分散在不同页中,如图 5-4 和图 5-5 所示。

图 5-9 和图 5-10 则说明了另外一种画法,即不同状态对输入的处理流程可以画在同一页上。这再次说明了 SDL 进程图更关注在当前状态下,收到一个输入信号后的处理流程及状态迁移情况,并不关心图画在哪一页上。

上面的例子是一个永不结束的进程例子,进程从初始状态开始,无论经过哪条分支,总能回到初始状态。这在通信软件中是常见的,因为通信系统一旦投入使用,一般都要求永不停机,即要求全天候运转。因此,通信软件的设计容不得半点资源管理不当的错误,如内存泄漏,哪怕每次只泄漏一个字节,最后也会导致系统崩溃。

下一节从系统层面介绍 SDL。

5.2　SDL 系统结构

在 SDL 系统中,进程实例是基本单位,系统行为主要用进程实例来描述,具有相同特性的进程实例构成进程集,进程集与进程集之间可以利用信号交换信息,进程集之间用信道相连,交互的信号都通过信道来传递。功能相近的进程集构成功能块,系统则由若干功能块组成,功能块之间也用信道相连。信道说明了功能块之间的通信关系,没有用信道相连的功能块之间不能以信号方式进行通信。从层次关系来看,SDL 系统结构可用图 5-11 来表示,即 SDL 系统由系统、功能块和进程 3 个层次的实体组成。系统由功能块组成,功能块可以由进程组成,也可以由功能块组成。

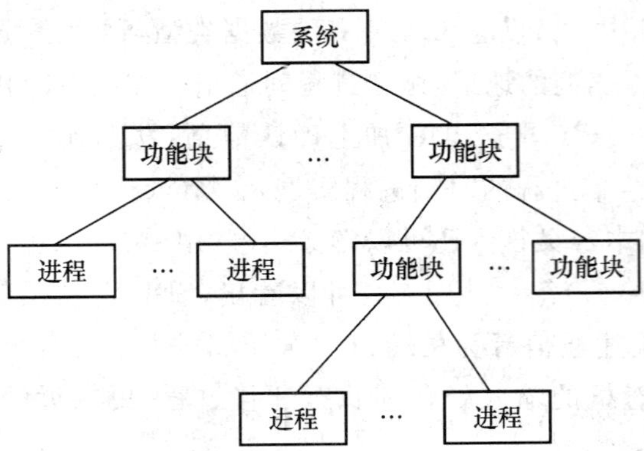

图 5-11　SDL 系统层次关系

从包含关系上看，SDL 系统结构可用图 5-12 来表示，即进程图被包含在功能块图中，功能块图又被包含在系统图中。

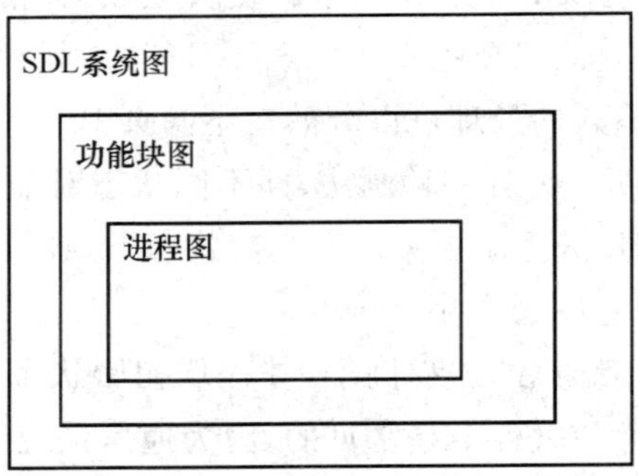

图 5-12　SDL 系统包含关系

下面用"helloworld"的例子来说明 SDL 图的包含关系。这个例子是这样工作的：系统启动以后，当从环境向系统发送信号"helloworld"时，系统将向环境回送"helloworld"；当从环境向系统发送信号"terminated"(结束)时，系统会终止工作。

图 5-13 是"helloworld"的系统图，系统图的关键字是"system"，"helloworld"是系统名。该系统定义了两条信号："helloworld"和"terminated"。系统包含一个功能块，即该系统由一个功能块组成。功能块用方框表示，方框内是功能块名。功能块与系统环境(边框)之间用信道相连，不同的信道用不同的信道名区别。信道"etos"标识从环境到系统的信道，信道上的箭头表示了信号传递的方向，该信道上可以传递的信号有两条，标注在箭头旁。SDL 语法规定，只有在信道上标注过的信号才能在这条信道上传递。信道"stoe"标识从系统到环境的信道，这条信道上只有一条信号可以传递。

图 5-14 是功能块"blk"的功能块图，该功能块只包含一个进程集，而且该进程集最多只有一个进程实例。"procs"是进程集的名称，进程集名后的"(1,1)"表示该进程集将由

系统在初始化时静态创建一个进程实例(第一个 1),系统在运行过程中最多允许存在的该进程集的实例数也是一(后一个 1)。进程不能直接从环境得到信号,所以进程图的边框不代表环境,只是该功能块的边界,功能块通过与之相连的信道与外界通信,所以在边框上需要标出与其相连的信道名。功能块内部也需要定义信道,负责连接外部信道与进程集,当功能块由多个进程集组成时,内部信道也用来提供进程集之间的通信通道。与系统图相同,功能块内部的信道也有信道名,信号传递方向也用箭头标识,箭头旁也要标注出可以在该信道上传递的所有信号。信道可以是双向的,如果是双向信道,需要在两个方向上分别标注可以传递的信号。

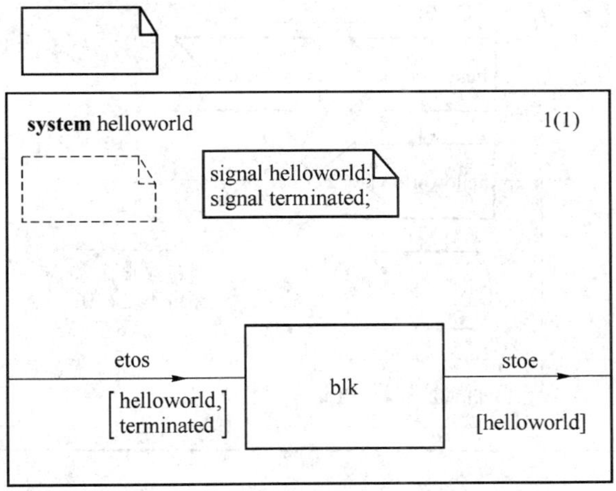

图 5-13　SDL 系统图

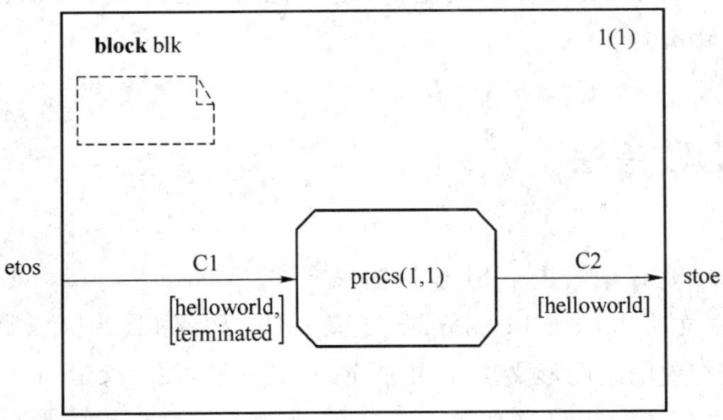

图 5-14　SDL 功能块图

图 5-15 是进程集"procs"的进程图,这是一个很简单的进程,只有一个状态,只接收两条信号,当收到信号"helloworld"时,输出信号"helloworld"。由于该信号可以在两条信道上传递,输出时必须指出从哪条信道输出,"via C2"就表示该信号经过信道"C2"输

出。当进程收到信号"terminated"时,进程将终止。由于系统"helloworld"只有一个进程实例,进程一旦终止,系统也就停止工作了,因此,在设计 SDL 进程时要慎用进程终止。

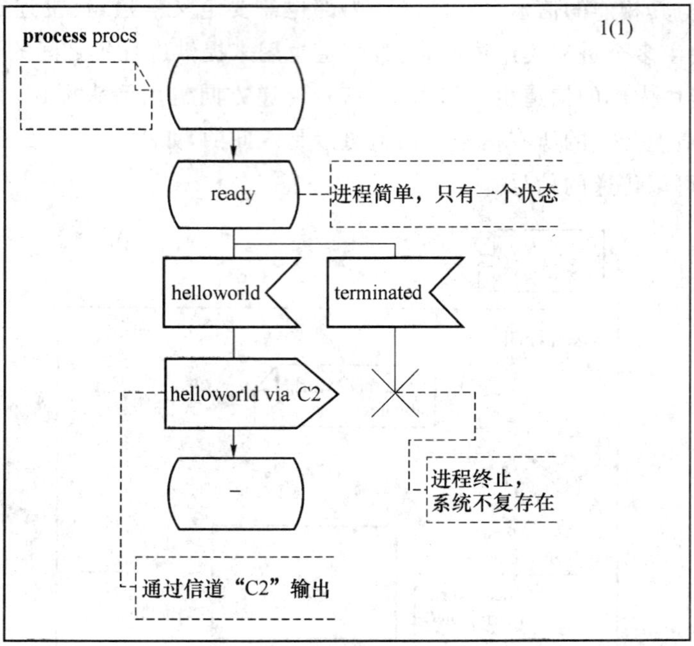

图 5-15　SDL 进程图

上面的例子解释了 SDL 系统、功能块和进程之间的包含关系和层次关系。更多的概念将在后续章节中介绍。

5.3　SDL 语法

ITU-T Z.100 建议中给出了 SDL 的抽象文法(Abstract grammar)定义和两种具体文法定义,即文本文法(Textual grammar)定义(SDL/PR)和图形文法定义(SDL/GR),这两种文法是完全等效的。图形文法(SDL/GR)直观易懂,便于交流,适合于设计开发人员使用,而文本文法更适合于机器理解。一般的开发工具都支持图形编辑,然后把 SDL/GR 转换成 SDL/PR,最后再翻译成编程语言的源代码。

SDL/GR 中包含一个 SDL/PR 的子集,这个子集被称为公共文本文法(common textual grammar)。SDL/GR 与 SDL/PR 以及与抽象文法的关系可用图 5-16 来表示。

本书主要采用 SDL/GR 和公共文本文法来介绍 SDL 基本概念和主要内容。

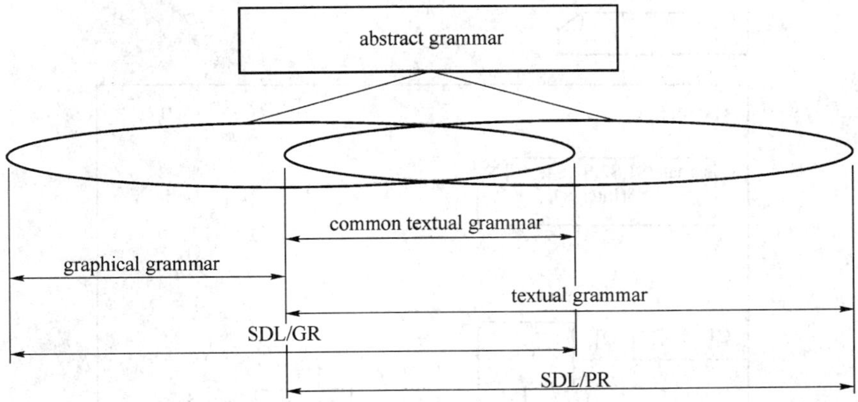

图 5-16　SDL/GR、SDL/PR、抽象文法三者的关系

5.3.1　包

在 SDL 中，包(package)的作用类似于 C 语言中的".h"文件(包含文件)。包中包含的内容都是可重用的，即可以被多次引用(如 C 语言中的# include ∗.h)。SDL-2000 允许各层次的图和过程图引用包，包内可以包含所有图中可以定义的内容，如类型定义、信号定义、数据结构定义等。包的一般定义格式如图 5-17 所示。

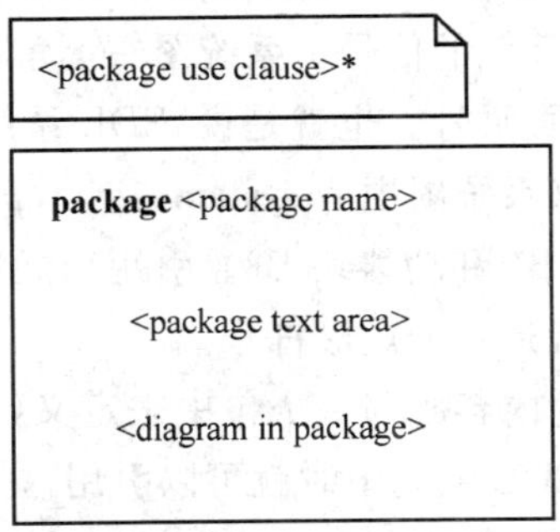

图 5-17　package 的一般格式

图 5-17 中，方框上方部分为包引用部分，是可选项，表明在定义包时可以引用其他已经定义过的包。包定义由用户给出包名＜package name＞；包中可以定义文本内容，在＜package text area＞部分给出；包中也可以画图，由＜diagram in package＞表示。

包定义的例子在下一节中给出。

5.3.2　系统

SDL 系统完整地描述一个真实系统或一个真实系统中相对独立的一部分。在 SDL/GR 中，SDL 系统由系统图来定义或由系统类图实例化得到。图 5-18 是一张简单的 SDL 系统图。

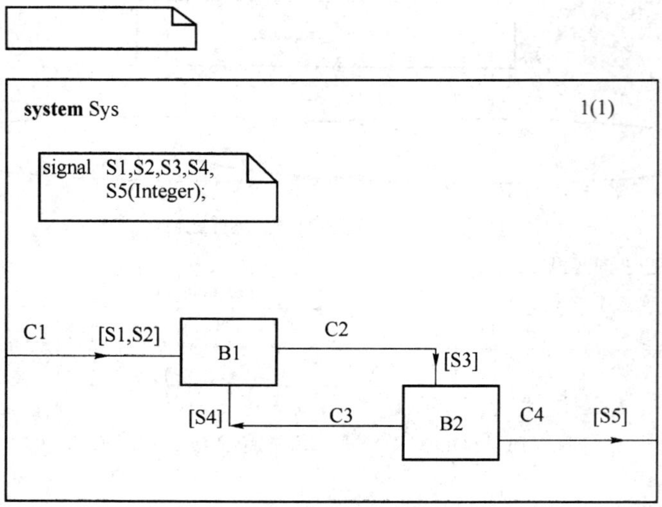

图 5-18 简单的 SDL 系统图

图 5-18 中，**“system”**为系统图的关键字，表示本图是 SDL 系统图，后接图名，即 SDL 系统名(字符串)。本例中的 SDL 系统图未引用包。文本域定义了 5 条信号(用 signal 定义)，其中 S5 带一个参数，类型为整型(Integer)。系统被划分成 B1 和 B2 两个功能块，有 4 条信道(C1，C2，C3 和 C4)，4 条信道上分别标注了从环境到功能块 B1、从 B1 到功能块 B2、从 B2 到 B1 以及从 B2 到环境的信号。系统图右上角是图的页码编号，圆括号内是该图的总页数，括号外的数为本页页号。也就是说，SDL 系统图(以及其他 SDL 图)可以分成多页来画，每页的头部说明(系统图中为 **system**<system name>)必须相同。该系统图引用了两个功能块图：功能块 B1 和功能块 B2。引用功能块图采用功能块符，符号内包含功能块图的图名。功能块符就是一个矩形符号。

如果把系统图中文本域的内容放到一个包中来定义(此处只是为了举例)，如图 5-19 所示，则在定义系统“Sys”的 SDL 系统图时就可以引用这个包，如图 5-20 所示，其含义与图 5-18 是等效的。

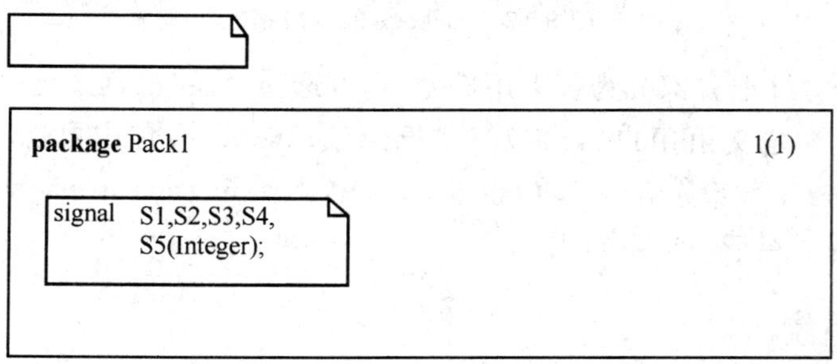

图 5-19 简单的包定义

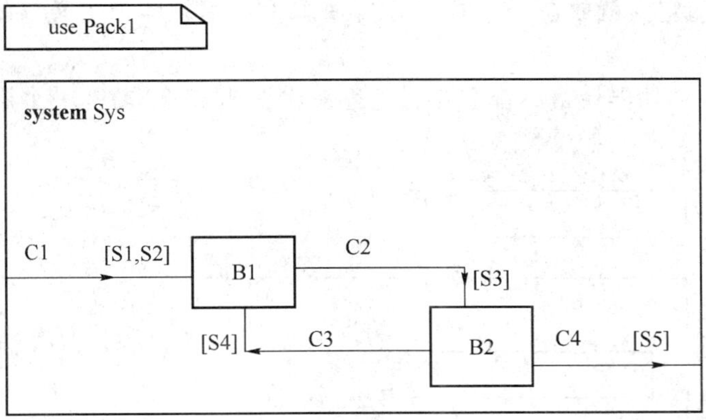

图 5-20　引用的 SDL 系统图

5.3.3　功能块

一个系统可以划分成若干个功能块，功能块又由若干进程和进程间的交互关系组成。功能块还可以再划分为若干功能块。功能块由功能块图来描述。

由功能块组成的功能块图与系统图基本相同，只是在功能块图的边界上要标出与本功能块相连的信道标识，如图 5-21 所示。功能块图的标题部分由关键字“**block**”和功能块名“<block name>”组成。图 5-20 中引用的功能块 B1 又被进一步划分成两个功能块 B11 和 B12，功能块图内定义了两条信号，在功能块 B11 和功能块 B12 之间传递。信道 C11 连接功能块 B11 和边界，在边界上与系统图中的信道 C1 相连，C1 标在功能块图的边框外，靠近连接点。信道 C13 连接功能块 B12 和边界，在边界上与系统图中的信道 C2 相连。信道 C14 连接功能块 B12 和边界，在边界上与系统图中的信道 C3 相连。

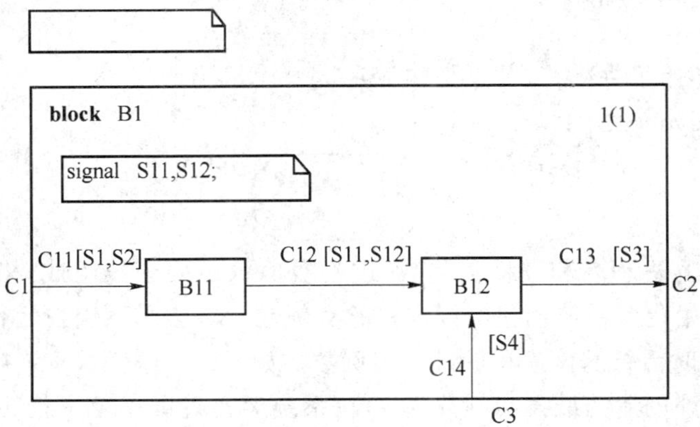

图 5-21　由功能块组成的功能块图

由于信号 S11 和 S12 只在本功能块内传递，对系统的其他部分来说是不可见的，所以，这两条信号的定义就放在了功能块图内，而没有在系统图中定义。该功能块的定义没有引用包。

SDL 系统中的功能块最终都需要用进程来定义，图 5-22 就是一个用进程来定义功能块的例子。

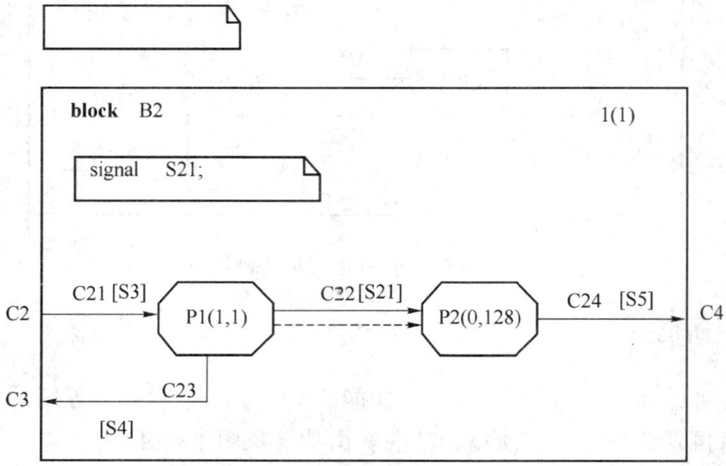

图 5-22　由进程集组成的功能块图

图 5-22 中，功能块 B2 由两个进程集 P1 和 P2 组成，信道 C21 与系统图中的信道 C2 在边界相连，从边界连到进程集 P1；信道 C23 从进程集 P1 连到边界，并在边界上与系统图中的信道 C3 相连；信道 C24 从进程集 P2 连到边界，并在边界上与系统图中的信道 C4 相连；信道 C22 从进程集 P1 连到进程集 P2。P1，P2 两个进程集之间存在创建关系，即进程集 P2 的实例由进程集 P1 的实例来创建。创建符的定义如下：

<create line symbol> ::=

图 5-22 中还用了进程符，其定义如下：

<process symbol> ::=

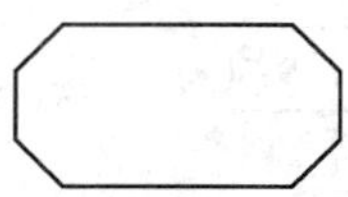

进程符中包含进程名和进程实例数，进程实例数由两个数组成，格式为：($N1$，$N2$)。其中 $N1$ 表示初始化时系统创建的该进程的实例数，$N2$ 表示系统在运行过程中允许动态创建的并且是同时活跃的该进程的最大实例数。如 P1(1,1)表示系统初始化时创建一个 P1 实例，由于允许创建的最大实例数为 1，在系统运行过程中就不能再创建 P1 实例了；P2(0,128)表示系统初始化时不创建 P2 实例，但在系统运行过程中，最多可以同时存在的 P2 实例数是 128，即当创建到第 128 个 P2 进程实例后，如果有 P2 进程实例终止运行了，就可以继续创建 P2 实例。当同时活跃的 P2 实例达到 128 时，再试图创建 P2 实例就

不会成功。

进程实例数可以不写出来,缺省的进程实例数为(0,**inf**),**inf** 表示不受限。

5.3.4　进程

进程是系统的基本组成单位,系统的行为主要由进程来描述。进程用进程图来定义,进程图的标题部分由关键字“**process**”和进程名“<process name>”组成,后面还可以有参数定义。进程图的内容主要是状态机图。5.1 节中的例子就是描述 TCP 协议的状态机图。状态机图包括起始域、状态域、输入域、输出域等,具体内容在 5.4 节中讨论。进程的参数在创建进程实例时由创建者传递给被创建实例。图 5-23 是一个带参数的进程定义的例子,图 5-23 中,参数放在虚线的文本符中,用“;fpar”开始,这是开发工具定义的格式,参数由参数名和参数的数据类型构成,一个进程可以定义多个参数,参数之间用逗号隔开,用分号结束。图 5-23 定义的进程名是“caller”,参数名是“lineno”(设备号),参数的数据类型是“dev_no”,这是系统自己定义的一种同义类型,用来标识设备号的整数型,图中的其他内容在后续章节中介绍。图 5-24 描述了进程“manage”在“ready”状态下对输入信号“off_hook(lineno)”的处理过程,其中,当摘机用户的状态空闲时将创建进程“caller”,创建时把“lineno”的值作为实参传递给被创建的“caller”进程实例。

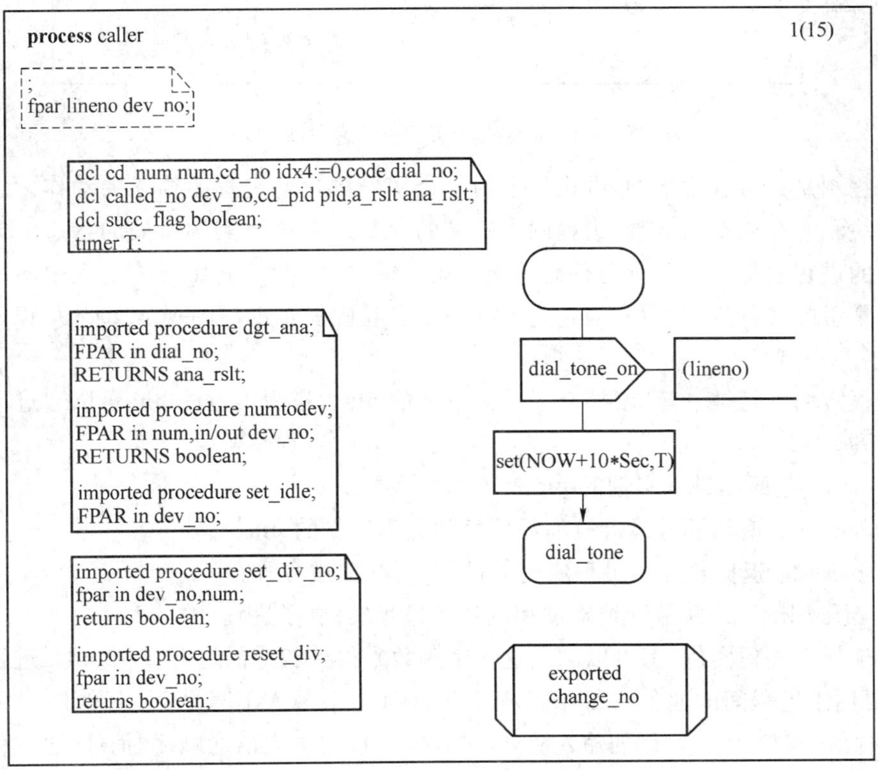

图 5-23　进程带参数的例子

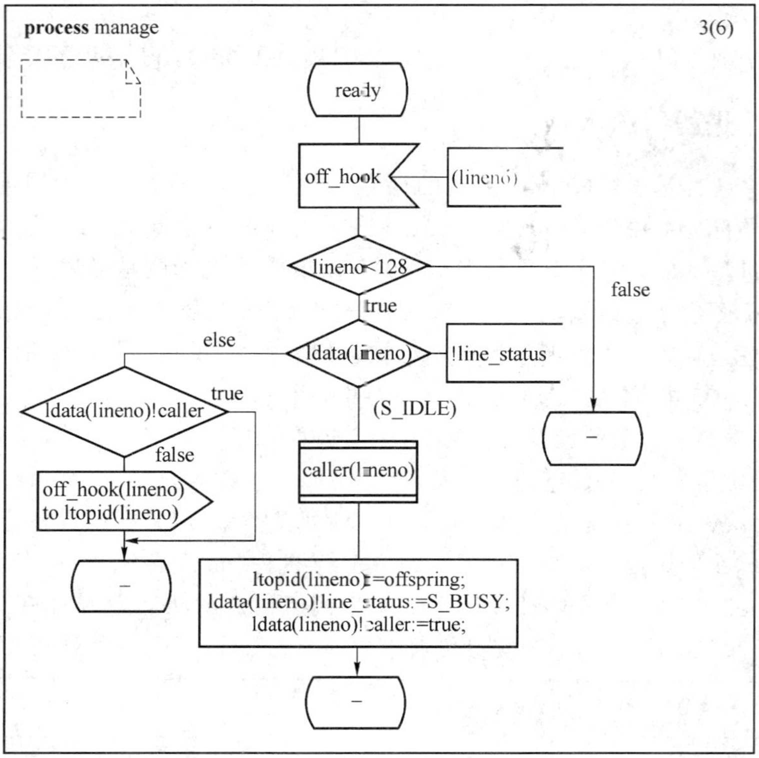

图 5-24　创建进程实例时传递参数的例子

进程图是针对进程集的，进程集中的每个实例都执行进程图描述的动作。进程实例都有一块私有存储空间，记录进程图中定义的变量的数值及实例所处的状态。同一个进程集中的进程实例不是并行运行而是交替运行的，即一个实例在迁移过程中不能被同一个进程集里的实例打断，只有当它进入下一状态或进程终止，另一个实例才可以进入迁移过程。

进程实例一旦被创建，就拥有了一个自己的 **pid**。进程实例的 **pid** 可以通过以下 4 种函数得到。

- self：返回本进程实例的 **pid**。
- sender：返回发送最近被消耗信号的进程实例的 **pid**。
- parent：返回创建本进程实例的进程实例(父进程)的 **pid**。
- offspring：返回最近被本进程创建的进程实例(子进程)的 **pid**。

对于每个进程实例，都可以利用这 4 个函数来得到相应的进程实例 pid。进程实例的 pid 主要用于进程间的通信。每个进程实例都有一个输入信号队列，其他进程实例发给该实例的信号都进入该实例的输入队列，进程实例按先进先出的顺序“消耗”这些信号。进程实例消耗来自不同进程实例发来的信号时，用“sender”可以得到不同进程实例的 **pid**。

5.3.5　过程

在 5.2 中介绍 SDL 系统层次结构时并没有提到过程，这是因为过程只是进程的一部分。过程不存在过程实例，它可以由定义该过程的进程集的所有实例来调用。过程用过程图来定义，调用过程就是执行一遍过程图描述的动作。

与其他图一样，过程图也可以引用包。过程图的标题部分由关键字"**procedure**"、过程名"<procedure name>"以及参数组成。过程中可以根据需要定义变量、定时器等，还可以定义过程（嵌套过程）。过程图形域是过程的主体内容，与进程的状态机图形域（见 5.4 节）基本相同，不同点有 3 处。

- 起始符不同，过程起始符的定义为：

<procedure start symbol> ::=

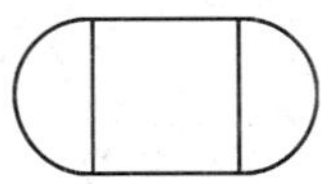

由图 5-2 可知，进程的起始符没有两条竖线。

- 状态机图可以没有终止符，而过程图必须有至少一个返回符，返回符的定义为：

<return symbol>::=

如果过程带有返回值，返回值将标在返回符旁。

- 过程也可以定义状态，但过程没有独立的输入队列，过程处于状态中时，只能从调用该过程的进程实例的输入队列中得到输入信号。

过程可以带参数，过程形参的定义跟在过程名后，格式如下：

<procedure formal parameters> ::=
　　　(<formal variable parameters> {, <formal variable parameters> } *)
<formal variable parameters> ::=
　　　　　＜parameter kind＞ ＜parameters of sort＞
<parameter kind> ::=
　　　　　[**in/out** | **in** | **out**]
<parameters of sort> ::=
　　　　　<variable name> {, <variable name>} * <sort>

参数的类型有 3 种，其含义如下：

- in/out 表示输入输出型参数，如果该参数的值在过程中被修改了，调用者（进程或过程）中对应变量（传给该参数）的值也将被修改；
- in 表示输入型参数，调用者通过该参数向过程传递数值，该参数的值即使在过程中被修改了也不会影响调用者中对应的变量；
- out 表示输出型参数，过程返回后，该参数的值将被带回调用者。

注：第 6 章介绍的开发工具不支持“out”型参数，可以用“in/out”型参数替代。

未定义参数类型的参数具有缺省类型 in。

过程还可以定义成返回型过程，返回值类型定义跟在形参定义后，定义格式如下：

<procedure result> ::=

<result sign> [<variable name>] <sort>

<result sign> ::=

->

第 6 章中介绍的开发工具用关键字“**returns**”来定义返回值，如图 5-25 所示，与图 5-23 相似，过程图 5-25 中把参数和返回值都定义在虚线的文本符内，参数用“;fpar”来定义。

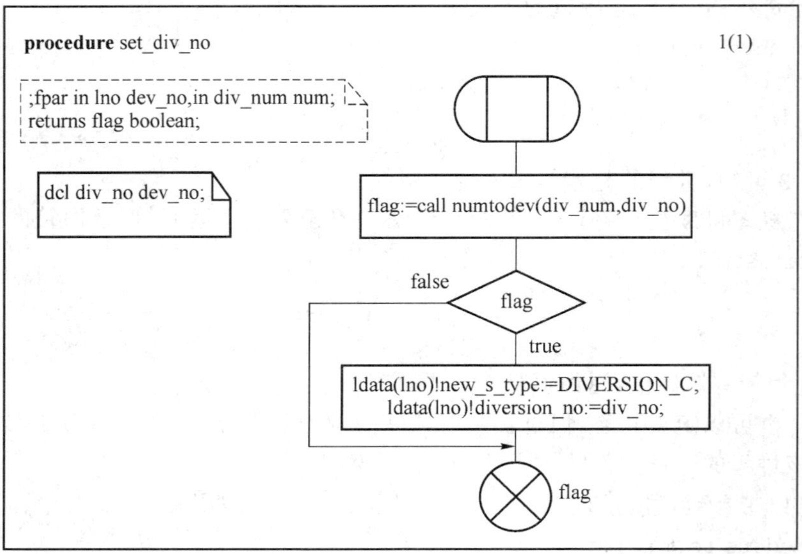

图 5-25 带参数的过程图

5.3.6 远端过程

5.3.5 节介绍的过程只能由定义该过程的进程集的进程实例来调用，其他进程集是“看不到”这个过程的，因而也无法调用。但在实际应用中，常常有不同的进程集需要调用同一个过程的情况。在多数编程语言中都有“公共过程”的概念，而在 SDL 中，没有公共过程，但可以把进程集内定义的过程申明成“可出口的”(exported)，允许其他进程集的进程实例来调用，这就是 SDL 中“远端过程”的概念。远端过程调用就是调用其他进程集中定义的远端过程。与一般过程调用不同的是，远端过程的执行是在定义该过程的进程集的某个进程实例环境中，因而，当定义远端过程的进程集有多个实例处于活动状态时，调用该远端过程的进程实例需要指定执行该调用的进程实例。为了便于叙述，下面把发出远端过程调用命令的进程称为“客户端”进程，把定义该过程的进程称为“服务器”进程。

要实现远端过程调用，需要进行必要的定义。首先，在“客户端”进程和“服务器”进程共同的上层中定义远端过程名。共同的上层是指在该层定义的内容，两个进程均能“见”到。如果两个进程属于同一个功能块，则该功能块就是它们的共同的上层，如果两个进程不属于同一个功能块，则系统是它们的共同的上层。远端过程名在文本定义域中定义，格式如下：

```
remote procedure <remote procedure name> [nodelay]
<procedure signature>;
```

“remote”是定义远端过程的关键字，过程参数和返回值的定义与 5.3.5 节的过程定义相同。**“nodelay”**是可选项，表示“客户端”进程执行调用远端过程的动作后，过程调用的请求将立即到达“服务器”进程，没有任何延时。

在这里只是定义了一个远端过程名及参数，过程体需在“服务器”进程中定义。

在“服务器”进程中，远端过程的定义与一般过程的定义基本相同，只需要把远端过程声明为“可出口的”，其定义格式如下：

```
exported [as <remote procedure identifier>]
procedure <procedure name> …
```

可选项“**as**…”表示该远端过程在本进程内使用另一个过程名(procedure name)，而其他进程还是使用上层定义的远端过程名(remote procedure identifier)。如果省略可选项“**as**…”，则过程名“procedure name”必须与上层定义的远端过程名“remote procedure name”相同。

在“客户端”进程中，需要“进口”(imported)远端过程，方法是在文本定义域中采用以下格式来声明“进口”远端过程：

```
imported procedure <remote procedure identifier>
<procedure signature>;
```

上述定义完成后，就可以进行远端过程的调用了。

在“客户端”进程中，执行调用远端过程的命令后，相当于该进程向“服务器”进程发出一条消息“pCALL”，本进程将处于等待状态(隐式)，直到远端进程执行完远端过程并返回结果后重新激活，继续往下执行，在等待结果期间，到达本进程的信号都隐含地被保存下来。调用远端过程与调用本地过程使用的图形符号相同，但语句格式有区别，调用远端过程的定义如下：

```
<remote procedure call area> ::=
        <procedure call symbol> contains <remote procedure call body>
<remote procedure call body> ::=
        <remote procedure identifier> [<actual parameters>]
        <communication constraints>
<communication constraints> ::=
```

{**to** <destination> | **timer** <timer identifier> | <**via** viapath>} *

可以通过选项"**to** <destination>"或"**via** viapath"来指定进程实例或进程集来执行该过程,选用"**timer** <timer identifier>"可以规定远端过程的执行时间长度。

远端过程调用请求到达"服务器"进程后,"服务器"进程(实例)分 3 种情况来处理该请求。

- "服务器"进程在当前状态下希望利用该远端过程调用来激活本进程,就在本状态下添加一个接收该远端调用请求的输入域。当远端过程调用请求到达本进程时,"服务器"进程先调用并执行该过程,过程返回后把输出参数的值和返回值(如果有的话)返回给"客户端"进程,然后继续执行输入符下的迁移过程。
- "服务器"进程在当前状态下不便执行远端过程,就在本状态下设一个保存该远端调用命令的保存域。当远端过程调用请求到达本进程时,"服务器"进程将调用请求保存起来,等到下一状态时再根据情况进行处理。
- 除了前两种情况,"服务器"进程在当前状态下可以执行远端过程,本状态下就不会有与该远端过程调用有关的输入域和保存域存在。在这种情况下,当远端过程调用请求到达本进程时,"服务器"进程将直接调用并执行该过程,过程返回后回到原状态。

如果在"服务器"进程中需要把远端调用请求当作信号来处理,远端过程在输入符和保存符中的格式如下:

[**procedure**] <remote procedure identifier>

如果远端过程标识符可以唯一地标识一个远端过程,关键字"**procedure**"可以省略。

下面举例说明远端过程的定义和调用。

在功能块图中定义远端过程名的例子如图 5-26 所示,本例中的"服务器"进程和"客户端"进程在同一个功能块内,所以远端过程的定义放在功能块图中,图中定义了多个远端过程名。本例以过程"numtodev"为例,该过程定义了一个输入型参数,参数的数据类型是用户定义的"num",是一个 4 个元素的数组,用来传递用户所拨号码;一个输入输出型参数,参数的数据类型是用户定义的"dev_no",是一个取值范围受限的整数,用来返回用户所拨号码对应的被叫用户设备号;该过程还定义了返回值,类型为布尔型,用来表示用户所拨号码是否有效。只有当号码有效时,对应设备号才是有效的。

在进程中申明过程的例子如图 5-27 所示,远端过程被定义在本功能块内的进程"manage"内。远端过程"numtodev"被申明成"可出口"的,其过程图如图 5-28 所示,该过程实现电话号码到设备号的"翻译",在交换系统中称为"地址翻译"。由于本例中用户号码与设备号的对应关系是固定的,所以这里采用计算的方式来得到设备号。实际系统中应该是一个查表的过程。

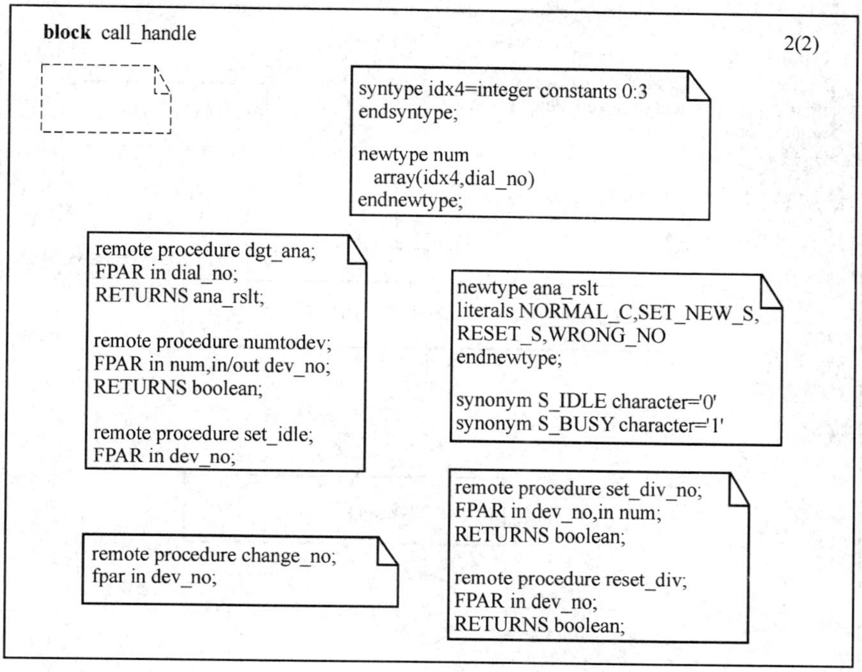

图 5-26　在功能块图中定义远端过程名

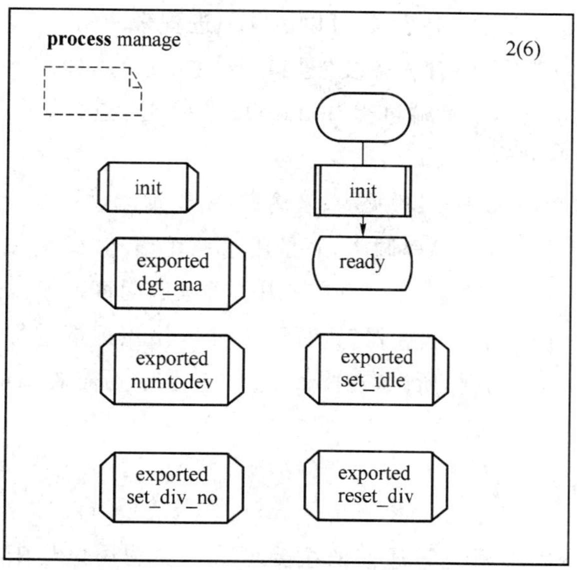

图 5-27　在进程中申明过程

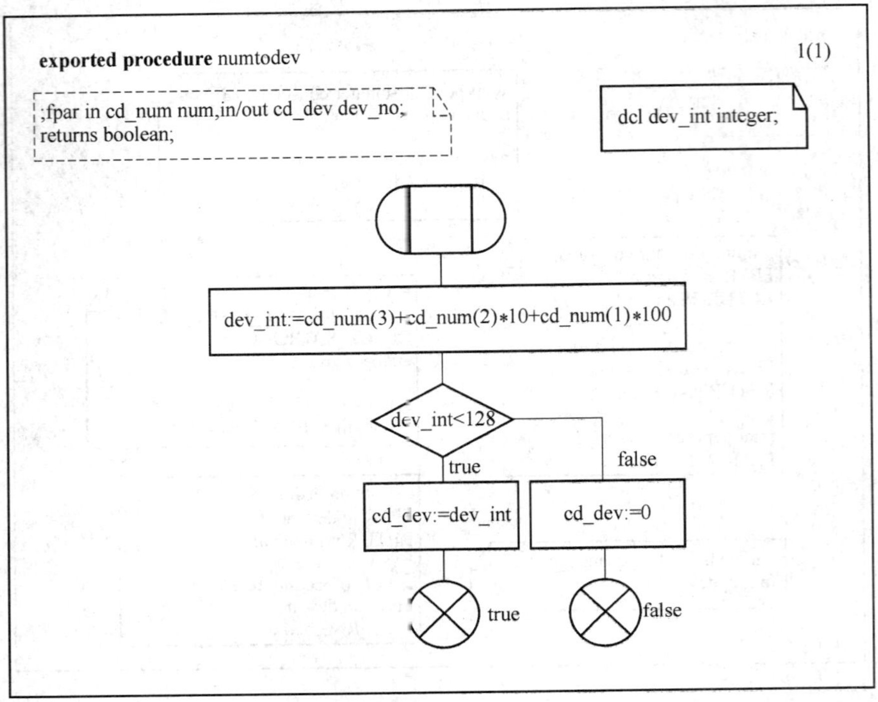

图 5-28　远端过程的过程图

远端过程“numtodev”已经定义好，可以由其他进程来调用了。本例中的“客户端”进程是“caller”。在“caller”进程中首先需要“进口”该远端过程，如图 5-23 所示。由图 5-23 可知，“caller”进程除了“进口”远端过程“numtodev”外，还“进口”了其他远端过程。有了“进口”定义，进程“caller”就可以调用远端过程了。

调用远端过程的例子如图 5-29 所示，该例中，由于远端过程“numtodev”有返回值，不能直接使用过程调用符来表示过程调用，而是用了调用语句“call”，放在任务符（矩形框）中。图 5-29 中，调用另一个过程“set_idle”就用了过程调用符。

在图 5-29 的所示例子中，“服务器”进程不需要利用该远端过程调用来激活，也没有限制该远端过程被调用的情况，所以，在“manage ”进程中不需要添加与该远端过程调用有关的内容。

5.3.7　信号与信道

信号是 SDL 系统中进程之间通信的主要形式。要利用信号来通信，必须先做两步工作：

(1) 在系统图或功能块图中定义信号（在文本符中用 signal 定义）；

(2) 在信道上给出信号列表，标明信号可以在哪些信道中传递。

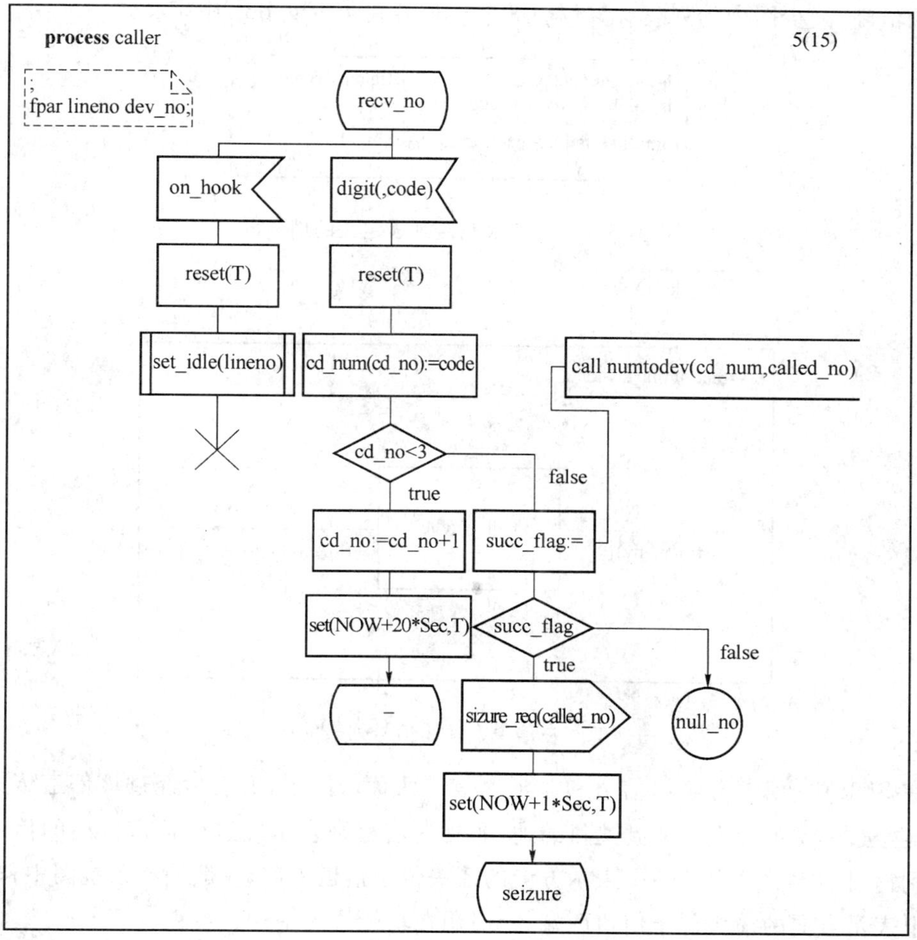

图 5-29　调用远端过程

信号可以带参数，定义信号时给出参数的类型就可以了。为了简化在信道上列出信号列表，可以在文本符中用定义过的信号来定义信号列表(用 signallist)。图 5-30 是一个定义信号和信号列表的例子。

信道是 SDL 中用来连接功能块与环境、功能块与功能块、进程集与进程集、进程集与外部信道的通信通道，在系统图和功能块图中定义。信道可以是单向的，也可以是双向的。如果信道是双向的，必须在两个方向上分别列出信号列表。在信道上罗列信道列表时，如果用到已经定义好的信号列表，就用圆括号括起来，以便与信号区别。

在信道上使用信号列表的例子如图 5-31 所示，在图 5-31 中定义信道“env_in”和“to_env”时都用到了已经定义好的信号列表，如信号列表“from_env”包含了所有从环境到系统的信号。从图 5-31 可知，定义信号列表可以使系统图和功能块图在定义信道时显得比较清晰,减少图中的列表。该例中的信号列表在包“sig_def”中定义。

```
signal card,code(integer),amount(BalanceType);
signal badCard,badAccount,badCode;

signallist failure=badCard,badAccount,badCode;
```

图 5-30 信号和信号列表定义的例子

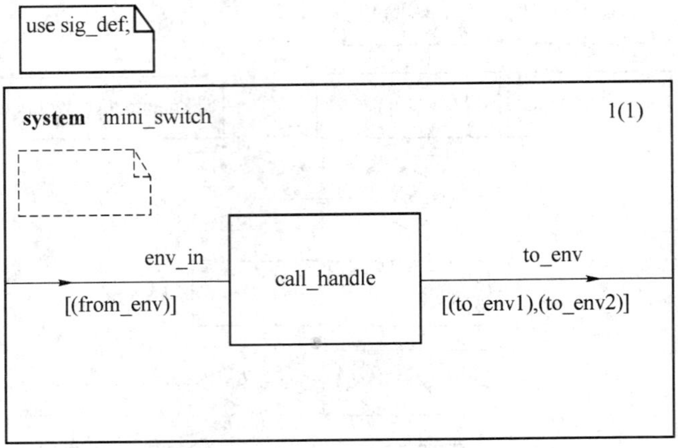

图 5-31 在信道上使用信号列表的例子

在 SDL 中,信道分延迟信道和非延迟信道两种,延迟信道表示经过该信道传递的信号可能经过一定的延迟才能到达目的地,非延迟信道则表示经过该信道传递的信号可以立即到达目的地。延迟信道上表示方向的箭头位于信道中部,一般用在系统图中;非延迟信道上表示方向的箭头位于信道两端,一般用在功能块图中。

5.4 系统行为描述

在 SDL 中,系统行为主要用状态机图来描述。5.1 节中用描述 TCP 协议行为的进程图对 SDL 中的状态机图做了简单介绍,本节将对状态机图的各个域做出比较详细的介绍。

5.4.1 开始域

开始域是指进程开始执行的地方,一旦进程实例被创建(动态或静态),就从开始域开始执行。每个状态机都有一个而且只能有一个开始域,开始域可以画在进程图的任意页上。开始域由开始符下接迁移过程组成。开始符的定义如下:

<start symbol> :: =

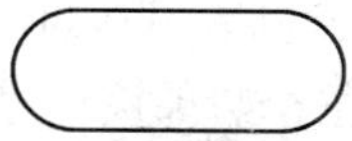

迁移过程就是状态机从一个状态转移到下一个状态之间的过程，在迁移过程中，进程可以执行一系列动作。迁移过程也可以是空的，也就是说，开始域可以从开始符直接进入状态，迁移过程不做任何操作，如图 5-32 所示。

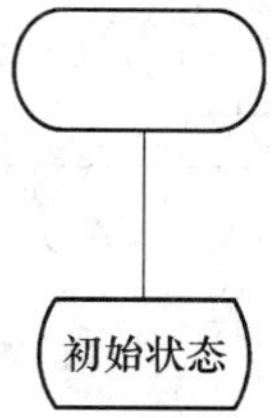

图 5-32　最简单的开始域

5.3.4 节的图 5-23 中，开始域中就包含了两个动作，即输出一条信号，设置定时器，然后进入该进程的初始状态“dial_tone”。

5.4.2　状态域

系统行为的描述以扩展有限状态自动机为模型，因而，每个状态机都包含若干状态。状态用状态域来描述。状态域的定义如下：

```
<state area> :: =
        <state symbol> contains <state list> is associated with
        {     <input association area>
        |     <priority input association area>
        |     <continuous signal association area>
        |     <save association area> } *
```

<state symbol> :: =

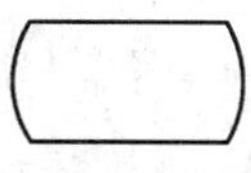

状态符与开始符的主要区别是：开始符的圆弧半径较小，而状态符的圆弧半径较大；另外，一般情况下，开始符内是空的，而状态符内不能为空。状态域用来定义状态机在当前状态下对可能收到的信号的处理。状态符下接一个输入符，表示在当前状态下，如果输入符中的信号到达本进程实例，本状态机将被激活，进入迁移过程。状态符下接一个优先输入符，表示在当前状态下，如果优先输入符中的信号到达本进程实例，不管在该信号到达之前是否已经有其他信号到达，本状态机将被激活，优先进入优先输入符下接的迁移过

程。状态符下接一个保存符，表示在当前状态下，如果保存符中的信号到达本进程实例，本状态机将该信号保存起来，等本状态机被其他条件激活，经过迁移过程进入下一状态时，再根据新的状态对该信号进行处理。如果该信号出现在新状态下的输入符中，该信号会得到优先处理。也就是说，被保存的信号比优先输入符中的信号优先级要高。状态符下还可以接的另外一个符号是“连续信号”符，连续信号并不是真的信号，而是一个布尔表达式，用尖括号括起来。状态符下可以连接的 4 种图形符号如图 5-33 所示。

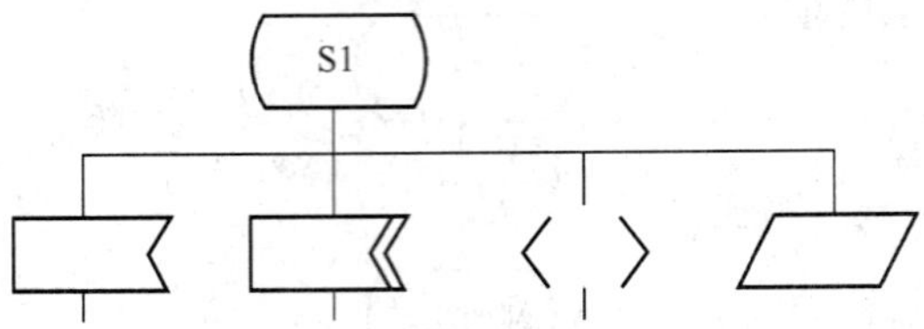

图 5-33　状态符与其他图形符号的连接关系

图 5-33 中状态符下接的符号从左到右分别是：输入符、优先输入符、连续信号符和保存符。读者应该注意到，保存符下不再连接任何符号。

当一条信号到达一个进程实例（状态机），如果该信号没有出现在输入符、优先输入符或保存符中，则该信号将会被丢弃。

从上面的定义可知，状态符包含一个状态列表，状态列表可以有以下 4 种情况：

- 单个状态名，如图 5-33 所示，这是比较常见的情况，表示该状态域描述的情况只涉及一个状态；
- 多个状态名，表示在这几个状态下，同一触发事件引起的迁移过程是相同的，如图 5-34 所示，图 5-34(a)表示输入信号“msg”在状态 S1，S2 和 S3 下引起的迁移过程是相同的，这种画法可以简化进程图；
- *，表示某一事件在本状态机所有状态下引起的迁移过程是相同的；
- *（状态列表 1），表示某一事件在本状态机除状态列表 1 列出的状态以外的所有状态下引起的迁移过程是相同的，如图 5-34(b)所示，信号“msg1”在除 S1，S2 和 S3 以外的所有状态下引起相同的迁移过程。

图 5-34　信号“msg”在多状态下引起相同的迁移过程

一般情况下，状态机经过迁移过程后进入下一状态。进入下一状态不外乎两种情况：一种是改变状态，另一种是状态不变。这两种情况在图 5-29 中都存在，进入“seizure”状态是改变状态的例子。状态不变时，状态符内的符号是“—”。

5.4.3 触发事件

当状态机处于某一状态时，如果不发生触发事件，就不会发生迁移和状态变化。触发事件包括输入、优先输入、连续信号等。

1. 输入

输入表示状态机接收并消耗信号。输入用输入符来表示，输入符的定义如下：

<input symbol> ∷ =

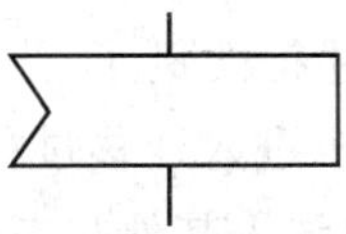

输入符上接状态符，下接迁移域。输入符的缺口可以朝向左边，也可以朝向右边。在画图时，可以利用缺口的朝向不同来区别来自不同方向的信号。一般情况下，输入符内只包含一条信号，如图 5-34 所示。

输入符内也可以包含多条信号，表示在本状态下，输入这几条信号引起的迁移过程是一样的，如图 5-35 所示。

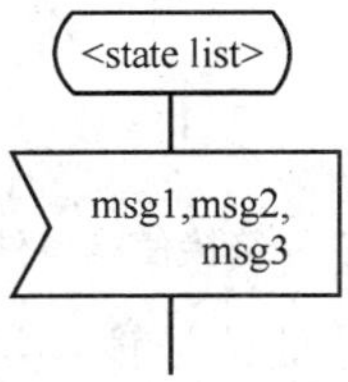

图 5-35　多条信号输入引起相同迁移过程的例子 1

输入符中包含一个“＊”，表示除了已在本状态下其他输入符中列出的输入信号外，本状态机所有其他有效输入信号在本状态下引起的迁移过程都是一样的，如图 5-36 所示。

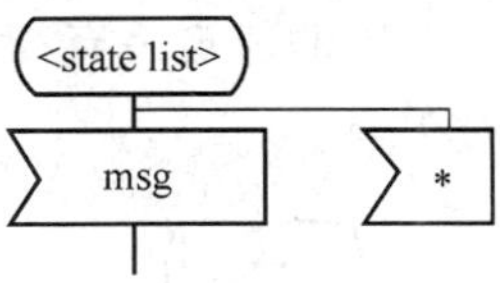

图 5-36　多条信号输入引起相同迁移的例子 2

如果输入符下接使能条件符，表示当输入符内的信号到达本状态机输入队列队首，状态机处于目前状态时，系统要先计算使能条件符内的布尔表达式，若计算结果为“真”，则消耗该信号，否则该信号保留在队列中，只要状态机处于本状态，系统就会不停地计算布尔表达式，直到计算结果为“真”为止。在这期间，状态机也可由其他触发事件引起状态改变，状态改变后，系统就不再计算该布尔表达式了，对应的信号也将被丢弃。使能条件符的定义如下：

<enabling condition area> ∷ =

<enabling condition symbol> **contains** <Boolean expression>

<enabling condition symbol> ∷ =

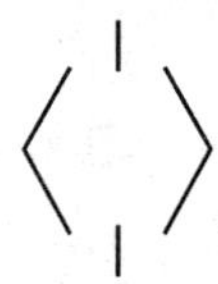

图 5-37 是一个输入符接使能条件符的例子，当信号“msg”到达本状态机，状态机处于“S”状态，如果 $X < \text{MAX}$，则状态机进入迁移过程；否则系统将继续计算 X 的值，直到 $X < \text{MAX}$ 或状态机因其他输入事件转入其他状态。

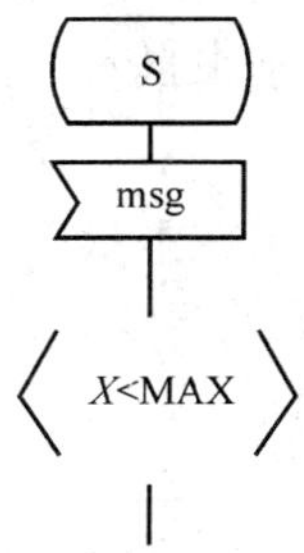

图 5-37　输入符接使能条件符的例子

信号是可以带参数的，对于带参数的信号输入，在输入符中，除给出信号标识符外，还需给出具有相应数据类型的变量名来接收参数值，如果某一个参数对应位子没有变量与之对应，则该参数的值被丢弃；如果某一个参数没有赋值，则对应变量的值不确定。图 5-38是接收信号参数的几个例子，图中，设信号“msg”带 3 个参数，用 3 个变量来接收这 3 个参数的值。在状态“state1”下，3 个参数的值都被接收下来；在状态“state2”下，只接收第 1 和第 3 个参数的值，第 2 个参数的值被丢弃；而在状态“state3”下，只接收第 1 和第 2 个参数的值，第 3 个参数的值被丢弃。

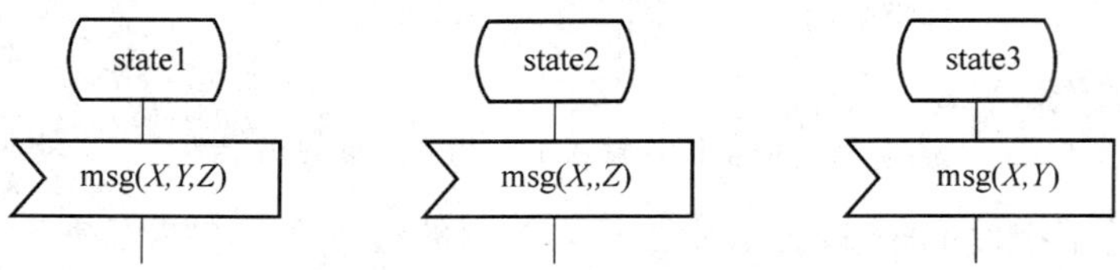

图 5-38　接收信号参数的几个例子

状态机消耗一条信号后，用 **sender** 函数可以得到发送该信号的进程实例的 **pid**，但如果该信号来自环境，则 **sender** 函数返回的值将不同于系统内的任何一个 **pid** 值。

在输入符中除了可以包含信号外，还可以包含定时器名，表示该状态机在当前状态下收到定时器超时信号(来自内部，不能用“sender”)；还可以包含远端过程名，表示本状态机在当前状态下将利用远端过程调用来激活自己，一般格式为输入符内包含“procedure remote_procedure_name”。如果该远端过程名是唯一的，可以省略关键字“procedure”。这些都是表示正常输入的情况。系统中有时会有一些异常输入产生，如果系统需要处理这些异常输入，可以用自发输入(spontaneous input)来表示异常输入。在 SDL 中，自发输入用包含关键字“none”的输入符来表示，图 5-39 是个自发输入引起状态转移的例子。对于自发输入，有：sender＝self。

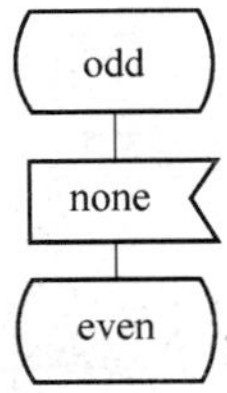

图 5-39　自发输入的例子

2. 优先输入

状态机的输入队列是按先进先出的原则排序的，当某条信号在某个状态下需要立即处理时，可以利用优先输入来达到此目的。优先输入表示优先输入符中的信号一旦到达该状态机的输入队列就被插到队首，优先被消耗。优先输入符的定义如下：

＜priority input symbol＞ ∷ =

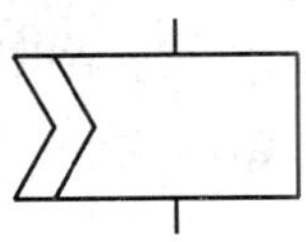

优先输入符与一般输入符一样，上接状态符，下接迁移域。但优先输入符下不接使能条件符。图 5-40 是一个简单的优先输入的例子，在状态 S1 下，即使信号“sig1”先到达本进程，如果在本状态机还没有消耗“sig1”之前信号“sig2”到达，则本状态机将先消耗“sig2”，进入迁移过程＜transition2＞。

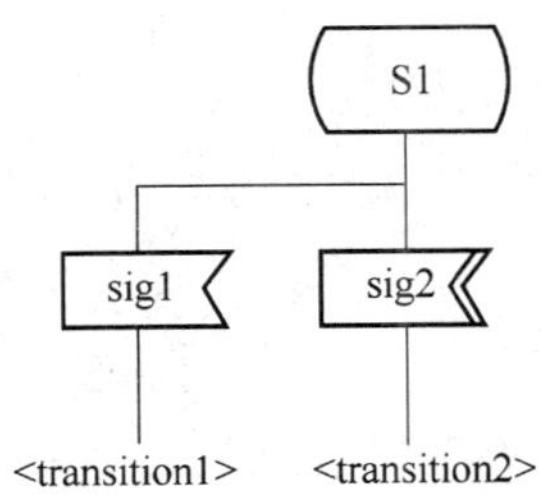

图 5-40　优先输入的例子

3. 连续信号

连续信号上接状态符，下接迁移域，其主体是一个布尔表达式，状态机在当前状态下，将计算该布尔表达式，若计算结果为“真”，则状态机被激活，执行迁移域的动作；若计算结果不为“真”，状态机将继续计算，直到结果为“真”或状态机状态因为其他激励事件发生而改变。连续信号的符号与使能条件符相同。文献 3 中描述的无线局域网 MAC 层协议就多处用到连续信号，主要用来控制状态机状态的改变。图 5-41 给出了两个连续信号的例子，当状态机处于“PM_Idle”状态时，状态机将不断读取(import)远端变量“mAssoc”和“mIbss”的值，如果“mAssoc”的值为“true”，状态机将转入“PM_Bss”状态；如果“mIbss”的值为“true”，状态机将转入“PM_Ibss_Data”状态。图 5-41 中状态的具体含义这里不作解释，从图 5-41 可知，连续信号可以触发状态机，导致状态迁移。

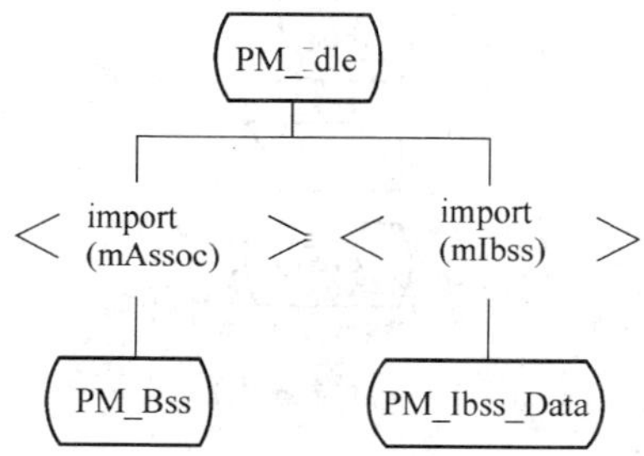

图 5-41　连续信号的例子

当在同一状态下接多个连续信号符时，可以设置连续信号的优先级，数值越小，优先级越高，也就是说，当多个连续信号的布尔表达式计算结果为“真”时，取优先级最高者作为触发事件。若连续信号均未声明优先级，当多个连续信号的布尔表达式计算结果为“真”时，系统将随机选取一个作为触发事件。在图 5-42 中，如果 $X=5$ 和 $Y=8$ 同时成立，则状态机进入迁移过程<transition area1>。

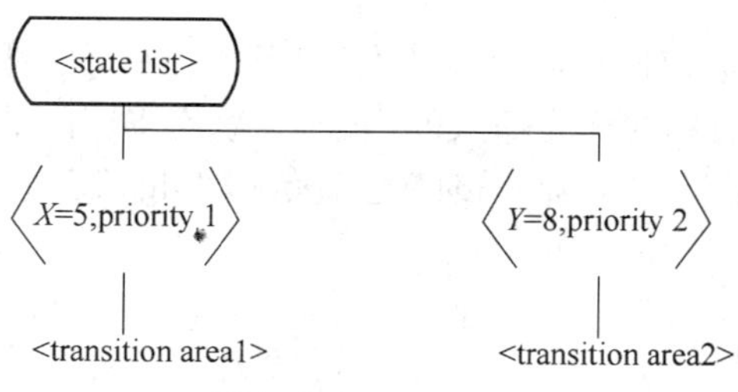

图 5-42　带优先级的连续信号的例子

5.4.4　保存域

一般情况下，状态机在某一状态下只能接收处理一部分信号(状态符下的输入符中包含的信号)，当状态机处于该状态，这部分信号之一到达该进程实例的输入队列队首时，该信号就会被消耗掉。如果到达的信号不属于这部分，则会被丢弃。有时候，某一信号在当前状态下不可处理，但在下一状态是有效信号，当该信号提前到达输入队列时，就需要将该信号保存下来，等状态机转移到下一状态时再处理，这就是“保存”的功能。保存域用包含信号列表的保存符来表示，保存符的定义如下：

<save symbol> ::=

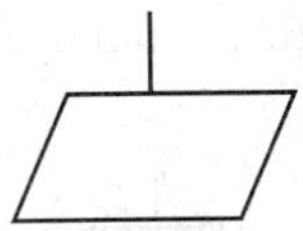

保存符上接状态符，下边不接任何图形符号。保存符中信号列表的形式与输入符中的基本相同，主要区别是，当信号带有参数时，保存符中不用给出变量名来接收参数。

被保存下来的信号在下一状态中将优先得到处理，但前提是下一状态的输入符中包含了该信号。如果在新的状态下，被保存的信号没有出现在该状态下的输入符中，则该信号将被丢弃。如果需要，被保存的信号在下一状态还可以被保存，直到被处理（消耗）或被丢弃。

图 5-43 给出了一个信号被保存的例子。设状态机处于状态“S1”时，有 3 条信号按“sig1，sig2，sig3”的顺序到达该状态机，在状态“S1”下，第 1 条信号“sig1”被保存，状态机先消耗信号“sig2”，输出“sigb”，进入状态“S2”；这时，在状态机的输入队列中有信号“sig3”，在状态机的保存队列中有信号“sig1”，状态机优先消耗保存队列中的信号，所以状态机先消耗信号“sig1”，输出“siga”，进入状态“S4”；如果在状态“S4”下的输入符中没有列出信号“sig3”，则信号“sig3”将被丢弃。如果 3 条信号到达该状态机的顺序改为“sig2，sig3，sig1”，则状态机输出“sigb，sigc”，进入状态“S3”；如果在状态“S3”下的输入符中没有列出信号“sig1”，则信号“sig1”将被丢弃。

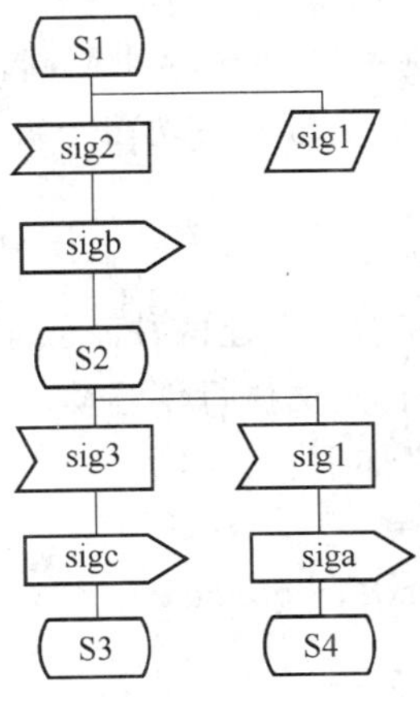

图 5-43　信号被保存的例子

5.4.5 输出域

输出的作用是通过信道把信号发送到环境或另一进程实例。输出操作是进程实例间通信的主要形式。输出域的语法定义如下：

<output area> ::=

　　<output symbol> **contains** <output body>

<output symbol> ::=

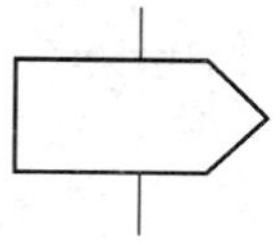

输出内容体由一个或多个信号名加目的地组成。也就是说，一个输出符可以输出多条信号，对于带参数的信号，要在输出符中给出实际参数值。与输入符中接收参数的情况相似，不需赋值的参数可以用逗号跳过，如果输入符中用变量接收了没有赋值的参数，则该变量的值是不确定的。

输出符中的目的地给出输出信号到达的地方，有以下几种情况：

- to <pid expression> 直接给出接收该信号的进程实例的 **pid**；
- to <agent identifier> 直接给出接收该信号的进程标识符；
- via <channel identifier> 指明承载该信号的信道；
- via <gate identifier> 说明该信号经过哪个信关输出(用于进程类)；
- to this 信号发送给本进程类(仅用于进程类定义)。

关于信号输出需要说明几点：

(1) 关键字"**via**"和"**to**"不能同时使用；

(2) "**via**"表示信号将通过指定信道发送到对端；

(3) 关键字"**via**"和"**to**"都未使用时，即未给出明确目标时，信号通过能传递该信号的信道发送出去，这种方式只适用于该信号只出现在一条与该进程相连的信道中。

5.4.6 创建进程实例

进程实例的创建分静态创建和动态创建两种。静态创建是指系统初始化时创建的进程实例；动态创建则是由活动的进程实例执行创建动作后，创建另一进程实例或本进程类的一个实例。创建动作的语法定义如下：

<create request area> ::=

　　<create request symbol> **contains** <create body>

<create request symbol> ::=

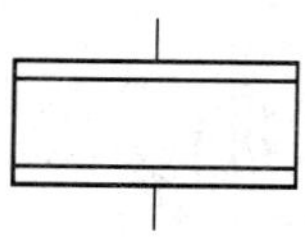

```
<create body> ::=
        {<agent identifier>|this}
        [([<expression>]{,[<expression>]}*)]
```

进程实例被创建后，该实例的 self 和 parent 就被赋好了值。进程实例创建是否成功没有指示，但可通过查看 offspring 的值来判断。如果创建成功，offspring 将返回被创建进程实例的 **pid**；如果创建不成功（例如实例数已达到最大允许值），offspring 将返回空值“NULL”。

5.4.7　任务域

任务就是执行与变量有关的动作，如给变量赋值，表达式计算等。任务域的语法定义如下：

```
<task area> ::=
        <task symbol> contains < graphical task body >
<task symbol> ::=
```

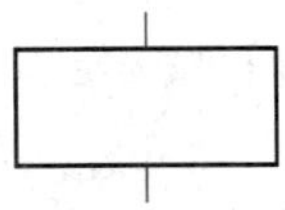

```
< graphical task body > ::=
          <statement list>
        | <informal text>
```

一个任务符中可以包含多条语句，语句之间用“;”隔开。可以用在 SDL/GR 任务符中的语句有以下几种：

• 赋值语句，格式为：

```
<variable> := <expression>
```

例如：

```
a:= b+1
```

• IF 语句，格式为：

```
if ( <Boolean expression> ) <consequence statement>
[ else <alternative statement> ]
```

例如：

```
if (b>7) b := 7;
else b := b+1;
```

• 分支语句，格式为：

```
decision ( <expression> ){
```

{(<range condition>) :<statenent>} +
[**else** : <alternative statement>]
}

例如：

```
decision (a) {
(<= 0): b:= 1;
(1:9): b:= 2;
else: b:= 3;
}
```

- 组合语句，即上述语句的组合，例如：

```
a:= b + 1;
if (b>7) b:= 7;
  else b:= b + 1;
```

- 设置语句，设置定时器，详见定时器操作一节；
- 复位语句，赋为定时器，详见定时器操作一节。

在任务符中，如果只有一条语句，后面的分号可以省略。

任务符中还可以包含非形式文本，非形式文本是用单引号括起来的字符串，用来说明一些特殊操作。

SDL 是一种形式描述语言，只执行形式描述语句，把非形式文本视为注释内容，不会执行。在 SDL 中保留非形式文本增加了系统描述的灵活性，如在以下几种情况下，使用非形式文本是很有用的。

- 在开发过程中，当部分功能描述还未细化时，可用非形式文本来说明这部分功能。
- 系统中需要说明一些对硬件的操作(如连接交换网)时，可用非形式文本来说明。
- 当 SDL 文档不需要详细描述时，可用非形式文本做简要说明。
- 当 SDL 文档主要用来供人阅读理解而不是作设计依据时，可以用非形式文本来说明。
- 在 SDL 图中嵌入编程语言语句。

但由于非形式文本容易导致不同的理解，不同的人实现的系统可能会不一样，所以在最终的 SDL 文档中应尽可能避免使用非形式文本。

5.4.8 过程调用

在进程图或过程图中，凡是允许有任务的地方都可以使用过程调用，过程调用就是执行一遍过程描述的功能。一般来讲，调用过程相当于执行比较复杂的任务。过程与任务有以下不同之处。

- 过程可以有状态。如果有状态，就要消耗信号。过程使用调用该过程的进程实例的输入队列。
- 过程中可以发送信号。过程发出的信号相当于调用该过程的进程实例发出的信号。

过程调用的语法定义如下：

<procedure call area> ∷ =

　　<procedure call symbol> **contains** <procedure call body>

<procedure call symbol> ∷ =

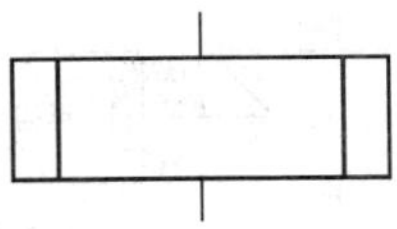

<procedure call body> ∷ =

　　<procedure identifier>[<actual parameters>]

对于带参数的过程，调用者需为每个形参赋值(实参)。过程与进程最大不同点在于进程可以终止(用终止符表示)，也可以不终止，而过程则必须有终止(用返回符表示)。下面是返回域的定义：

<return area> ∷ =

　　<return symbol>

　　[**is associated with** <expression>]

return symbol> ∷ =

带表达式的返回符仅用于要求有返回值的过程，表达式的值即为本次过程调用的返回值。

下面的例子表示返回数值“1”。

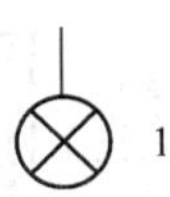

调用带返回值的过程还可以出现在任务符中，其格式为：

X := **call** <procedure call body>

其中X为与返回值类型一致的变量。

图5-29中已经给出了过程的两种调用方式。一般情况下，远端过程调用与过程调用

的格式是相同的，但在有些情况下，远端过程调用需要指明执行该远端过程的进程实例。图 5-44 给出了这样的例子，进程“manage”调用远端过程“change_no”时，需要指定执行该过程的进程实例，这里就是由“sender”过程的 **pid**，也就是发送信号“sizure_req”的进程实例。因为有若干个进程实例可以执行远端过程“change_no”，而且该过程可以改变执行它的进程实例的某个变量值，所以，在调用它时，必须指定执行它的进程实例。

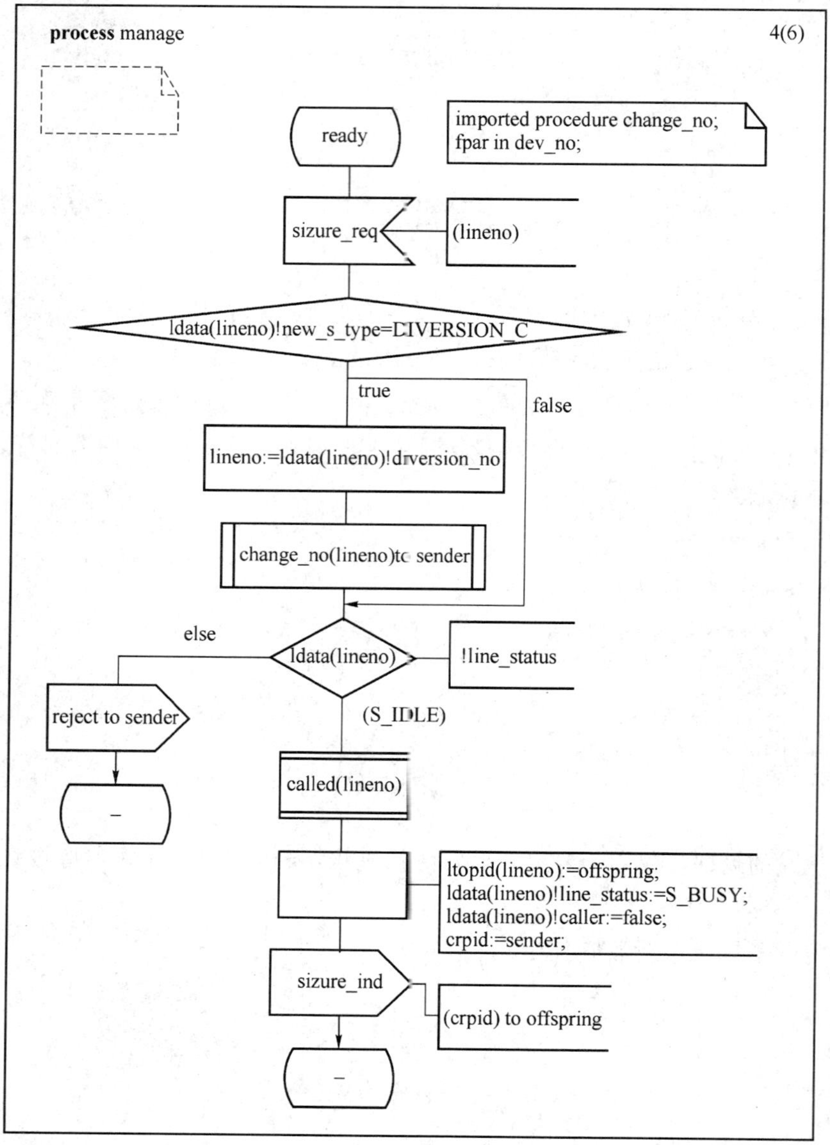

图 5-44　指定进程实例的远端过程调用

5.4.9　分支域

分支操作结束一个迁移过程，然后根据某一表达式的值来产生多个新的不同的迁移过程。下面是分支域的语法定义：

<decision area> ::=

<decision symbol> **contains** <question>

is followed by <graphical decision body>

<decision symbol> ::=

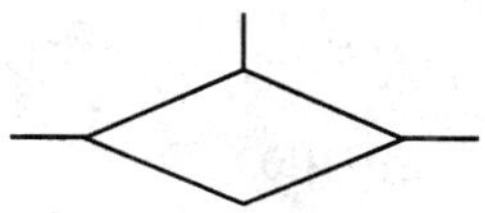

分支符只有一个入口，可以有两个或多个出口，即可以产生两个或更多的分支，每个分支开始一个新的迁移过程。

<question> ::=

<exprssion>|<informal text>|**any**

如果分支符中包含的是表达式，则各分支出口上要标出具体值或取值范围，当表达式的计算结果与该值相等或落在该取值范围内时，状态机从该分支转出，进入该分支开始的迁移过程。出口标值需注意以下 3 点：

(1) 各出口上标的具体值或取值范围不能相交；

(2) 所有出口上标的具体值或取值范围应覆盖表达式的取值范围；

(3) 可以用关键字“else”来表示没有在出口上标出的所有其他值，但在一个分支符中只能有一个 else 分支。

如果分支符中包含的是非形式文本，则各分支出口上标出的值也采用非形式文本，也可以采用关键字“else”来表示没有在出口上标出的所有其他值。

如果分支符中包含的是关键字“any”，则各分支出口上不标任何值，也不能采用关键字“else”。“any”表示将随机产生分支，这种分支操作可用来描述一些不确定或不可靠的情况。

图 5-45 给出了几个有效的分支操作。

分支出口上的标值可以用圆括号括起来，也可以不用括号。

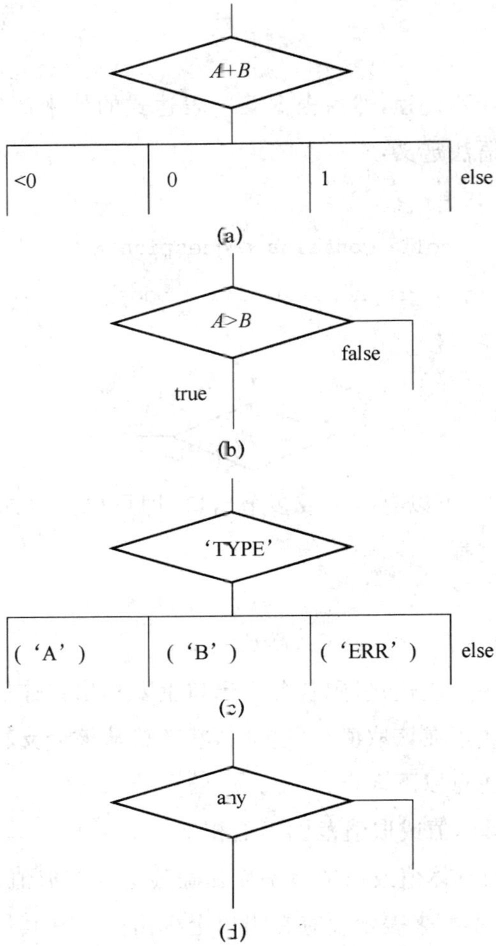

图 5-45　分支操作的例子

5.4.10　连接域

在设计状态机图或过程图时，常常有这样的情况：在某一状态下，某一触发事件引发的迁移过程包含较多操作，在一页图上画不下，需在另页上继续画，这时就需要用一种方法把这两页图的内容连接起来，这正是"连接"的功能。连接域分为入连接域和出连接域。出连接域由包含连接名的连接符构成，出连接域结束当前迁移过程。连接符的定义如下：

＜connector symbol＞ ∷ =

入连接域由包含连接名的连接符构成，下接新的迁移过程。

对于连接符，有以下几点需要注意：

- 对于每个出连接域，在同一进程图或过程图中，必须有一个具有相同连接名的入连接域存在；
- 一个入连接域可以对应多个具有相同连接名的出连接域，即可以把多条迁移路线汇接到一处；
- 连接不能应用于状态符与输入符、保存符等符号之间的连线，因为状态符本身就具有连接功能；
- 为了便于阅读理解，可为出连接符加上注释，以说明对应入连接符所在页码，也可为入连接符加上对应所有出连接符所在的页码的说明。

由于采用连接符后会给对 SDL 图的理解带来不便，而且，连接符的功能类似于编程语言中的“GOTO”语句和“LABEL”，使用时一定要慎重，应尽可能避免。

图 5-29 给出了一个出连接符的例子，连接名为“null_no”，图 5-46 给出对应的入连接符的例子。从图 5-46 可知，由于采用了连接符，图 5-29 中少画了 3 个图形符号，但完成的功能不受影响。另外，把相同的操作用连接符连接起来，还有利于软件的维护。

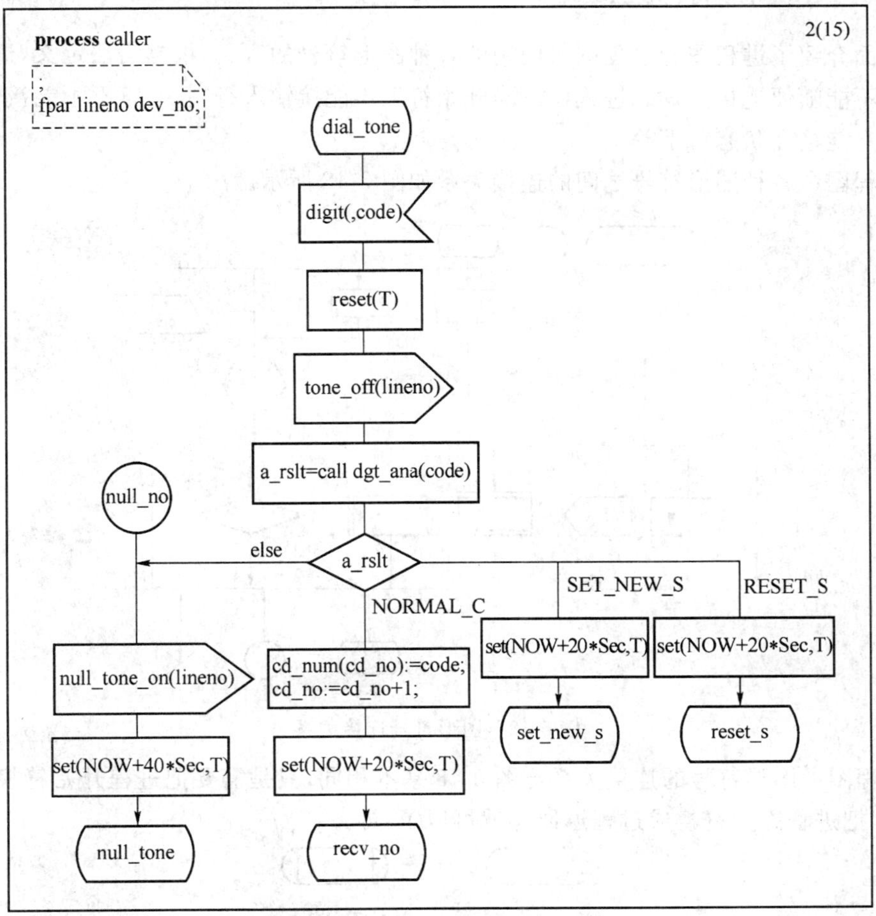

图 5-46　入连接符的例子

与连接功能类似的还有“合并”功能，合并就是在同一页内把两个迁移过程中相同的部分合并到一条迁移过程上来，以简化图形。图 5-47 给出了一个简单的合并迁移过程的例子。

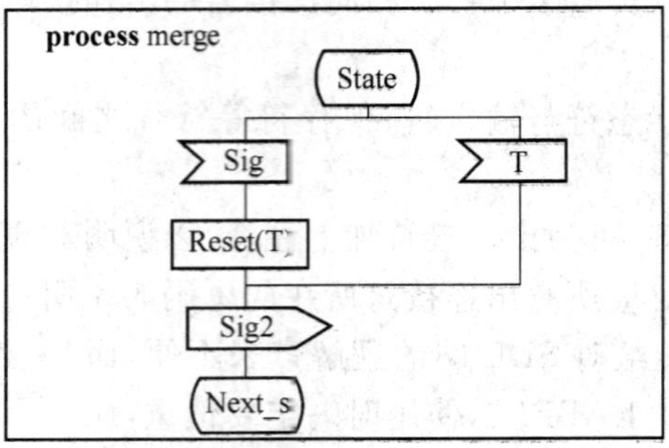

图 5-47　合并迁移过程的例子

5.4.11　图形符号连接关系

前面介绍了进程图和过程图中使用的各种图形符号的含义，根据语法定义，这些符号之间是不能随便连接的，如：进程（过程）开始符下不能接输入符，状态符下不能接输出符，输入符只能接在状态符下等。

进程图中各种图形符号之间的连接关系如图 5-48 所示。

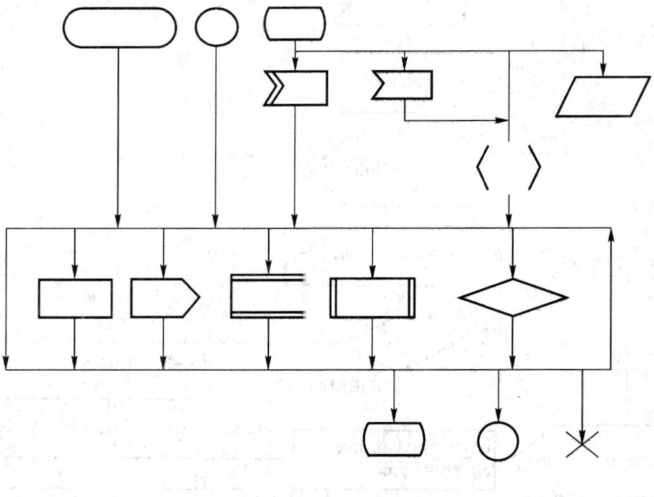

图 5-48　图形符号连接关系

过程图中图形符号的连接关系与图 5-48 基本相同，只是需要把进程开始符换成过程开始符，把进程终止符换成过程返回符就可以了，即：

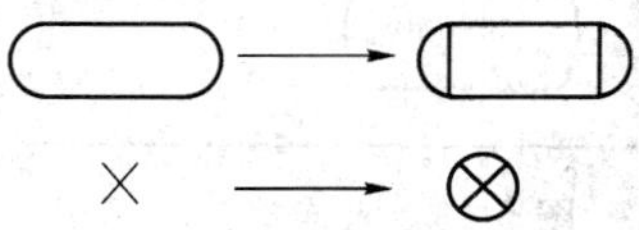

从图 5-48 可知，在画进程图或过程图时，每页图只能从最上边的 3 种图形符号开始画，即每页图可以从开始符（进程开始或过程开始）、入连接符和状态符开始；每页图的每个分支只能结束于最下边的 3 种符号，即每个分支可以结束于状态符（下一状态）、出连接符、终止符（进程图）或返回符（过程图）。

优先输入符、输入符和保存符只能接在状态符下，使能符接在状态符下表示连续信号，接在输入符下则表示使能条件。

状态符下只能接优先输入符、输入符、连续信号符和保存符。

中间一排符号用在迁移过程中，这些符号之间可以任意连接，重复使用。

开始符和入连接符下可以接迁移过程中的任意一个符号，开始符也可以直接连到状态符。

5.5　定时操作

SDL 描述的是离散系统，系统在大多数状态下常常要等待某一事件或某些事件的发生（输入），而这种等待一般是有时间限制的。例如在 ATM 自动取款机上取款，插入卡后机器会等待用户输入密码，如果用户在一定时间（如 10 s）内不输入密码，机器将把卡退出，拒绝本次服务。又比如在 TCP 协议中，一方向另一方发出一个数据报后将等待对方的确认报文，如果在一定时间内收不到确认数据报，就要重发数据报。如果没有定时装置，一旦发送的数据报丢失或确认报文丢失，协议将无法往下进行，因此，在通信软件中，定时器是必须有的实体。在 SDL 系统中，定时器操作有两种：

- 设置定时器，即在系统中启动一个定时器；
- 复位定时器，即停止指定定时器的计时。

定时器启动后，在计时时间间隔内未进行复位定时器操作，到时间就将产生一个超时事件，如前所述，超时事件是一个触发事件，用包含定时器名的输入符来表示。定时器在使用前要先声明（定义）。定时器的定义方式如下：

```
<timer definition list> ::=
        timer<timer definition>{,<timer definition>} * ;

<timer definition> ::=
   <timer name> [<sort list>][ := <Duration constant expression>]
```

定时器可以带参数，当定时器超时时，这些参数与输入信号中的参数一样，可用变量来接收。参数主要用来区别不同的监视对象，比如，当需要用同一个定时器来监视一组电路时，就可以利用参数来区别不同的电路。

如果定时器每次设置的时间都是一样的，就可以在定义时给定时器赋值（选用可选项

[:= <Duration constant expression>]，而在设置定时器时就不用再给出时间值了。

例如：**timer** tone_to_subscriber(subscriber_id) := tone_duration;

此例定义了一个监视用户电路音信号的定时器，参数为用户电路标识，同一音信号的监视时间是一样的。“tone_duration”为一个表示时间值的常量。

关于时间值，SDL 系统预定义了两个类型来表示：

- Time，即反映实时钟，如几时几分几秒；
- Duration，即反映时间间隔，如几分钟、几秒钟。

SDL 系统的全局实时钟可通过函数 now 获得。设置定时器就是以全局实时钟为基准，加上时间间隔。时间间隔的最小单位与实际系统有关。为了便于系统描述，一般采用常量（如 MS 表示毫秒、SEC 表示秒、MINUTE 表示分钟、HOUR 表示小时）来表示时间间隔，而在具体系统中，根据最小单位来定义这些常量就行了。

下面给出定时器操作的语法定义。

1. 设置定时器

<set area> ::=

<task symbol> **contains** <timer set>

<timer set> ::=

set ([<time expression>,]<timer access>)

<timer access> ::=

<timer name>[(<expression>{,<expression>} *)]

<time expression> ::=

now + <Duration constant expression>

2. 复位定时器

<reset area> ::=

<task symbol> **contains** <timer reset>

<timer reset> ::=

reset (<timer access>)

下面用一个简单例子来说明定时器的定义、设置、复位及超时。

设在某进程中声明定时器如下：

```
timer T;
timer T1(integer),
      T2:=100.0;
```

对于定时器 T，设置操作时要给出定时时间间隔，如下：

```
set(now+10*S,T)
```

其中,S 是一个 Duration 类型的同义词(常量),代表 1 s 时间间隔。

T 对应的复位操作如下:

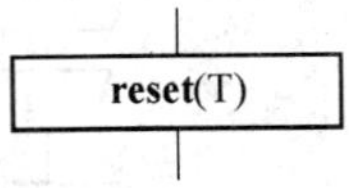

对于定时器 T1,设置操作时要给出定时时间间隔和定时器参数值,如下:

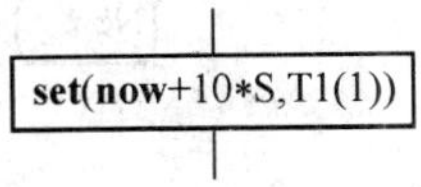

T_1 对应的复位操作也要给出定时器参数值,如下:

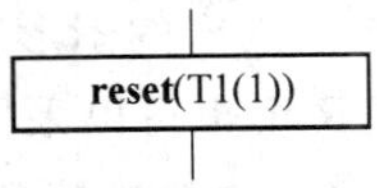

对于定时器 T2,设置操作时就不需给出定时时间间隔了,如下:

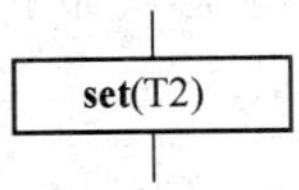

T_2 对应的复位操作如下:

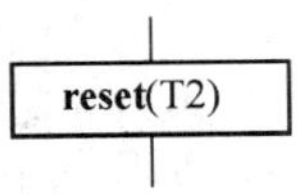

定时器超时用包含定时器名的输入符来表示,对于带参数的定时器,需用具有相同数据类型的变量来接收参数值,上述 3 个定时器超时可分别表示如下:

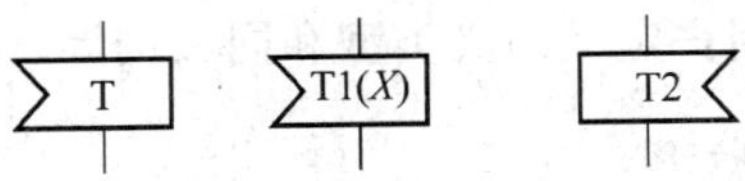

5.6　正文扩展与注释

前面介绍了 SDL 进程(或过程)在描述系统行为时使用的各种图形符号,文字信息基本上都包含在图形符号中。有时候文字信息内容较多,在图形符号内放不下,这时就可以使用正文扩展符,把符号内放不下的内容放到正文扩展符中,然后将正文扩展符与进程中的图形符号连接起来。例如,当一个信号包含的参数较多时,可以把信号名放在输入(输出)符中,而把参数放在正文扩展符内,将正文扩展符与该输入(输出)符连接起来。正文扩展的一般形式如下:

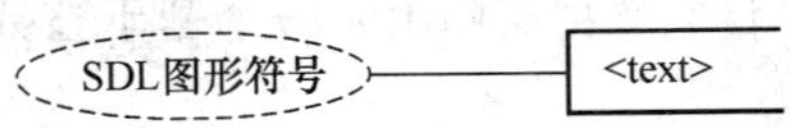

正文扩展符的一端与图形符号相连,扩展符内包含的文本内容是图形符号内的文本

内容的扩展。图 5-49 中,图 5-49(a)和图 5-49(b)是等效的。

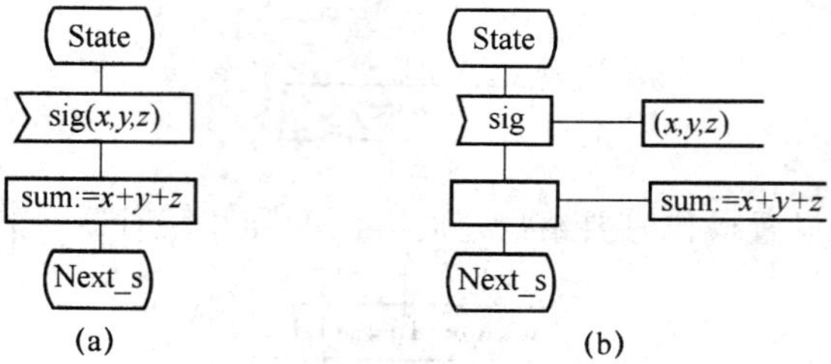

图 5-49　正文扩展的例子

正文扩展可以应用于任何包含文字内容的图形符号。

与一般编程语言一样,在 SDL/GR 中也可以采用注释的方式来对图形符号中的内容加一些说明。与正文扩展符相似,注释符也要连接到对应的图形符号,只是注释符使用虚线,而正文扩展符使用实线。注释的一般形式如下:

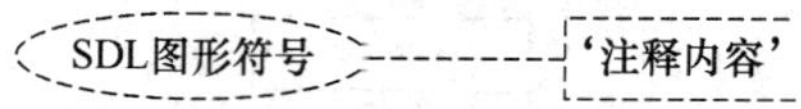

前面的 5.1 节的图 5-2 等图中多处用到注释。图 5-23 中用到正文扩展。

5.7　数据定义

在 SDL 中,预定义了一些常用的和 SDL 特有的数据类型,也提供了用户自行定义新的数据类型的方法,还允许用户定义同义类型和同义词等。

5.7.1　预定义数据类型

SDL 中预定义的数据类型有以下几种。

- Boolean:布尔型,数据项包括 True 和 False 两个值。
- Character:字符型,数据项由 ASCII 字符表中的字符构成。
- Charstring:字符串型,数据项为长度为零到任意长度的字符串。字符串用单引号括起来,如'abc'。如果单引号出现在字符串中,该单引号需要重复,以便区别,如'It''s'表示字符串 It's。''表示空串。在字符串中,多个连续空格与一个空格是等效的,即'abc　de'='abc de'。
- Integer:整数型,数据项为数学中的整数,取值范围为$-N,\cdots,-1,0,1,\cdots,N-1$,其中 N 的大小取决于整型的位长。
- Natural:自然数型。自然数型实际上是一个基于整数型的同义类,其数据项的取值范围从 0 到 N。
- Real:实数型,数据项为数学中的实数。

- Pid：进程标识型，数据项由系统在创建进程实例时动态产生，可以通过函数 **self**，**parent**，**sender** 和 **offspring** 等得到进程实例的 pid 值。字面量 NULL 表示进程实例不存在。
- Duration：时长类型，取值范围在语义上与实数型相同。例如：100.0，15.5。该类型主要用于定时器设置定时。

预定义数据类型中的大多数操作与其他编程语言中的对应数据类型支持的操作是相同的，其中，在 SDL 中默认下列操作适用于所有数据类型或同义类型：

- "：="，赋值操作(assignment)；
- "="，比较是否相等(test for equality)；
- "/="，比较是否不相等(test for non_equality)。

下面对预定义数据类型中的部分操作做一简要介绍，常用操作就不再赘述了。

(1) Boolean 类

```
=>:Boolean,Boolean->Boolean;
```

蕴含操作：如果第 1 个操作数为 True，第 2 个操作数为 False，则操作结果为 False，否则为 True，即：

```
True  => True == True
True  => False == False
False  => True == True
False  => False == True
```

(2) Character 类

- Num：Character－>Integer；

将字符转换为其在 ASCII 表中对应的序号。

例如：num('A')=65。

- chr：Integer－>Character；

将整数转换为 ASCII 表中以该整数为序号的字符。如果需要转换的整数大于 127 或小于 0，则对其以 128 取模。

例如：Chr(65)='A'，Chr(193)='A'。

(3) Charstring 类

以下在解释各操作的含义时，假设 S1、S2 为字符串型变量。

- mkstring：Character－>Charstring；

生成字符串，把字符变成字符串。例如：S1 :=mkstring('h')。

- length：Charstring－>Integer；

取字符串长度。例如：length(S1)=1，length('hello')=5。

- first：Charstring－>Character；

取字符串中第 1 个字符。例如：first('hello')='h'。

- last:Charstring－>Character;

取字符串中最后一个字符。例如:last('hello')='o'。

- "//":Charstring, Charstring－>Charstring;

拼接字符串。例如:当 S1='h'时,S1 :=S1//'ello'的结果是 S1='hello'。

- substring:Charstring, Integer, Integer－>Charstring;

从给定字符串中取子串,第1个整数为子串起点,第2个整数为子串长度。例如:当 S1='hello'时, S2 :=substring(S1,2,3)的结果是 S2='ell'。

- extract: Charstring, Integer－>Character;

取字符串中间一个字符。例如:当 S1='hello'时,extract(S1,2)='e',也可写成 S1(2)='e'。

- modify:Charstring, Integer, Character－>Charstring;

修改字符串中某个字符。例如:当 S1='hello'时,S2 :=modify(S1,2,'a')的结果是 S2='hallo',也可写成:S1(2) :='a',其的结果是 S1='hallo'。

- remove:Charstring, Integer, Integer－>Charstring;

从给定字符串删除子串,第1个整数为子串起点,第2个整数为子串长度。例如:当 S1='hello'时,S2 :=remove(S1,3,2)的结果是 S2='heo'。

(4) Real 类

- float:Integer－>Real;

整数变实数。例如:float(123)=123.0。

- fix:Real－>Integer;

实数变整数。具体的转换方法是去掉小数点后的部分。例如:fix(321.2)=321。

5.7.2 定义新的数据类型

SDL 除了预定义的数据类型外,还为用户提供了多种定义新的数据类型的方法。定义新的数据类型的基本格式是:

```
newtype '定义内容'
endnewtype;
```

1. 定义串类型

基本格式:

```
newtype 串类型名
    string(串元素类型,空串标识)
endnewtype;
```

例 5-1 定义一个由整数构成的串,空串用"Empty"表示,定义如下:

```
newtype intstr
    string(Integer,Empty)
```

```
endnewtype;
```

有关整数串的操作与字符串的基本相同。

2. 定义数组类型

基本格式：

```
newtype 数组类型名
    array(数组索引项类型,数组元素类型)
endnewtype;
```

例 5-2　定义一个索引项为字符型，数组元素为整型的一维数组，定义如下：

```
newtype int_array
    array(character,integer)
endnewtype;
```

例 5-3　定义一个二维数组类型，索引项都是字符型，数组元素是自然数型，定义如下：

```
newtype nat_array1
    array(character,natural)
endnewtype;
newtype nat_array2
     array(character,nat_array1)
endnewtype;
```

nat_array2 就是本例定义的二维数组类型，两维索引项都是字符型，数组元素是自然数型。多维数组类型的定义照此类推。

在 SDL 中，对数组变量的操作有一些特殊的地方，在 5.7.4 小节中再介绍。

3. 定义结构类型

基本格式：

```
newtype 结构类型名 struct
    字段 1 名 字段 1 类型;
    字段 2 名 字段 2 类型;
    …
endnewtype;
```

例 5-4　定义一个用来记录人员基本信息的结构类型，定义如下：

```
newtype person_info struct
    name    charstring;      /* 姓名,字符串型 */
    gender  boolean;         /* 性别,布尔型 */
    age     natural;         /* 年龄,自然数型 */
    phone_number intstr; /* 电话号码,整数串型(例 5-1 中定义的新的类型) */
endnewtype;
```

4. 定义字面量类型

字面量类型是一种枚举出所有取值符号的类型，比如例 5-4 中的“性别”字段，取值只有“男”、“女”两个值，虽然布尔型也只有两个取值“True”和“False”，用来描述“性别”取值时，还得定义“True”代表“男”还是“女”，如果定义一个只有“男”、“女”两个值的字面量，问题就简单了。字面量定义的基本格式如下：

```
newtype 字面量类型名
    literals 字面量名1,字面量名2,…,字面量名n
endnewtype;
```

例 5-5 定义用于表示性别的字面量类型，定义如下：

```
newtype gender_type
    literals male,female
endnewtype;
```

有了例 5-5 的定义后，例 5-4 中的“boolean”就可以改成“gender_type”了。

字面量类型除了支持赋值和比较操作外，还支持以下操作：

```
first:Literals ->Itemliteral;  /* 得到第1个字面量 */
last:Literals ->Itemliteral;   /* 得到最后1个字面量 */
succ:Itemliteral->Itemliteral; /* 得到当前字面量的后继字面量(后一个) */
pred:Itemliteral->Itemliteral; /* 得到当前字面量的前驱字面量(前一个) */
num:Itemliteral->Natural;      /* 得到字面量的位置(数值) */
```

5. 定义选择类型

基本格式：

```
newtype 选择类型名 choice
    字段1名 字段1类型;
    字段2名 字段2类型;
    …
endnewtype;
```

从定义选择类型的基本格式来看，其定义与结构类型的定义基本相同，但含义完全不同。结构类型的变量每个字段都占有独立存储空间，互不影响。而选择类型的变量是所有字段共享同一存储空间，空间大小以字段中占用空间最多的字段为准。在某一时刻，只有一个字段是活跃的，该字段占用此空间，系统访问该变量时只能访问该字段。用另一字段存储信息后，前一字段自动失效。显然，用选择类型定义的空间不能用来存储信息，只能作为临时存储空间。

例 5-6 定义一个包含 4 个字段的选择类型，定义如下：

```
newtype C_type choice
    name     charstring;   /* 姓名,字符串型 */
```

```
    gender   gender_type;   /* 性别,性别型 */
    age      natural;       /* 年龄,自然数型 */
    phone_number intstr;    /* 电话号码,整数串型(例 5-1 中定义的新的类型) */
endnewtype;
```

例 5-6 看似与例 5-4 定义的结构类型相同,其实不然,结构类型定义的变量可以用来存储人员信息,而选择类型定义的变量只能用来暂存某个字段的信息,二者可以配合使用。如果结构类型变量存储的信息需要逐个字段取出来处理,就可以用选择类型变量来暂存取出来的信息。

由于在嵌入式环境下存储空间可能还是比较紧张,也许会用到选择类型。

6. 通过继承定义新的数据类型

在 SDL 中,可以采用从另一个数据类型继承信息的方法来创建新的数据类型,可以指定需要继承的操作和数据项,也可以在新数据类型中增加新的操作和数据项。需要注意的是,通过继承并不能改变其数据类型的结构,比如,当某个 struct 类被继承时,不可能在新的类型中增加新的字段。下面用两个例子说明利用继承来定义新的数据类型的情况。

例 5-7
```
newtype NewInteger inherits Integer
    operators ("+","-","*");
endnewtype;
```

在例 5-7 中,定义了一种新的数据类型 NewInteger,NewInteger 继承了 Integer 的所有数据项,但只继承了 3 种操作,即"+"(加),"-"(减)和"*"(乘)。该数据类型与 Integer 是不同的类型,也就是说,在需要使用 NewInteger 类型变量的地方不允许使用 Integer 型表达式或变量,反之亦然。

例 5-8
```
newtype Int inherits Integer adding
    operators str:Int->Charstring;
endnewtype;
```

新的数据类型 Int 继承了 Integer 类的所有数据项和所有操作,同时还增加了一种操作 str,作用是把整型数变成字符串,例如:str(123)='123'。

5.7.3 定义同义类型和同义词

1. 定义同义类型

定义同义类型主要有两种用途,一是为了限定某个数据类型的取值范围,但又不希望改变该数据类型的属性,以便满足特殊应用环境的需要。例如,当需要用整型作为数组索引项数据类型时,如果不限定取值范围,对应数组变量将占用太多存储空间。另一种用途是给数据类型赋予一个有特定含义的名字,以便于用户理解系统。

同义类型的定义格式如下:

syntype 同义类型名 = 原数据类型名 [约束条件]

```
endsyntype;
```

其中，约束条件是可选项，其格式如下：

```
constants ＜range condition＞ | ＜size constraint＞
```

例 5-9 定义一个取值范围被限定在 0 到 127 的整型同义类型，其定义如下：

```
syntype dev_no = Integer constants 0:127
endsyntype;
```

dev_no 具有整型的全部属性，只是取值范围被限制。dev_no 可以用来记录设备号。

例 5-10 定义一个用来记录用户拨号号码的同义类型。用户拨号有效号码是 0 到 9，另外还有"＊"号和"#"号，对应数值分别是 11 和 12。其定义如下：

```
syntype dial_no = Integer constants 0:9,11,12
endsyntype;
```

表示范围的符号还有"＞"、"＞＝"等。

例 5-11 定义一个用来计费的数据类型，取值范围不受限。计费类型可以用实数类型，其定义如下：

```
syntype billing_type = real
endsyntype;
```

有了同义类型定义后，定义数组就方便了，比如，定义一个有 128 个元素的 PID 型数组，就可以先定义一个取值范围限定在 0 到 127 的同义整型，然后再以该同义类型作为数组的索引类型，PID 作为元素类型，定义该数组。

例 5-12 定义一个有 128 个元素的 PID 型数组类型 pid_array，其定义如下：

```
syntype idx128 = integer constants 0:127;
newtype pid_array
    array(idx128,PID)
endnewtype;
```

2. 定义同义词

同义词的定义是为代表数据类型中某个数据项的常数取一个名字，类似于编程语言中的常量定义。

同义词的定义格式如下：

```
synonym 同义词名 同义词数据类型 = 数值或 external;
```

一般在定义同义词时给出具体数值，即用"同义词名"代表后面的数值(同义词数据类型)出现在 SDL 图中。当选用关键字 **external** 时，表示该同义词在定义时不用给出具体数值，在系统初始化时才由外部来赋值。在这种情况下，同义词对应的数据类型必须是 SDL 预定义的数据类型(5.7.1 节中给出的数据类型)，因为在 SDL 内定义的新的数据类型在系统外是不可识别的。例 5-13 给出了定义同义词的几个例子。

例 5-13 定义几个同义词，用 S_Idle 代表整数"0"，S_Busy 代表整数"1"，用 Max-

Num 代表自然数型的最大数，其值由外部来确定。其定义如下：

```
synonym S_Idle Integer = 0;      /* S_Idle = 0 */
synonym S_Busy Integer = 1;      /* S_Busy = 1 */
synonym MaxNum Natural = external;  /* MaxNum 的值由外部确定 */
```

5.7.4　变量定义与使用

在 SDL 中，变量的声明用关键字"dcl"，放在文本域中，变量声明的形式主要有以下几种：

- dcl 变量名 数据类型；(最简单形式，一行声明一个变量)
- dcl 变量名 数据类型 ＝ 初值；(声明带初值的变量)
- dcl 变量名 1，变量名 2　数据类型；(一行声明多个同类型变量)
- dcl 变量名 1　数据类型 1，变量名 2　数据类型 2；(一行声明多个不同类型变量)
- 上面两种情况的组合，关键点是以"dcl"开始，以分号结束。

下面用上 5.7.3 节中定义的新的数据类型来声明变量，并介绍这些变量的使用。

1. 数组变量

- 变量声明

```
dcl ch_nat nat_array,ch_var character,nat_var natural;
          /* nat_array 是例 5-3 中定义的二维数组类型，数组索引项都是字符 */
```

- 初始化数组

```
ch_nat := (. 0 .);  /* 数组变量的所有元素赋初值"0" */
```

符号"(. .)"表示对左边变量的所有元素赋同样的值，符号"."与赋值之间用空格隔开。需要注意的是，这种赋值方式不能用于结构型数组，即数组元素为结构类型的数组不能用一条赋值语句完成初始化。

- 访问数组元素

```
ch_var := 'b';
ch_nat('a')('b') := 10;  /* 不能用('a','b')来表示二维下标 */
nat_var := ch_nat('a')('b') + 1;
ch_nat(ch_var)(ch_var) := nat_var;  /* 字符型变量可以作为数组下标 */
```

2. 结构型变量

- 变量声明

```
dcl person_data person_info, p_name charstring;
```

- 访问结构字段

```
person_data := (. 'peter',male,18,'13901234567'.);
                                        /* 对结构变量所有字段赋值 */
person_data!age := 20;  /* 对结构变量指定字段进行赋值 */
```

```
p_name := person_data!name;   /* 取结构变量指定字段的值 */
```

3. 选择型变量

- 变量声明

```
dcl person_tmp C_type;   /* 定义一个临时存放人员信息各字段内容的变量 */
```

- 访问字段

```
person_tmp!name := person_data!name;   /* 选择型变量的 name 字段存入信息 */
```

上条语句执行后，检查该变量的激活字段时会得到“name”。检查变量激活字段的方法有以下两种：

- 检查当前激活字段（如图 5-50 所示）

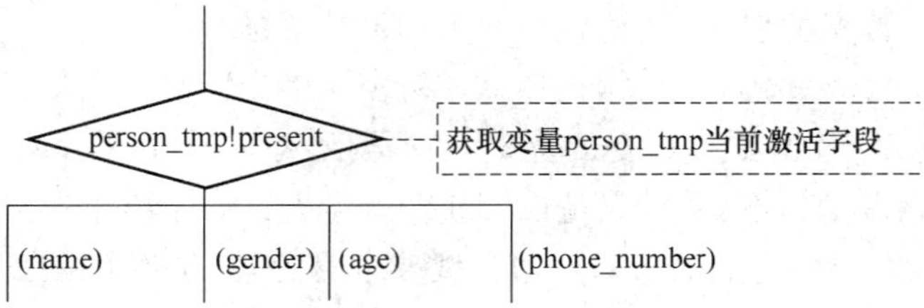

图 5-50 检查当前激活字段的例子

- 检查指定字段是否激活（如图 5-51 所示）

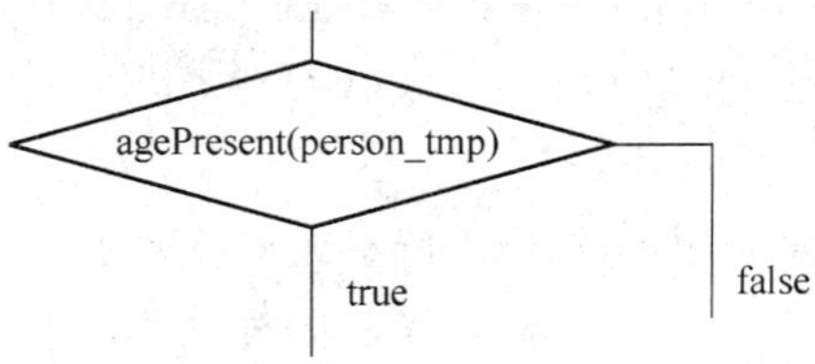

图 5-51 检查指定字段是否激活的例子

只有激活字段的内容是可以访问的，前面对“name”字段赋了值，检查当前激活字段时，将会走(name)分支；检查“age”字段是否激活时，得到“false”值。

5.7.5 远端变量

变量一般在进程中定义，变量的存在是随进程实例的存在而存在的。只有创建了进程实例（无论是静态创建还是动态创建），开辟了该实例的私有存储空间，进程中声明的变量才可以被赋值。一般情况下，变量只能在本进程实例中使用，进程中定义的过程可以访问进程实例中的变量，但其他进程集的进程实例不能访问。如果进程中需要访问其他进程中声明的变量（即共享变量），还需要对该变量作一些特殊定义，在 SDL 中称为远端变量。

为了说明远端变量的概念，把为该变量分配存储空间的进程称为“服务器”进程，把共享该变量的进程称为“客户端”进程。

1. 远端变量的定义

远端变量的定义在“服务器”进程和“客户端”进程的共同上级（功能块或系统）中进

行，定义格式如下：

remote <remote variable name> <sort>；

例如：**remote** remote_var **integer**；

2. 远端变量的声明

定义好的远端变量需要在“服务器”进程中声明，远端变量的声明有两种格式，一种格式为：

dcl exported <remote variable identifier> <sort>；

其中，远端变量标识符就是远端变量定义中定义的变量名。

例如：**dcl exported** remote_var **integer**；

另一种格式为：

dcl exported <variable name> **as** <remote variable identifier> <sort>；

其含义是，本进程中声明的变量可以作为远端变量被其他进程访问，即同一个变量有两个名字，在本进程内使用一般变量名，在其他进程中使用远端变量名。

例如：**dcl exported** var_name **as** remote_var **integer**；

3. 远端变量的输出

只有声明远端变量的进程实例“输出”远端变量的值后，“客户端”进程实例才可以通过“输入”操作访问该远端变量。所谓“输出”只是把远端变量的当前值复制到一个隐含的变量中，而“输入”则是从该隐含变量中取值。由此可见，“客户端”通过“输入”操作得到的远端变量的值并不是远端变量的当前值，只是“服务器”进程实例最近一次“输出”的值。

“输出”操作函数“export”的格式如下：

export (<remote variable identifier> { , <remote variable identifier> } *)

或　**export** (<variable identifier> { , <variable identifier> } *)

例如：**export**(remote_var) 或 **export**(var_name)；

一次“输出”操作可以输出多个远端变量的值，当然，不同变量的值将被复制到不同的隐含变量中。第 2 种格式适用于第 2 种声明远端变量的情况，即“服务器”进程使用内部变量名“var_name”，“客户端”进程使用远端变量名“remote_var”。

4. 远端变量的输入

“客户端”进程不需要对远端变量进行定义或声明，因为远端变量已经在上层定义，对“客户端”进程来说是“可见的”，但“客户端”进程不能把远端变量当成一般变量来访问，只能通过“输入”函数“import”来得到远端变量的值。“客户端”进程得到的远端变量的值只是“服务器”进程最近“输出”的值，不一定是当前值，而且，“客户端”进程不能修改远端变量的值。

“输入”操作函数“import”的格式如下：

import (<remote variable identifier> <communication constraints>)

<communication constraints> :: =

{**to** <destination> | **timer** <timer identifier> | **via** <viapath>} *

由于“服务器”进程可能有多个实例，不同实例中的远端变量的“输出”值可能是不同的，因此，当有多个进程实例“输出”同一个远端变量值时(存在不同的拷贝)，“输入”操作中就需要指明“服务器”进程实例，通过“**to** ＜destination＞”来指定某一进程实例，或通过“**via** ＜viapath＞”来指定某一进程集。选用“**timer** ＜timer identifier＞”可以规定获取远端变量值的时间。

“输入”操作相当于在两个进程之间传递了两条信号，先从“客户端”进程向“服务器”进程(实例)发送信号“xQUERY”，然后由“服务器”进程向“客户端”进程回送信号“xREPLY”，返回远端变量的值。

如果在“输入”操作中未给定目标进程实例，而“服务器”进程又有多个实例存在，则系统将随机地选择一个实例来提供远端变量的值。

下面是几个“输入”操作的例子：

```
other_var := import(remote_var);/* other_var 与 remote_var 具有相同的数据类型 */
other_var := import(remote_var to P_pid); /* 假设 P_pid 是“服务器”进程实例
                                              的 pid */
other_var := import(remote_var via Ch_name); /* 假设信道(Ch_name)连接“服
                                                 务器”进程和“客户”进程 */
```

5.8 面向对象的概念

从 SDL-92 版开始，SDL 语言中增加了面向对象的概念，即多数实体可以定义类(type)，类定义了一类实例的共同特征，反过来可以利用类来定义实例。下面介绍与类相关的几个概念及它们之间的相互关系。

图 5-52 给出了 SDL 中类的概念及其相互关系，说明如下。

- “定义(definition)”就是给实体(entity)命名，实体可以是类(type)或具有隐含类型(implied type)的实例(instance)。类可以“实例化”成若干个实例，每个实例具有该类的所有特性。5.3 节中定义的“系统”、“功能块”和“进程”就是实例定义的例子，“进程定义”定义了一个进程集，隐含的类型就是进程本身。这类进程不能用来派生其他进程。“进程类定义”则是定义类的例子，进程类定义好后，不能直接创建进程实例，必须在某个系统中被实例化后(用该进程类“定义”一个进程集)才能创建进程实例。
- “带参数的类(parameterized type)”是一种类，类中的一些特性是用形式化上下文参数(formal context parameter)来描述的，当用带参数的类来定义实例时，必须给定这些参数内容。给定参数内容称为“参数绑定(Binding)”，带参数的类被绑定参数后就成了一般意义的类了。关于上下文参数将在后续章节中讨论。

- “实例(instance)”可以直接定义,也可以通过实例化类来得到。比如,一个系统实例可以直接通过系统定义来得到,也可以通过一个系统类的实例化来得到。
- “专门化(Specialization)”是指在某个类(称为超级类 supertype)的基础上,增加一些特性或对超级类中的一些“虚(virtual)”特性进行重新定义而得到一个新的类(称为子类 subtype)。

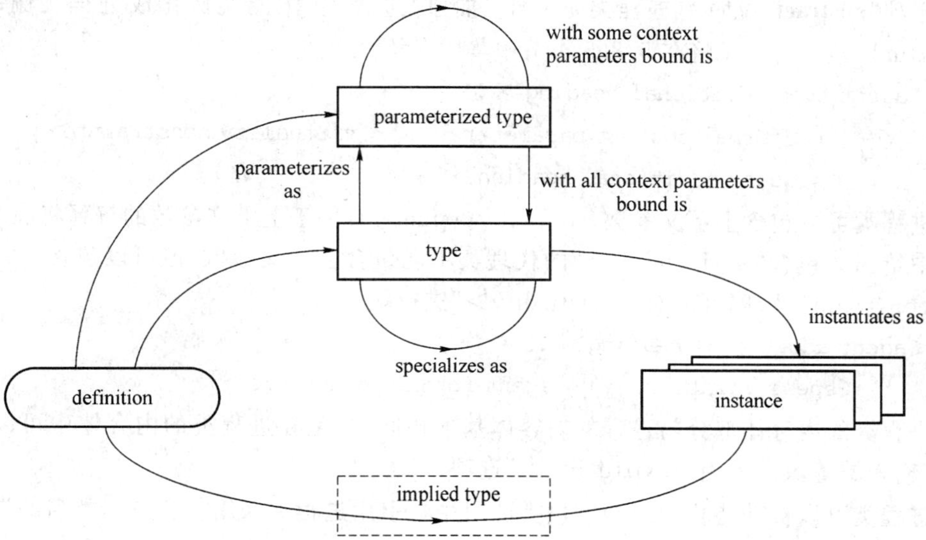

图 5-52　SDL 中类的概念

5.8.1　进程类

进程类定义一类进程实例的特性。进程类用进程类图来定义,其语法定义如下:

```
<process type diagram> ::=
        <frame symbol> contains
                {<process type heading> <agent type diagram content> }
                 is connected to {{ <gate on diagram> * }set }
                 [ is associated with <package use area> ]
```

从定义可知,进程类图也可以引用包。进程类图与进程图的最大区别在于,在进程类图中,需要指明进出本进程类的信号列表,而进程图则不需要。在进程类图中,进出进程类的信号列表标在“信关(gate)”上,信关与进程类图边框相连。当进程类被实例化时,这些信关必须与相应的信道相连。

进程类图的标题部分与进程图也有所不同,其定义如下:

```
<process type heading> ::=
        <type preamble>
```

process type <process type name>

<agent type additional heading>

关键字“**process type**”表明本图是进程类图。

<type preamble> ::=

[<virtuality> | **abstract**]

选项“**abstract**”说明本进程类是一个“抽象”进程类，不能实例化成进程实例；关于“<virtuality>”的含义将在 5.8.5 小节中集中介绍。

<agent type additional heading> ::=

[<formal context parameters>] [<virtuality constraint>]

<agent additional heading>

进程类可以包含上下文参数(context parameter)，关于上下文参数的解释将在 5.8.4 小节中给出。包含“<virtuality>”的代理类不能包含上下文参数，但可以包含“<virtuality constraint>”，即可以对“<virtuality>”进行限定。

<agent additional heading> ::=

[<specialization>] [<agent formal parameters>]

进程类的内容体部分与进程的内容体基本相同，只是在进程类的内容体中可以在开始域、输入域等域中采用“<virtuality>”选项。

进程类可以被功能块图或功能块类图引用。引用进程类采用包含进程类名的进程类符，其定义如下：

<process type reference area> ::=

<process type symbol> **contains**

{[<virtuality>] <process type name> }

<process type symbol> ::=

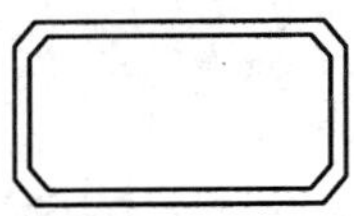

下面以一个简单游戏的 SDL 系统为例，说明进程类图的定义和引用。游戏规则很简单，系统有两个状态，状态的变化是不确定的。当游戏者操纵游戏杆时，如果系统处于状态一，则游戏者赢一分，否则游戏者输一分。允许有多个游戏者同时玩，各计各的分。游戏者可以查询得分情况，可以终止游戏。下面先来定义描述该游戏的进程类。

图 5-53 中定义了一个进程类 Game，该进程类带有一个 Pid 类型的参数 player，定义了 3 个信关：g1，g2 和 g3。其中 g1 为输入信关，定义了输入到本进程类的所有信号，g2 和 g3 为输出信关，定义了本进程类输出到不同方向的信号。信号本身的定义将在引用本进程类的系统图或功能块图中给出。

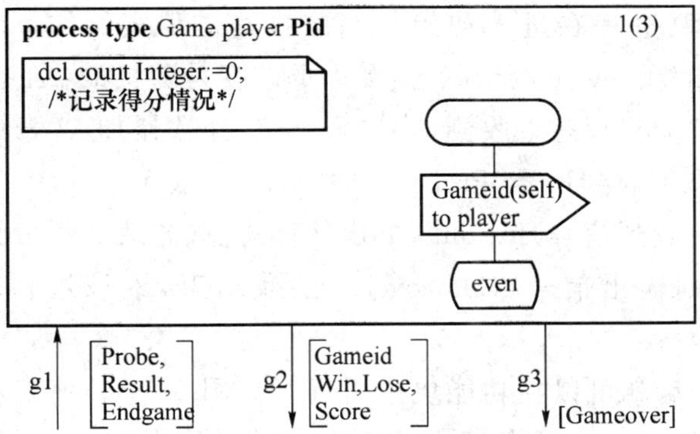

(a) 进程类图（第1页）

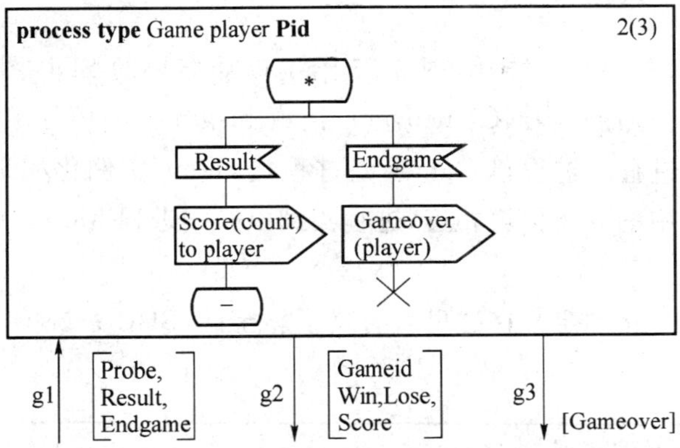

(b) 进程类图（第2页）

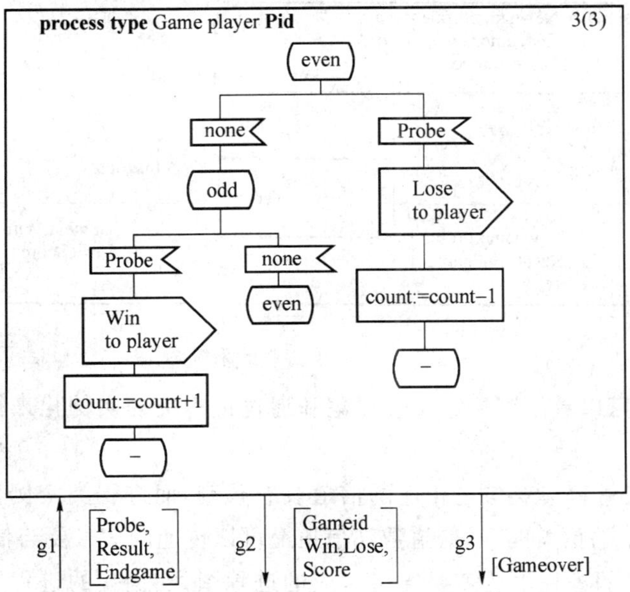

(c) 进程类图（第3页）

图 5-53　进程类图

状态机工作原理：进程在进入初始状态前将本进程实例的 pid 发送给游戏玩家(player)，进程有“odd”和“even”两个状态，状态的改变是随机的(通过自发输入 none 来实现)。如果进程在“odd”状态下收到信号“Probe”，计数器加 1(表示游戏者得分)；如果进程在“even”状态下收到信号“Probe”，计数器减 1(表示游戏者失分)。进程在任意状态(用“＊”表示)下收到信号“Result”，输出计算器值(游戏者得分记录)；如果收到的信号是“Endgame”，则输出信号“Gameover”(游戏结束)给该进程的父进程，本进程终止。

进程类图设计好后就可以在功能块中引用了。图 5-54 是该游戏的系统图。在系统图中，游戏者被视为系统的环境，系统从环境输入 4 条信号，向环境输出的信号也是 4 条。

该系统很简单，只有一个功能块，图 5-55 给出该功能块的 SDL 图，该功能块定义了一条只在本功能块内使用的信号(Gameover)，信道 msgin 上的信号被分配到信道 R1 和 R2 上，分别送到两个进程。进程集 Games 是进程类 Game 实例化的结果，进程类中的 3 个信关分别与功能块中的 3 条信道相连，过程实例由另一进程 Monitor 来创建，实例数不受限。

关于进程集 Monitor 的定义在这里就省略了。至此，SDL 系统 Demogame 的定义就完成了。

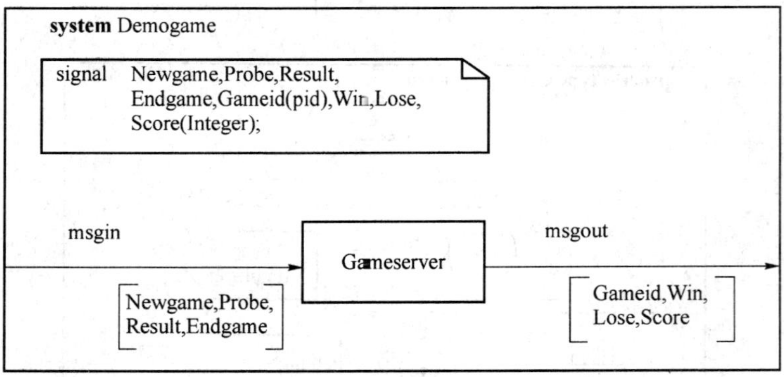

图 5-54　简单游戏的系统图

从图 5-55 中可以看出直接定义进程集和通过进程类的实例化来得到进程集的主要区别如下：

(1) 直接定义进程集对与之相连的信道没有限制，而进程类实例化要求与之相连的信道要与进程类中的信关匹配，信道数和信道上可以传递的信号要与信关定义完全一致；

(2) 直接定义的进程集还需要给出对应的进程图，实例化的进程集就不需要再画进程图了。

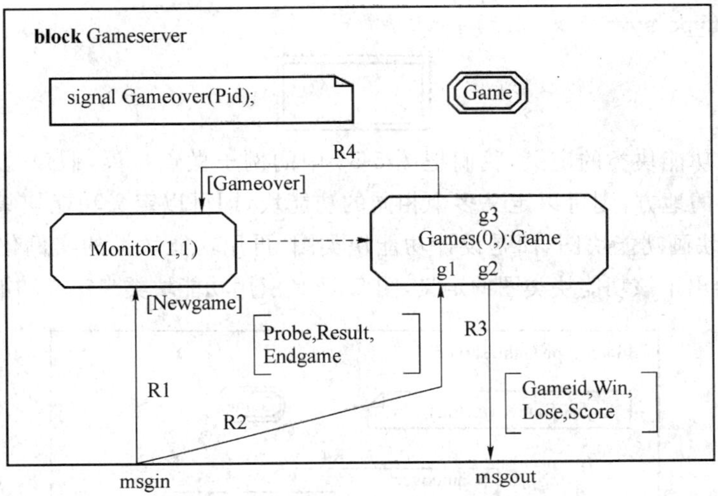

图 5-55　引用进程类的功能块图

5.8.2　功能块类

当 SDL 系统中有多个具有相同特性的功能块时，可以先定义功能块类，然后用功能块类的实例化来定义功能块。功能块类用功能块类图来定义。

<block type diagram> ::=

<frame symbol> **contains** {<block type heading> <agent type diagram content> }

is connected to {{ <gate on diagram> * }**set** }

[**is associated with** <package use area>]

<block type heading> ::=

<type preamble>

block type <block type name>

<agent type additional heading>

功能块类图与功能块图基本相同，只是功能块类图多了关键字"type"和信关定义。功能块类图可以直接在系统图或功能块图中定义，也可以单独定义，SDL 系统要引用该功能块类时，先要给出功能块类的引用定义，然后可以用功能块类的实例化来定义功能块。功能块类的引用符定义如下：

<block type reference> ::=

<block type symbol> **contains**

{[<virtuality>] <block type name> }

<block type symbol> ::=

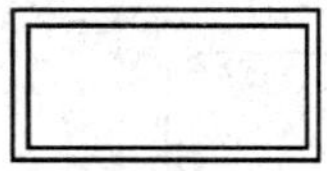

为了说明功能块类的定义，我们把图 5-53 中的例子做点扩展，假设这种简单游戏可以分布在不同的地方，则可以定义多个相同的功能块，即可以定义功能块集，这时，不需要针对每个功能块画功能块图，而是设计功能块类图，再用功能块类的实例化来得到功能块图。图 5-56 给出了该功能块类图的定义，图 5-57 是引用功能块类来定义功能块集的例子。

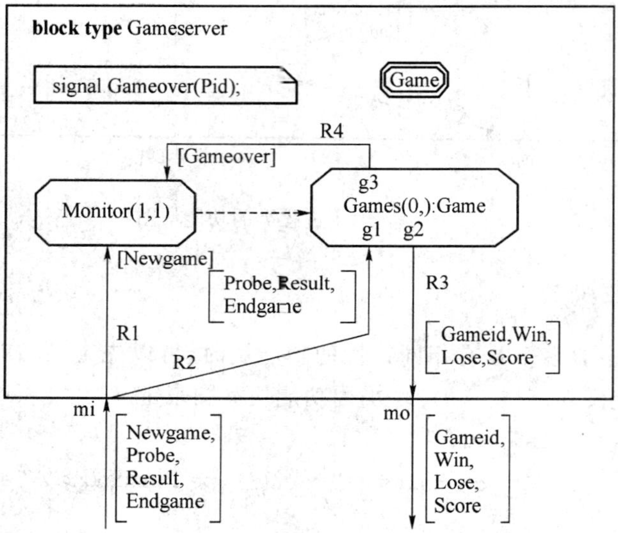

图 5-56 功能块类图

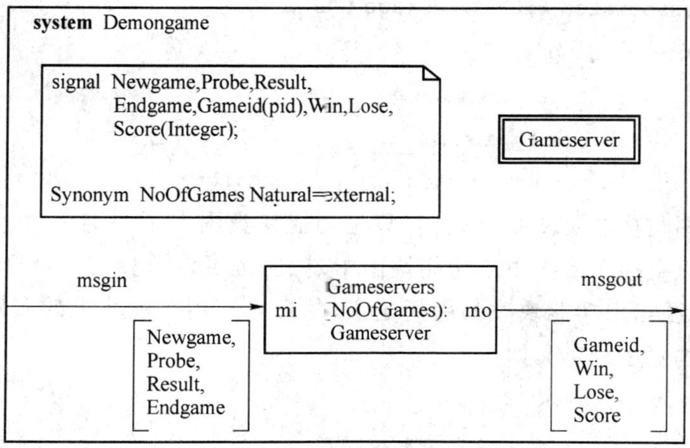

图 5-57 含功能块集的系统图

图 5-57 中用功能块类 Gameserver 定义了若干个（具体数由同义词 NoOfGames 给出）具有相同特性的功能块 Gameservers，这些功能块可以被部署到不同的地方。

5.8.3　系统类

在系统级也可以定义类，即系统类。定义了系统类后就可以用它来定义多个系统实例，而不需要对每个系统进行重复定义。系统类图的语法定义如下：

<system type diagram> ::=
　　<frame symbol> **contains**
　　　　{<system type heading> <agent type diagram content> }
　　　　[**is associated with** <package use area>]

<system type heading> ::=
　　system type <system type name>
　　　　<agent type additional heading>

系统类图与系统图相比存在以下不同：

- 系统类图使用关键字“type”；
- 系统类图可以带上下文参数（formal context parameters）；
- 系统类图可以带特殊说明（specialization）。

与其他类相似，引用系统类也要先进行引用定义，但系统类的引用符不能放在系统图内，因为这时的系统图本身就是从系统类图实例化得到的。SDL 提供的做法是把对系统类图的引用放到包中，这样，用系统类实例化来定义系统图时必须引用包。系统类的引用符定义如下：

<system type reference> ::=
　　<system type symbol> **contains** { **system** <system type name>}

<system type symbol> ::=
　　<block type symbol>

下面以例子说明系统类图的定义和引用。图 5-58 是一个只给出头部说明的系统类图，图 5-59 是包含系统类引用符的包图，图 5-60 是用系统类实例化来定义系统的例子。

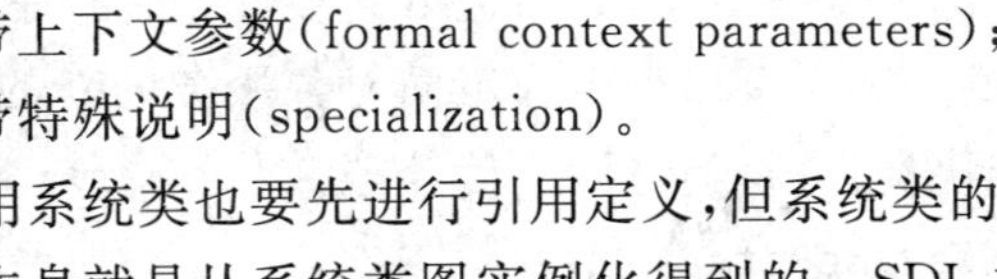

图 5-58　只给出头部说明的系统类图

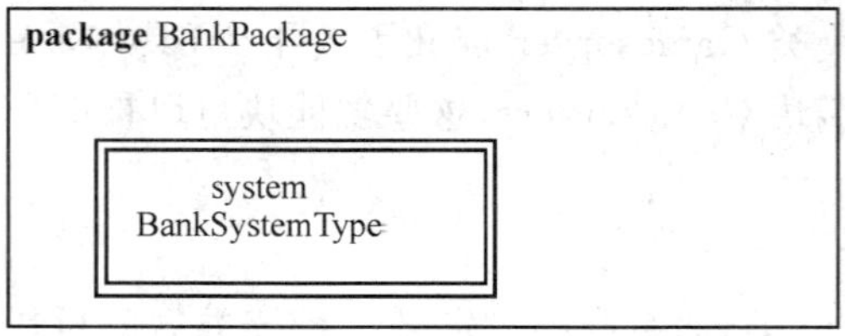

图 5-59　包含系统类引用符的包图

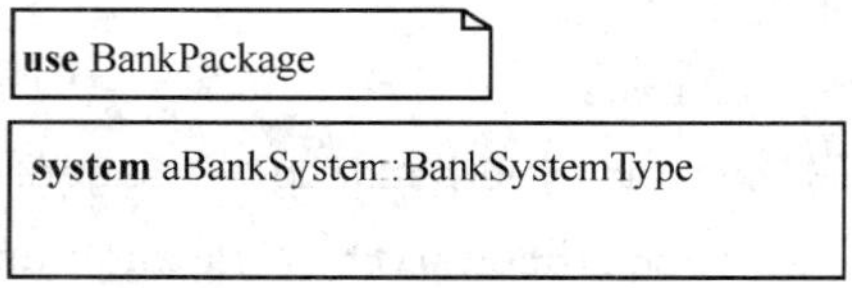

图 5-60　用系统类定义的系统

系统类引用符与功能块类的引用符相同，区别就依据关键字“system”了。

5.8.4　上下文参数

采用上下文参数可以定义通用类，因为上下文参数传递的是上下文而不是数值，在引用类时，通过带入不同的上下文可以得到为不同对象服务的新的类。可以包含上下文参数的类有：系统类、功能块类、进程类、过程、信号等。上下文形式参数的定义格式如下：

<formal context parameters> ::=

< <formal context parameter>{;<formal context parameter>} * >

上下文参数定义在“< >”内，每个形参之间用“;”隔开。引用带上下文参数的类时，需代入上下文实参。上下文实参的定义格式如下：

<actual context parameters> ::=

< <actual context parameter list> >

<actual context parameter list> ::=

[<actual context parameter>] {, [<actual context parameter>] } *

<actual context parameter> ::=

<identifier> | <constant primary>

与上下文形参相似，上下文实参也定义在“< >”内，每个实参之间用“,”隔开。实参与形参一一对应，但实参可以省略，如果省略了实参，则对应的类还是有参数的类，不能实例化。只有所有形参都用实参代替后才能实例化。

图 5-61 是一个进程上下文参数的例子，图中只给出了相关定义部分。假设进程类“Monitor”中需要将一些重要事件(event)送出，在不同的上下文中，可能用不同的进程(集)来记录这些重要事件，所以定义了一个进程上下文参数，进程类中把信号“event”发送到该上下文参数表示的进程集，在引用该进程类时，把进程集“LogP1”作为上下文实参

代入，则在进程集“Monitors”中，信号“event”实际将被发送到进程集“LogP1”中。如果在另一个系统中，打算用别的进程集来处理信号“event”，则在定义功能块时用该进程集作为上下文实参代入就可以了。

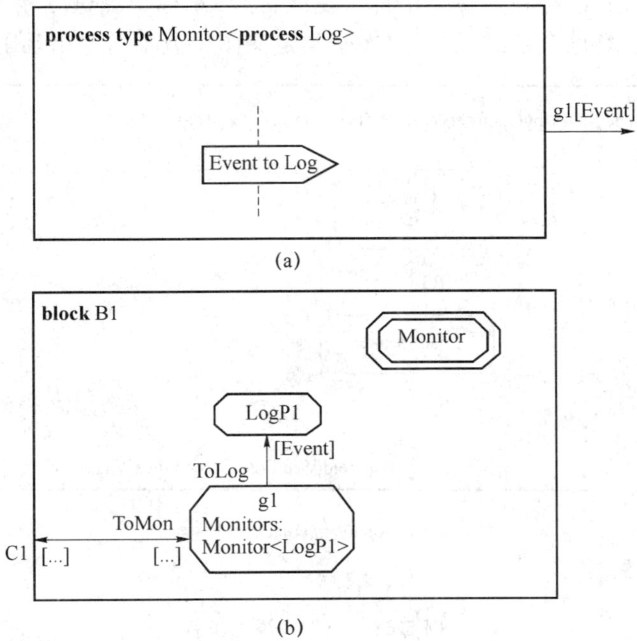

图 5-61　进程上下文参数的例子

SDL 中还定义了过程上下文参数、信号上下文参数等，有兴趣的读者可以参考文献 2。

5.8.5　类的特殊处理

在 SDL 中，除了可用类的实例化来定义实例外，还可以用类来定义子类，子类继承父类的所有特性，在子类中还可以增加内容，重新定义部分迁移过程等。

1. 在子类中添加特性

在前面各种类的头部定义中都有一个可选项“specialization”，其含义如下：

<specialization> ::=

　　inherits <type expression> [**adding**]

该可选项仅用于子类的定义，表示该子类继承“type expression”给出的类的所有特性。如果选用“**adding**”，则表示该子类还要添加特性。下面用几个例子来说明如何在子类中添加特性。

例 5-14　以图 5-56 定义的功能块类为父类定义一个子类，在该子类中增加一个进程“LoadSpeaker”，该进程的功能是用语音形式向游戏者报告输赢情况，该子类的图形定义见图 5-62，图中，进程“LoadSpeaker”位于进程集“Games”和环境之间，“Games”通过信道

R3 输出的信号经过进程“LoadSpeaker”再到环境。从进程“LoadSpeaker”增加了两条语音信号“voiceWin”和“voiceLose”，这两条信号将加到信关“mo”上。进程集“Games”是原功能块类中定义的，子类已继承，由于子类中增加的内容与该进程集有关，需要在子类定义中出现，所以采用“已存在进程引用符”（虚线符号）来标识该进程集。原功能块类中定义的其他内容该子类已全部继承，所以在子类定义图中就不需要出现了。

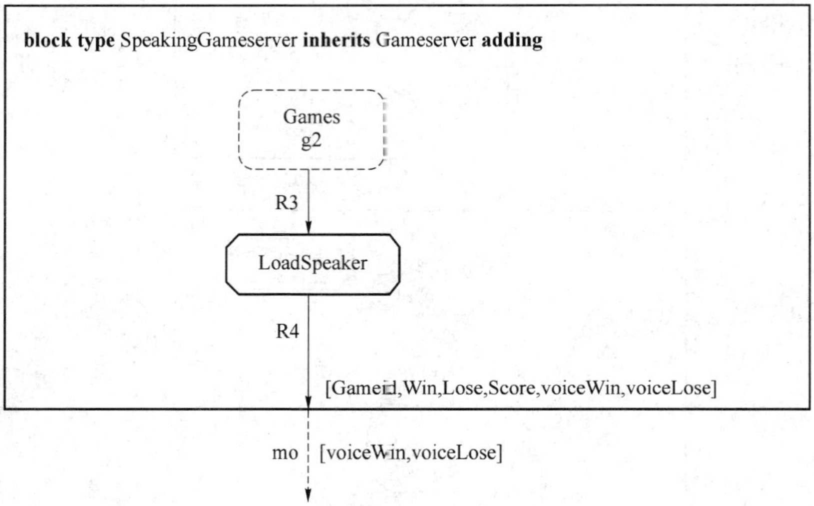

图 5-62　子类中添加进程

图 5-62 中，信关 mo 是父类 Gameserver 中已有的，本子类只是在该信关上增加两条信号。

例 5-15　图 5-53 定义的进程类“Game”中，状态的变化是随机的（由信号 **none** 触发），为了增加游戏者输的概率，在进程类“Game”的基础上定义一个进程子类“SpecialGame”，增加一条信号和对该信号的处理，要求系统在任意状态下收到信号“Evil”，就转入“even”状态，这样，游戏者就更容易输了。图 5-63 给出该子类的定义。

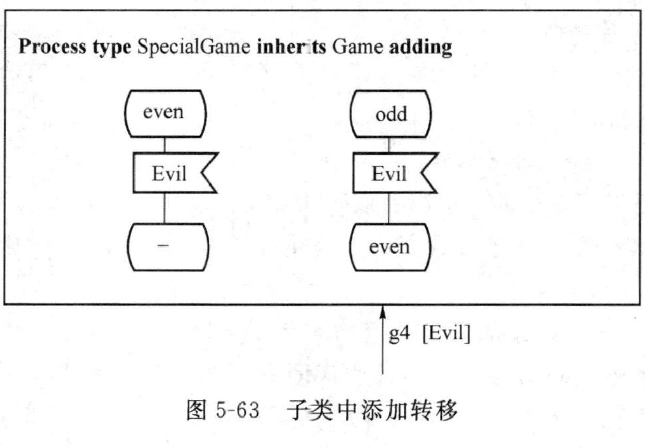

图 5-63　子类中添加转移

该子类添加了一个输入信关 g4，增加了一条信号 Evil，该信号从信关 g4 输入。子类中还增加了在两个状态下对新的信号的处理。

在进程子类中，还可以添加变量定义、参数、状态等。

2. 在子类中重新定义迁移过程

在过程定义和各种类的定义中，"virtuality"是个可选项，采用该可选项可以在定义子类时修改（重定义）父类的某些特性。"virtuality"的定义如下：

```
<virtuality> ::=
    virtual | redefined | finalized
```

"virtual"表示该特性在定义子类时可以被重新定义；"redefined"只用在子类定义中，表示对用"virtual"定义的特性进行重新定义，而且该特性在本子类再派生出的子类中还可以进行再定义；"finalized"也是只用在子类定义中，表示对用"virtual"或"redefined"定义的特性进行重新定义，而且该特性不再具有"virtual"的性质，即在本子类再派生出的子类中不可以再对该特性进行再定义。

下面用几个例子进一步说明"virtuality"的用途。

例 5-16　迁移过程的再定义。如果把图 5-53(c)改为图 5-64 的形式，则可以从进程类"Game"派生出进程子类"OppositeGame"，其输赢条件与"Game"相反。由于"OppositeGame"继承了"Game"的所有特性，只需对两个虚迁移过程（用 virtual 定义输入信号引起的转移）进行重新定义（用 redefined 重新定义输入信号引起的转移），重新定义的内容见图 5-65。

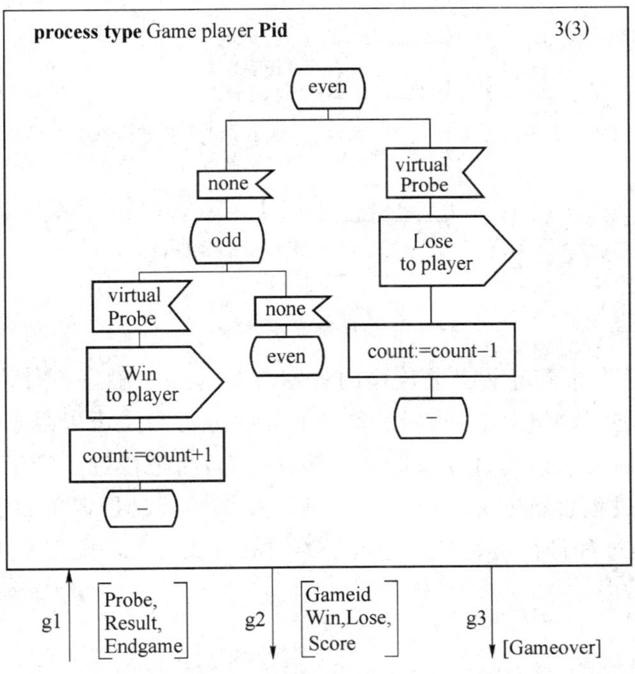

图 5-64　带虚迁移过程定义的进程类图

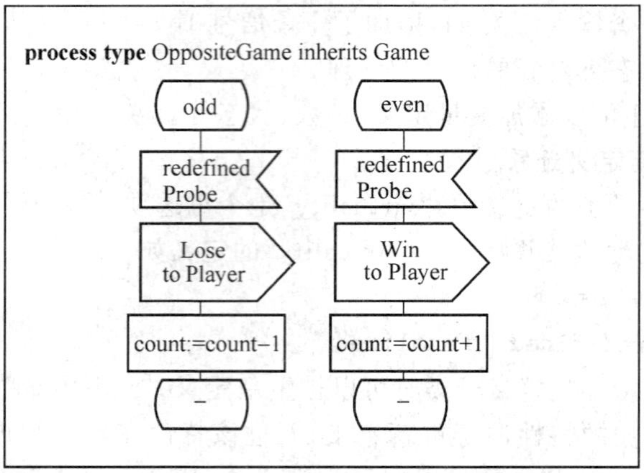

图 5-65　虚转移的再定义

例 5-16 中给出的是输入信号引起的虚转移，其他触发事件引起的转移也可以定义虚转移，图 5-66 给出这些虚转移的定义符号。

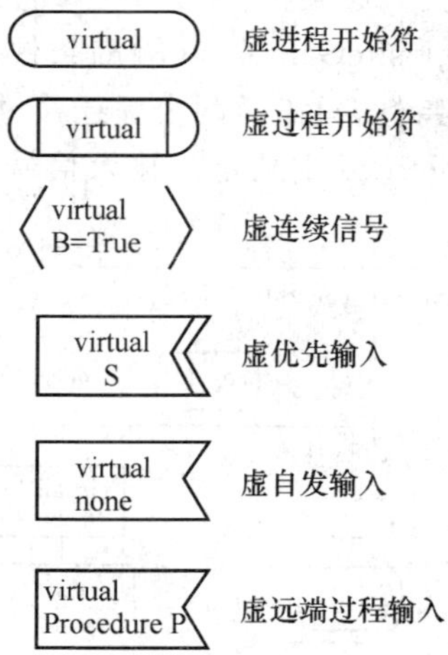

图 5-66　其他虚转移的定义

例 5-17　虚过程的重定义。虚转移的重定义是对一个触发事件引起的整个转移过程进行再定义，而在一些情况下，转移过程中的大部分行为是可以继承的，只有部分行为需要重新定义，这时就可以用过程来定义这部分行为，而把该过程定义为虚过程，在定义子类时，只需对该过程重新定义就可以了。图 5-67 为含虚过程定义的进程类图的一般格式，图 5-68 是对虚过程进行再定义的进程子类图的一般格式。虚过程可以定义在进程类和过程中。

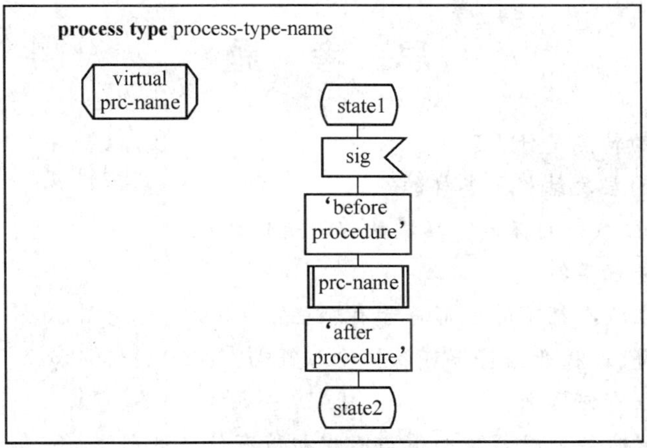

(a)

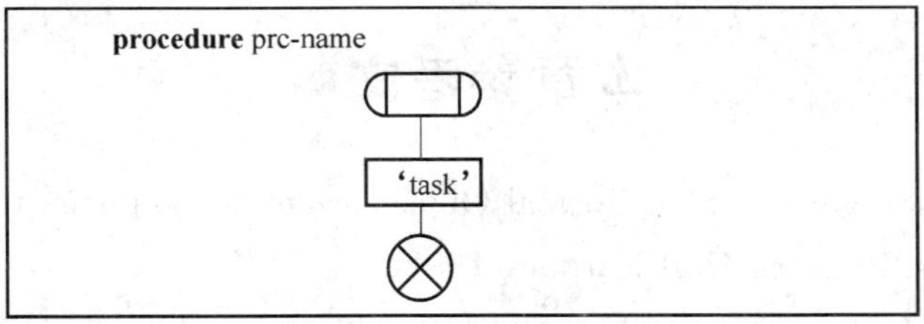

(b)

图 5-67　含虚过程定义的进程类图的一般格式

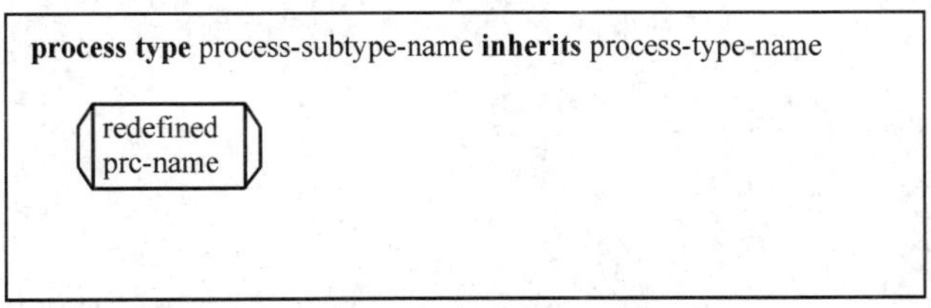

(a)

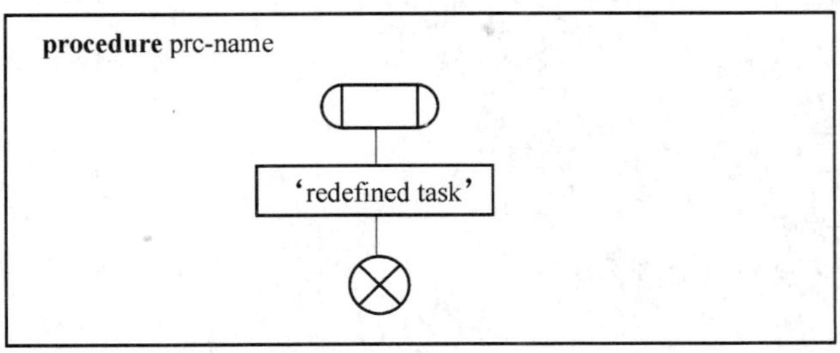

(b)

图 5-68　对虚过程进行再定义的进程子类图的一般格式

思 考 题

1. SDL 语言的特点是什么？
2. SDL 系统的层次结构是怎样的？
3. 什么是 SDL 系统的环境？环境的作用是什么？
4. 怎样创建进程实例？
5. 可以连接在状态符下的图形符号有哪些？
6. 进程开始符、过程开始符下可以接输入符吗？
7. 过程与进程有何区别？
8. 定义定时器时给定时器赋初值与不赋初值有什么区别？

本章参考文献

[1] Jan Ellsberger etc. SDL Formal Object-oriented Language for Communicating Systems. Prentice Hall Europe，1997.

[2] ITU-T Z. 100，Specification and Description Language(SDL)，1999.

[3] GB 15629. 11-2003，无线局域网媒体访问控制和物理层规范，2003.

第6章　集成开发工具简介

6.1　Telelogic TAU 功能简介

Telelogic 公司总部位于瑞典，是全球领先的自动化解决方案供应商。公司不但可以提供业务流程和企业级架构建模工具，而且还提供需求驱动的系统和软件开发工具。Telelogic 公司的典型客户分布在通信、航空航天、军用设计、汽车制造、电信和金融等行业。

Telelogic TAU 工具是行业公认的用于实时及其他先进软件开发和测试的可视化软件环境。Telelogic TAU 工具可在开发环境中实现仿真、测试、执行、自动代码生成、早期错误检测及最小化后期开发维护等功能。Telelogic TAU 产品可为各种设计和开发任务提供最优化方法。利用 TAU 工具的强大图形化建模能力，用户可以对系统进行设计和模拟，并可验证系统行为，确保设计按照正确的方向进行。

Telelogic TAU 由 SDL Suite，TTCN Suite 和 UML Suite 3 个部分组成。

1. SDL Suite

SDL Suite 是基于 SDL 和 MSC 的软件开发工具，主要用在设计阶段，该工具支持图形化的 SDL 编辑、在线仿真和验证、代码自动生成和 MSC 编辑等。SDL Suite 主要由以下几个部分组成。

- SDL Editor：SDL 编辑器支持图形化的 SDL 编辑，并具备与上下文相关的在线帮助工具。SDL 编辑器可以执行在线语法检查，并在编辑器中标示检测到的静态语法错误。
- SDL Simulator：SDL 仿真器可以支持在开发环境下进行 SDL 系统的仿真运行，仿真结果可自动生成 MSC。
- SDL Validator：SDL 验证器可以验证系统的设计是否和需求相吻合，并可发现系统运行时的动态错误。
- SDL Translator：SDL 代码自动生成器，支持自动生成 C 语言代码程序。

- MSC Editor：MSC 编辑器支持图形化的 MSC 编辑。

2. TTCN Suite

TTCN Suite 是事实上的通信系统的标准测试环境，它在全球范围内被广泛采用，测试从内置通信芯片到大型交换机和智能网服务的电信和数据通信设备。TTCN Suite 的测试脚本语言 TTCN-2 是流行的用于顺从性测试的专用测试编程语言，已由 ETSI 和 ISO 标准化。TTCN Suite 为测试工程师提供强大的 TTCN-2 编辑器和句法分析器，而且可将测试脚本编译为可执行 C 代码。

3. UML Suite

UML Suite 是用于面向对象应用开发的多用户解决方案。UML Suite 通过分析和设计不同开发阶段的关键建模视图，帮助用户更好地管理开发过程，可用于中型或大型项目，通过重复使用模型或系统设计的通用部件来节省系统开发时间。

6.2 SDL Suite 使用方法简介

SDL Suite 软件可以在 Windows 和 UNIX 操作系统下运行。SDL 编译时会调用 C 语言编译器，用于生成 SDL 模拟和验证程序。在 Windows 操作平台下，可以使用的编译器有 Borland C++和 Microsoft Visual Studio 6.0。在 UNIX 操作系统下，可以使用的编译器有 gcc 和 cc。

6.2.1 Organizer 界面

Telelogic TAU 启动后，显示如图 6-1 所示的“Organizer”界面。TAU 工具集中所有的操作都在“Organizer”界面下完成。

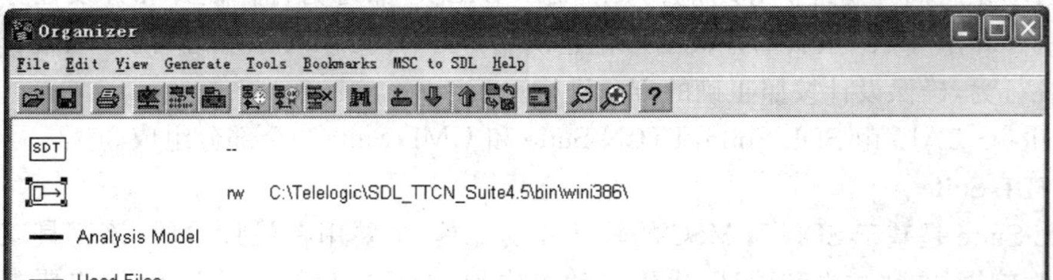

图 6-1 “Organizer”窗口界面

打开“Organizer”界面后会显示系统文件图标和工作目录图标。默认情况下，“Organizer”界面会显示 Analysis Model，Used Files，SDL System Structure，TTCN Test Specification 和 Other Documents 等 5 种类型的项目，用户可根据需要删除或修改这些项目。

- 系统文件：SDT 用来保存用户的各种设定值以及当前系统所包含的各种文件在“Organizer”中的组织方式。
- 工作目录：当前系统的工作目录，如图 6-2 所示。其中的“rw”属性表示对该目录可进行读写操作。用户在使用 TAU 工具进行各种操作前须设定工作目录，如图 6-2 所示的目录为软件默认的工作目录。

图 6-2　工作目录

1. 设定工作目录

在创建某个系统之前，用户需设定工作目录。从“File”菜单中选择“Set Directories”命令，打开如图 6-3 所示工作目录设置对话框，用户需设置源文件目录和目标文件目录，其中源文件为用户自行设计的文件，如 MSC 图、SDL 系统图等。目标文件为系统自动生成的代码，如仿真程序、验证程序和自动生成的可执行代码等。建议把源文件和目标文件存放在同一个工作目录下。TAU 工具不能处理带空格的变量名，可使用下划线来代替空格，因此工作目录中也不能带空格。

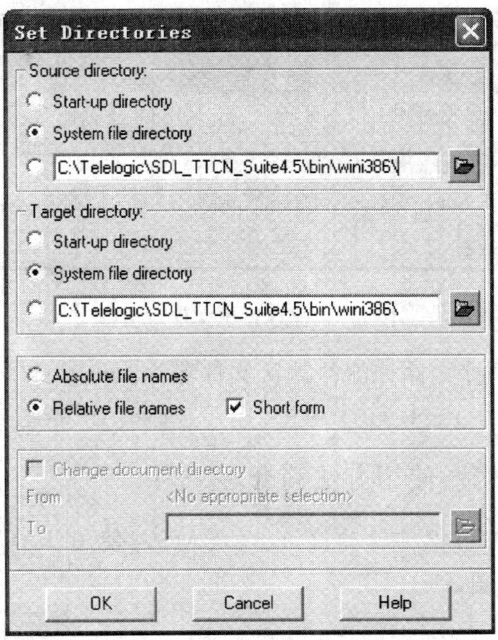

图 6-3　设定用户的工作目录

2. 新建一个工程

用户设定工作目录后，可新建一个系统。系统文件用来保存整个 SDL 系统中各种图的层次结构和工作环境的各种设定值。通过“Organizer”窗口左上角的  图标来标识系统文件。新建工程步骤如下：

（1）从“File”菜单中选择“New”命令，弹出如图 6-4 所示对话框；

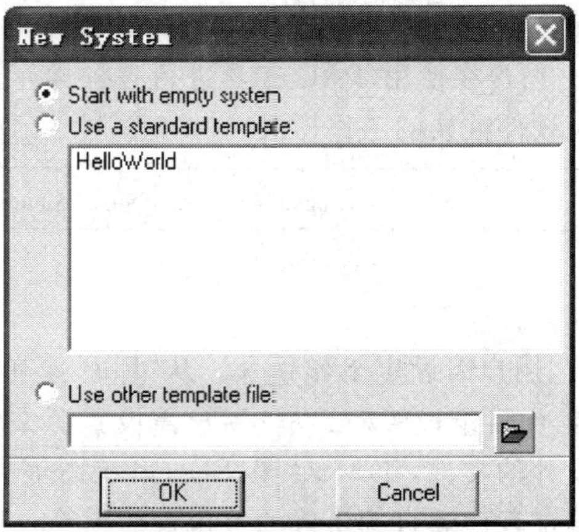

图 6-4　新建工程对话框

（2）选择“Start with empty system”，单击“OK”按钮确定；

（3）从“File”菜单中选择“Save”命令，系统弹出“Save As”对话框，如图 6-5 所示；

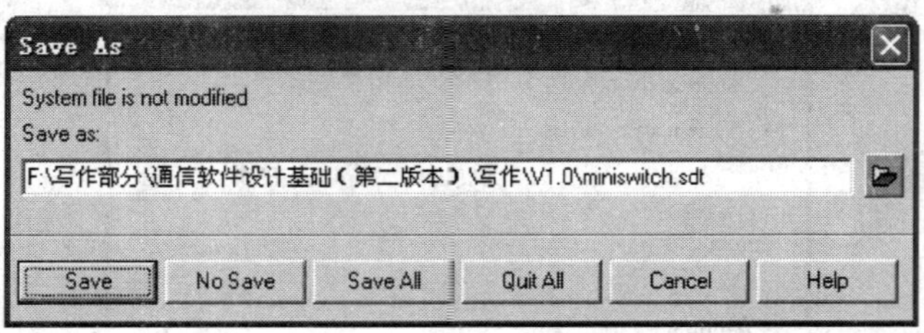

图 6-5　保存系统文件对话框

（4）TAU 工具给系统文件分配的默认文件名为“untitled. sdt”（系统文件的后缀为. sdt），将系统文件另存为“miniswitch. sdt”，单击“Save All”按钮存盘。

6.2.2　MSC 编辑器使用方法简介

TAU 工具支持 ITU-T Z. 120 建议，也就是 MSC，使用 TAU 工具集中的 MSC Editor 工具可以设计 MSC 图。

1. 新建 MSC 图

（1）选中“Organizer”窗口中的“Other Documents”，单击“Edit”菜单中“Add New”命

令，或直接使用工具栏中工具按钮打开“Add New”对话框。

(2) 选择图形的类型为 MSC，图形的名称输入“Call_Handle”，如图 6-6 所示，表示微型交换机呼叫处理成功的情况，并选中“Show in editor”选项框(用于打开 MSC 编辑器)。

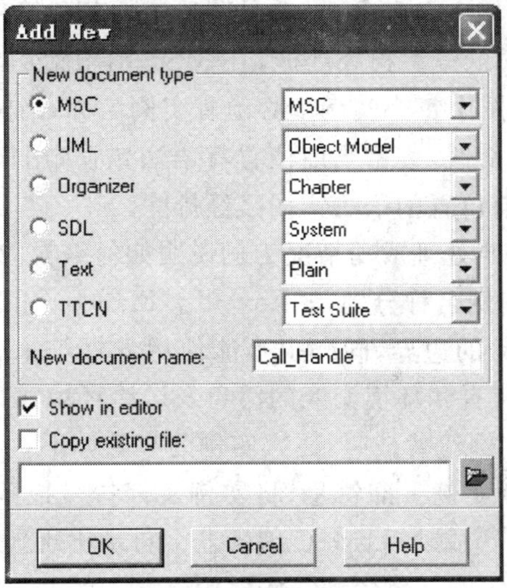

图 6-6　输入新建图形的类型和名称

(3) 单击“OK”按钮后启动如图 6-7 所示的 MSC 编辑器窗口，并在“Organizer”窗口的“Other Documents”下生成一个 MSC 图标。可使用 MSC 编辑器窗口工具栏上的返回到“Organizer”窗口。

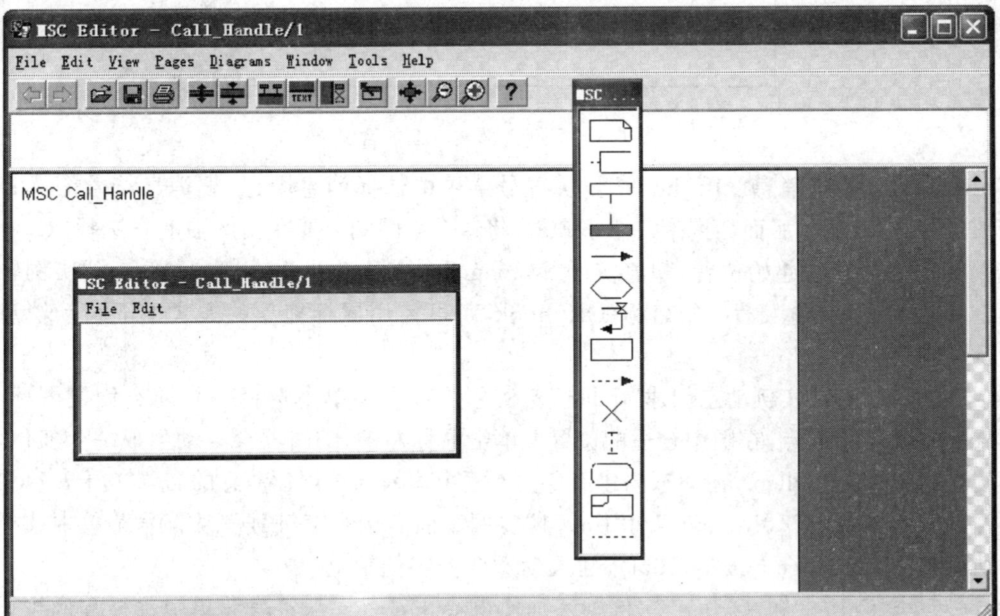

图 6-7　MSC 编辑器窗口

2. 编辑 MSC 图

MSC 编辑器窗口中的符号菜单和文本编辑框可根据需要随意移动位置，也可通过工具栏上的工具按钮来隐藏或显示文本编辑框，通过工具按钮来隐藏或显示符号菜单。通过文本编辑框可以输入各种文本，符号菜单中的各种符号用于编辑 MSC 图。

MSC 编辑器自带简单的语法检查功能，在 MSC 图中使用红色小短线来提示当前位置有语法错误。如：MSC 图中每个实例都必须有实例名称，当实例名称为空时，实例名称方框中会出现一条红色小短线，表示当前位置有语法错误；用户正确输入实例名称后，红色小短线会消失，表示当前位置的语法错误已经排除。

下面以微型交换机呼叫处理成功情况为例说明如何编辑 MSC 图。

(1) 插入 3 个实例，实例名称分别是“Env_0”，“Manage”和“Env_1”。TAU 工具不支持使用方框符来表示 MSC 的边界，同样也不能使用方框符来表示 MSC 系统的环境，必须使用实例来代替环境，所有和环境交互的消息发送给环境实例，在本例中使用“Env_0”实例代替主叫，“Env_1”实例代替被叫，插入实例的步骤如下：

① 从符号菜单中选中实例头部符号，将实例头部符号拖到画图区域中所需位置，实例头部符号在画图区域放置成功后，MSC 编辑器会自动出现无限长度的实例轴；

② 输入实例的名称，实例头部各种文本框的含义如图 6-8 所示。

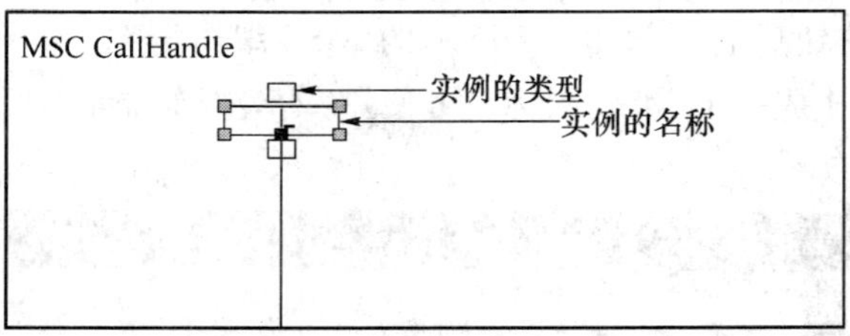

图 6-8 实例头部文本框的含义

(2) 插入摘机消息“Off_hook”。从符号菜单中选择消息图标，把消息符号图标移进画图区域，消息符号后面会携带一个小圆圈，将这个小圆圈放置在实例轴上。选择“Env_0”实例轴作为消息的起始位置，朝着实例“Manage”方向移动箭头，点击“Manage”实例轴来确定消息的终点，输入消息的名称“Off_hook”。可使用鼠标拖动的方式上下移动消息放置的位置。

(3) “Manage”实例动态创建“Caller”实例。从符号菜单中选择一个动态创建图标，以“Manage”实例为起点，在图中合适的位置上单击鼠标左键，编辑器会自动生成一个实例，在实例名称中输入“Caller”，在动态创建消息文本框中输入动态创建消息的名称“Off_hook”。

(4) 给“Env_0”，“Manage”和“Env_1”实例添加实例结束符号。从符号菜单中选择实例结束符号(instance end symbol)，插入到这 3 个实例轴上。

(5) 给“Caller”和“Called”实例轴添加实例终止符号。从符号菜单中选择实例终止符号(instance stop symbol),插入到这两个实例轴上。

(6) 关闭 MSC 编辑器前,使用编辑器推荐的文件名“Call_handle. msc”存盘。

3. 定时器和条件

在 MSC 图中,定时器可用来监视某一个事件(通常为一条等待消息)的到达,而条件用来描述系统的全局状态或局部状态。下面介绍如何在 MSC 编辑器中插入定时器和条件。

(1) 新建一个 MSC 图,另存为“stop_ring”。

(2) 插入 3 个实例,使用“Env_0”表示主叫、“APP_sys”表示系统、“Env_1”表示被叫。

(3) 插入一个条件“when_idle”。从符号菜单中选择条件符号插入到“APP_sys”实例轴上,输入条件的名称“when_idle”。在条件符号上用鼠标右击,从弹出菜单中选择“Connect”命令,弹出如图 6-9 所示对话框。

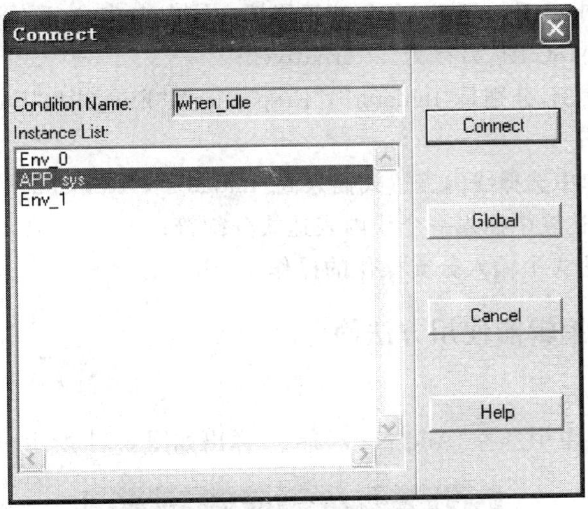

图 6-9　条件连接对话框

(4) 选中条件所涉及的实例,在本例中“when_idle”是一个全局条件,单击“Global”按钮可将 3 个实例全部选中,也可通过鼠标来选择条件所涉及的实例。

(5) 插入一个定时器,定时器超时设为 60 s。从符号菜单中选择一个定时器符号,插入到“APP_sys”实例轴上,在定时器符号文本框中输入“60 s”表示时间间隔。在定时器符号上右击,从弹出菜单中选择“Status”命令,弹出如图 6-10 所示对话框。

图 6-10　定时器状态设置对话框

(6) 在定时器状态设置对话框中选择复位定时器，单击“OK”按钮确定，定时器设置完成。

4. 并发

并发的功能是用来描述在实例轴上发生时间无序的事件。下面介绍如何在 MSC 编辑器中实现并发，具体步骤如下：

(1) 新建一个 MSC 图，另存为“wait_trunk”；

(2) 插入两个实例，分别是“Env_0”和“Caller”，其中“Env_0”表示环境，“Caller”表示主叫；

(3) 从符号菜单中选择并发符号插入到“Caller”实例轴上。

5. 线内表达式

利用线内表达式可以在 MSC 图中构造分支结构、并行结构和循环结构等。下面以一个分支结构为例来说明如何在 MSC 编辑器插入线内表达式，具体步骤如下：

(1) 新建一个 MSC 图，另存为“alternative”；

(2) 插入 4 个实例，分别是“Initiator”，“Responder”，“Env_0”和“Env_1”，其中“Env_0”和“Env_1”都表示环境；

(3) 从符号菜单中选择线内表达式插入到“Initiator”，“Responder”，“Env_0”和“Env_1”实例上，并在线内表达式中插入一个线内表达式分割符；

(4) 在线内表达式中输入分支操作的操作符“alt”。

6.2.3 SDL 编辑器使用方法简介

1. 新建 SDL 系统

(1) 从“Edit”菜单中选择“Add New”命令，弹出如图 6-11 所示对话框。

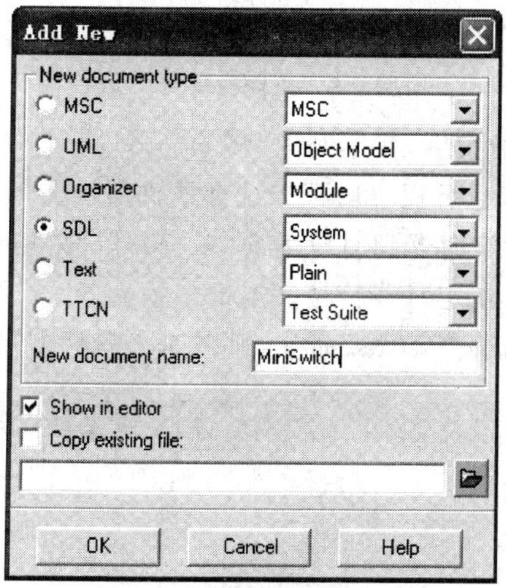

图 6-11 添加系统图对话框

（2）选择文档的类型为“SDL”，从下拉框中选择 SDL 图形的类型为“系统图”，系统的名称为“MiniSwitch”。

（3）单击“OK”按钮后弹出如图 6-12 所示的 SDL 编辑器窗口，右上角的页码“1(1)”表示系统共有 1 页，当前在第 1 页图上进行编辑。

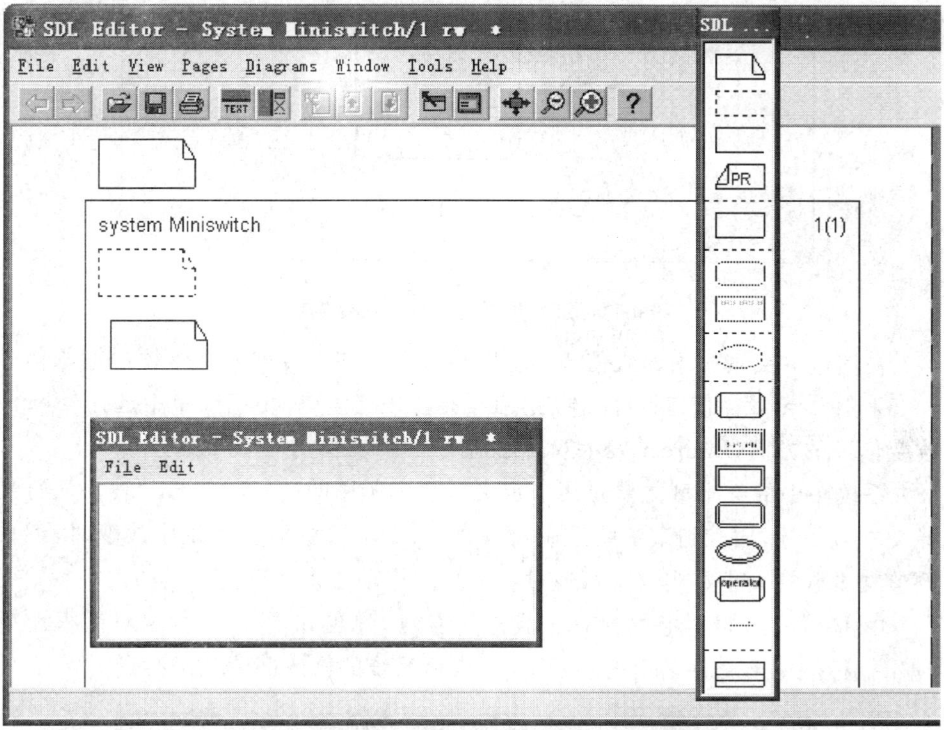

图 6-12　SDL 编辑器窗口

（4）在系统图中插入一个功能块“Call_Handle”。

（5）添加一条从功能块到环境的信道。选中“Call_Handle”功能块图标，在功能块图标下面有一个“handle”，如图 6-13 所示。使用鼠标一直拖动“handle”，鼠标上就会显示一条线，把线拖到系统图边框处终止。

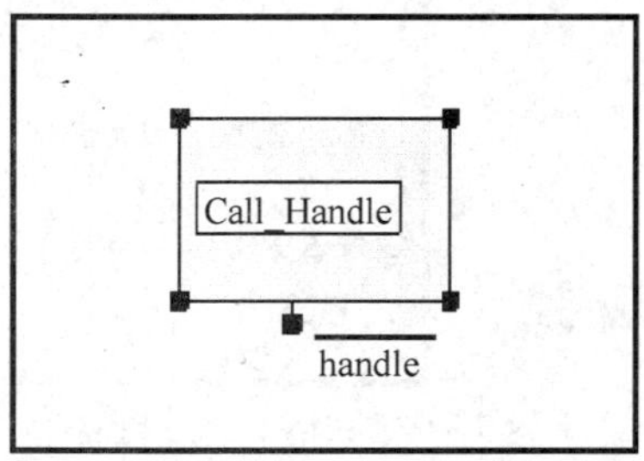

图 6-13　功能块的“Handle”

（6）SDL 编辑器会在信道上创建两个文本框，可在文本框中输入信道的名称和信道所传送的信号。当文本框为空时，系统会用一条红色小短线提示 SDL 语法检查发现此处有语法错误（如图 6-14 所示），原因是信道名和信道所带的信号均为空。

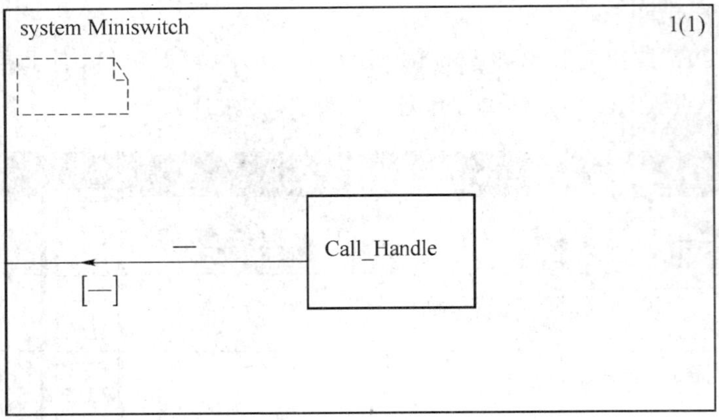

图 6-14　SDL 编辑器中的语法错误提示

(7) 在信道的文本框中输入信道名称“Sys_env”，在信号列表文本框中输入信号列表“to_env1”和“to_env2”。信道设计成功后，在信道上右击，从弹出的菜单中选择“Redirect”命令可改变信道的方向(Bidirect 表示双向信道)。

(8) 系统图中的文本域主要是用来定义系统中所用的信号和信号列表。从符号菜单中选择文本域图标，插入到系统图后输入内容，当文本域中的内容发生改变时，编辑器会自动调整文本域的大小。用户也可通过右下角的拖动线来调整文本域的大小。

(9) 单击 SDL 编辑器上的保存工具进行存盘，弹出如图 6-15 所示对话框。存盘后 SDL 编辑器标题栏上文件名后的星号消失，表示系统的修改部分已经存盘。

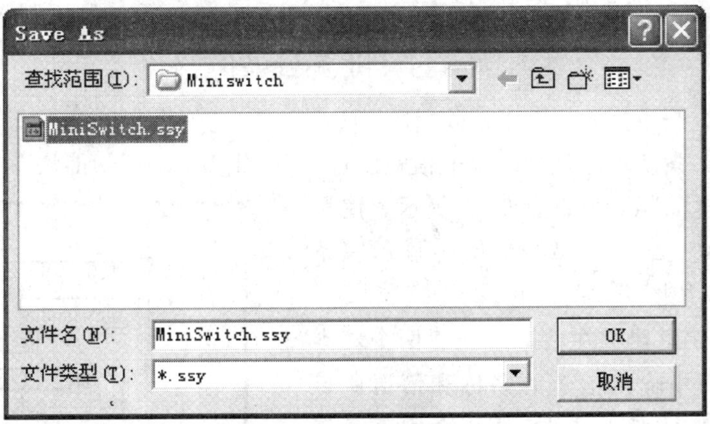

图 6-15　文件保存对话框

2. 系统图其他符号

除 SDL 常用符号外，系统图中还包含其他一些符号，如图 6-16 所示。

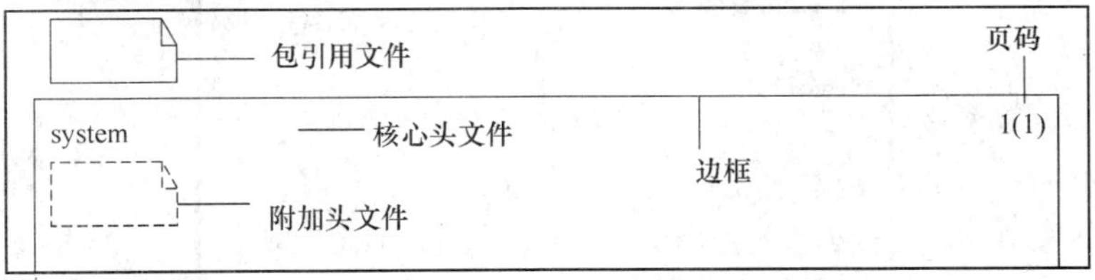

图 6-16　SDL 图中的其他符号

(1) 包引用文件：包引用是用来查阅 SDL 系统所包含的包文件，本例题中没有使用引用包，所以包引用符号是空的。

(2) 核心头文件：核心头文件内容由 SDL 编辑器指定，包含系统的名称和类型。核心头文件是可编辑的，但用户一般不会修改核心头文件。

(3) 附加头文件：附加头文件符号看起来像一个虚线框，同样也是可编辑的，而且可以调整大小，但不能移动，它主要包含继承和定义参数。

(4) 边框：边框包含整个系统中使用的所有图标，用户可以通过拖动边框的右下角来调整边框的大小。

(5) 页码：页码可自动递增，每个页面上都会有总的页面数和当前页码，这些都是不可编辑的。

3. 创建功能块图

(1) 双击"Call_Handle"功能块图标，弹出"Call_Handle"功能块编辑对话框，如图 6-17所示，单击"OK"确定后弹出如图 6-18 所示的"Add Page"对话框，该对话框用来确定功能块图的类型，功能块图可以是子功能块交互图或进程交互图。同时用户还可通过选择"Autonumbered"复选框来确定是否使用系统自动添加页码的功能。

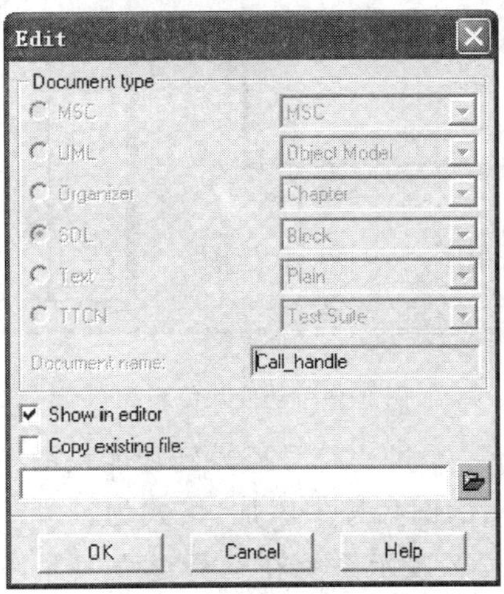

图 6-17　功能块编辑对话框

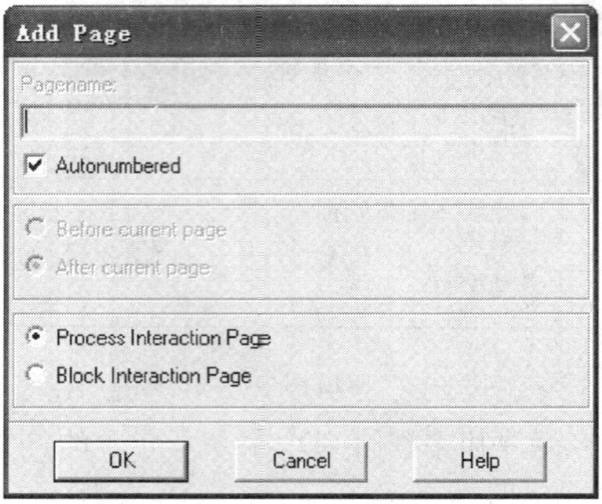

图 6-18 “Add Page”对话框

(2) SDL 编辑器打开一个新创建的功能块图，如图 6-19 所示，功能块图页码为 1，功能块图的窗口和系统图窗口比较相似，但符号菜单中的符号有一些区别。

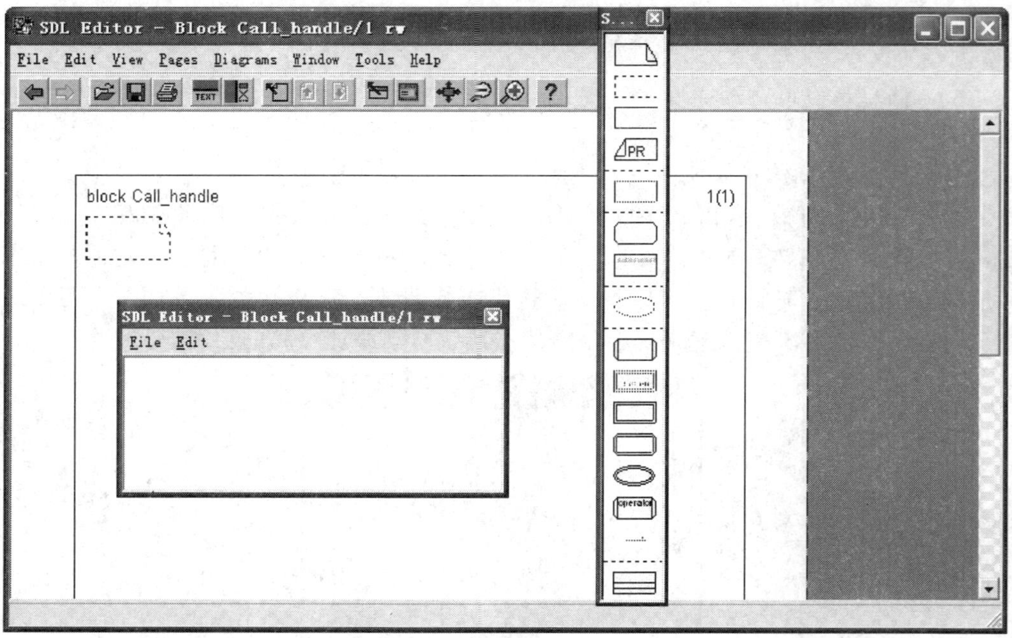

图 6-19 功能块编辑窗口

(3) 从符号菜单中选择一个进程符号插入到功能块图中，进程的名称为“Manage”。进程的实例数在进程名右边的圆括号中添加，格式为：($N1$，$N2$)，其中 $N1$ 表示初始化系统创建该进程的实例数，$N2$ 表示系统在运行过程中允许动态创建该进程的最大实例数。

(4) 添加进程符号成功后，进程符号下面有两个“Handle”，如图 6-20 所示。左边的“Handle”用于绘制信道，右边的“Handle”用于创建请求。

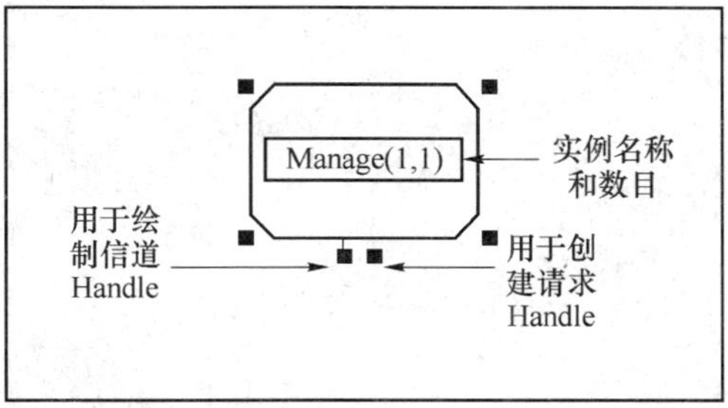

图 6-20　进程图下面的两个“Handle”

(5) 当需要和系统的边框使用信道相连时，可以使用连接点在信道处和父系统图之间进行连接。当用户绘制一个信道到边框时，一个附加的文本框就会在边框的位置处创建。在这个文本框中，系统图的信道名称会显示给用户。

4. 创建进程图

本节中以“Manage”进程为例介绍如何使用 SDL 编辑器来绘制进程图。

(1) 双击“Manage”进程，弹出如图 6-21 所示进程编辑对话框，选择“OK”确定后弹出添加页面对话框以确定添加页面的类型，如图 6-22 所示，进程图的类型选择“Graph Page”，而不是“Service Interaction Page”。

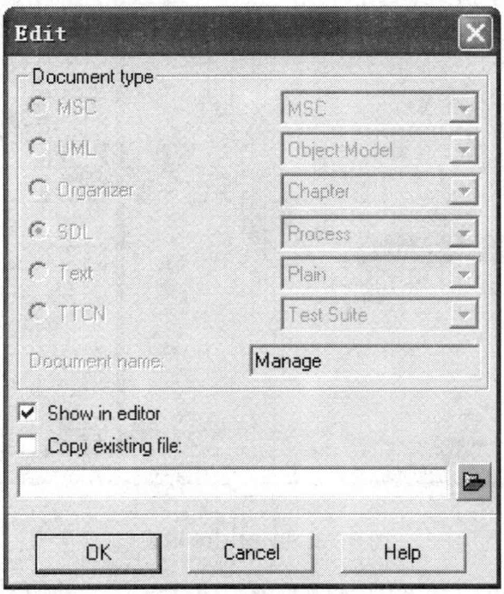

图 6-21　进程编辑对话框

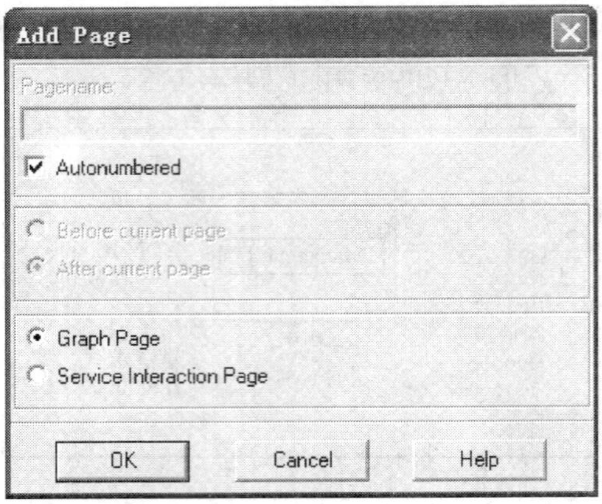

图 6-22　确定添加页面的类型

(2) 确定所添加图形类型后，打开进程图编辑窗口，如图 6-23 所示，进程编辑器中符号菜单中的符号和进程图及功能块图中符号菜单中的符号有较大区别，这些符号都是用来绘制整个进程的流程处理(如状态和输入符号等)。

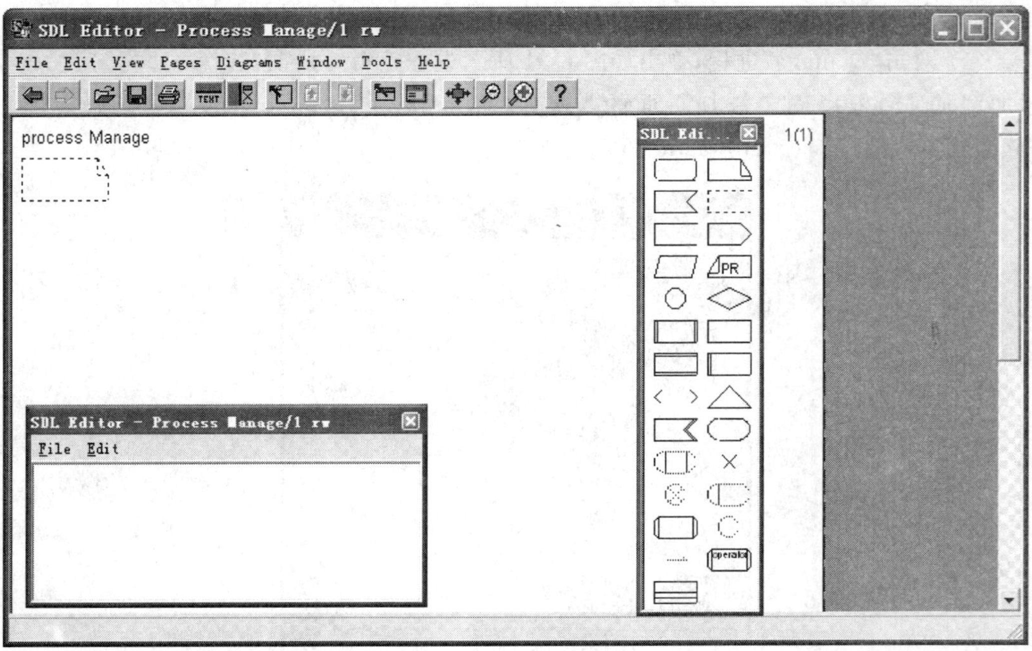

图 6-23　进程图编辑窗口

(3) 插入文本框，并在文本框中输入所需信号，定义各种所需变量。

(4) 插入开始符号、任务符号和 Ready 状态符号。

(5) 在任务框中进行两个初始化操作。

(6) 在 Ready 状态下插入一个输入信号，输入信号的名称为“Off_hook”，并携带参数(lineno)。如需改变输入信号的方向，在输入信号上右击，从弹出菜单中选择“Flip”命令。

(7) 插入一个分支符，在分支符号中输入分支的判断条件。

(8) 当用户作主叫时，插入创建请求，当用户作为被叫时输出信号。

(9) 可以通过 SDL 编辑器“Pages”菜单中的“Add”命令添加页。

(10) 完成其他符号的编辑。

5. 过程调用

SDL 进程图总是希望尽量减少迁移步骤，因此把一些任务操作放在某个过程中来完成，当进程需要完成这些任务操作时，可以通过调用过程的方式来实现。过程是进程的一部分，过程中不存在过程实例，它可以由包含该过程进程集的所有实例来调用。如图6-24 所示为一个扩展的“HelloWorld”应用程序，在这个应用程序中，信号“Hello”输入后，系统调用一个本地过程“Reply”。

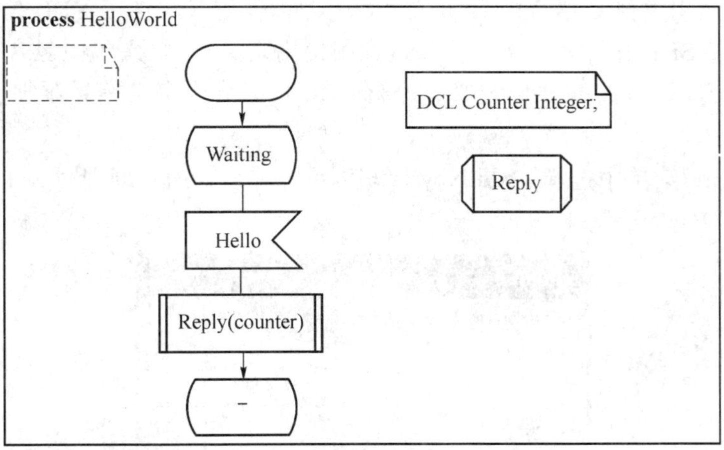

图 6-24　过程调用

过程可以携带不同类型的参数。SDL 编辑器支持的参数可以是 IN 类型或者是 IN/OUT类型，这点和 SDL-2000 版本中协议规定的不同。SDL-2000 中定义了 IN、OUT 和 IN/OUT 3 种类型的参数，但 SDL 编辑器不支持单独的 OUT 类型参数，可以使用 IN/OUT类型来代替。

如图 6-25 所示为图 6-24 中所调用的“Reply”过程，这个过程记录“Hello”输入信号的输入次数，然后以“World”信号输出。这个过程的参数使用 FPAR 关键字表示，所有的参数在附加头文件中描述，并且在 FPAR 之前使用“;”。

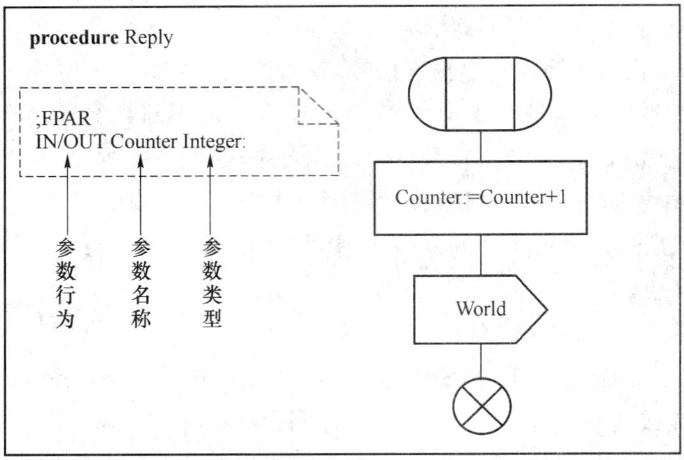

图 6-25 “Reply”过程图

6. 信号列表和包

定义包的作用类似 C 语言中的.h 文件(头文件)。定义包中包含的内容是可重用的,可被多次使用。SDL 允许各层次的图和过程图使用定义包,定义包中包含可以在各层次图中定义的内容,如新数据类型定义、信号定义、数据结构定义等。添加包的操作步骤如下。

(1) 从“Edit”菜单中选择“Add New”命令,系统弹出如图 6-26 所示对话框,对应 SDL 文档类型选择“Package”。

图 6-26 添加一个包

（2）图 6-27 定义了两个信号列表，每个信号列表包含了一个信号，定义的信号都可以在包中引用。本例相对比较简单，包中包含的是信号和信号列表。

（3）信号列表和信号的使用相同，唯一不同的就是信号列表用圆括号括起来，图 6-28 显示如何引用包。

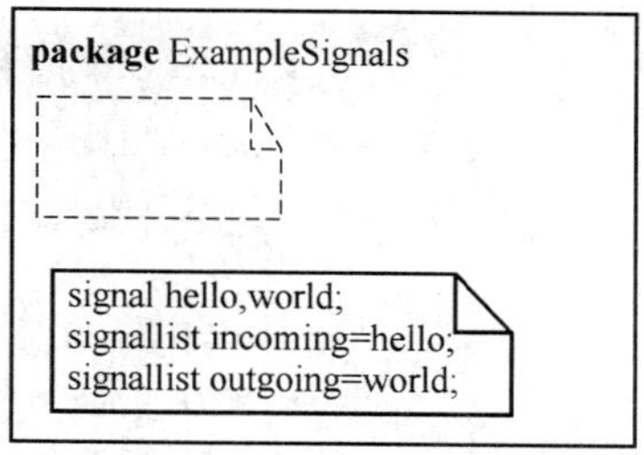

图 6-27 信号列表定义

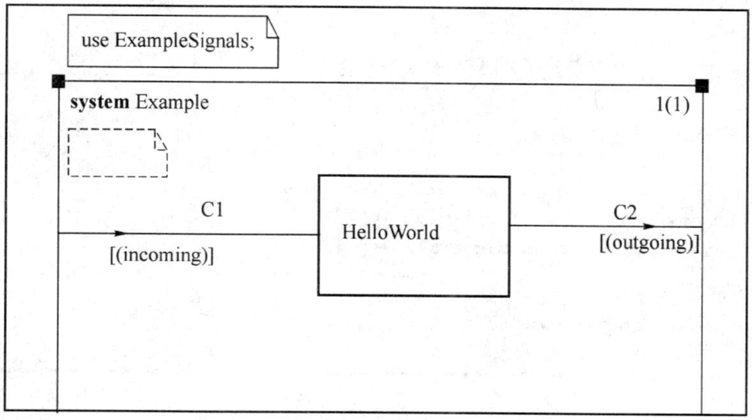

图 6-28 包引用实例

7. 语法检查

当 SDL 的系统图、功能块图或进程图设计完成后，需使用 SDL 语法分析器进行语法检查。语法检查的步骤如下。

（1）选中需要进行检查的图，如“Call_handle”功能块图，从“Organizer”窗口的“Generate”菜单中选择“Analyze”命令。

（2）如修改图后未存盘，工具会提示用户保存修改。

（3）保存后，弹出如图 6-29 所示语法检查对话框。

（4）可以对“error limit”滑动条进行调整，该值表示每次分析结束后，Log 窗口中可报告的错误条数，默认值为 30。

（5）单击“Analyzer”按钮，分析器开始按照选项对话框中规定的选项对输入进行分析。当分析完成后，如果没有发现任何错误和警告，“Organizer”界面的状态栏会提示用户“Analyzer done，No errors and warnings”。

（6）“Organizer”会提供如图 6-30 所示的“Organizer Log”窗口。默认情况下，分析结束后 Log 窗口会自动弹出，各种错误和警告会按照分类的方式显示在窗口上。如 Log 窗口在分析结束后未能弹出，可从“Organizer Tools”菜单中选择“Organizer Log”命令打开 Log 窗口。

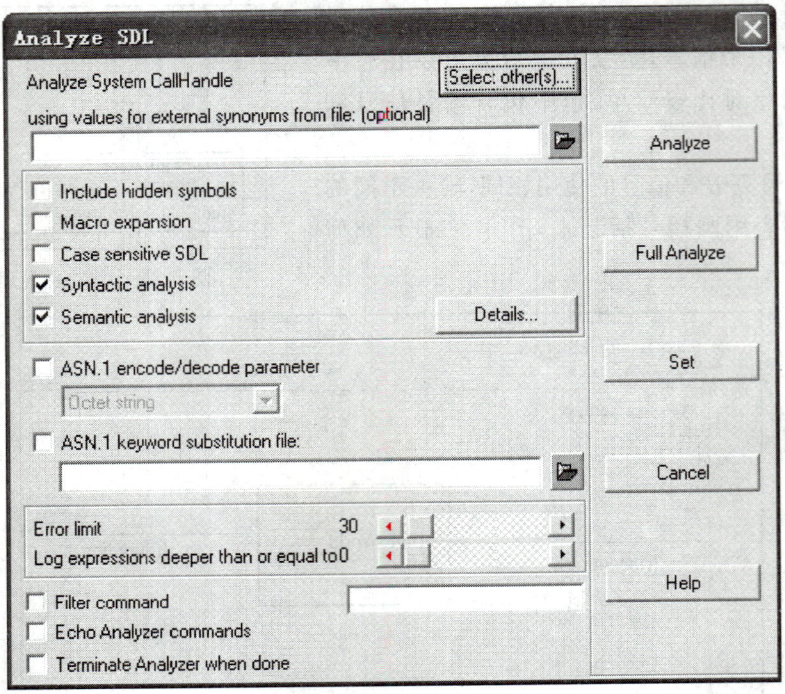

图 6-29 语法分析器的选项对话框

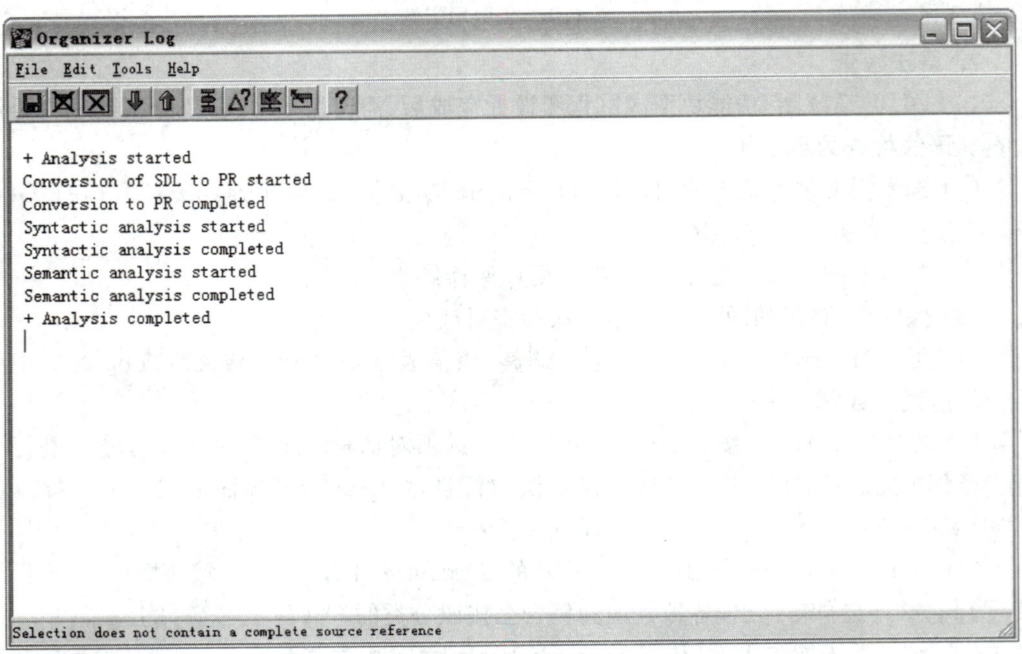

图 6-30 “Organizer Log”窗口

(7) 对某个图(如功能块图和进程图)分析完成以后,需要使用“Full Analyzer”对整个系统进行分析。

8. 查找和排除错误

如 SDL 系统中存在语法错误,系统分析完成后会在 Log 窗口中显示错误信息,信息的格式如图 6-31 所示。

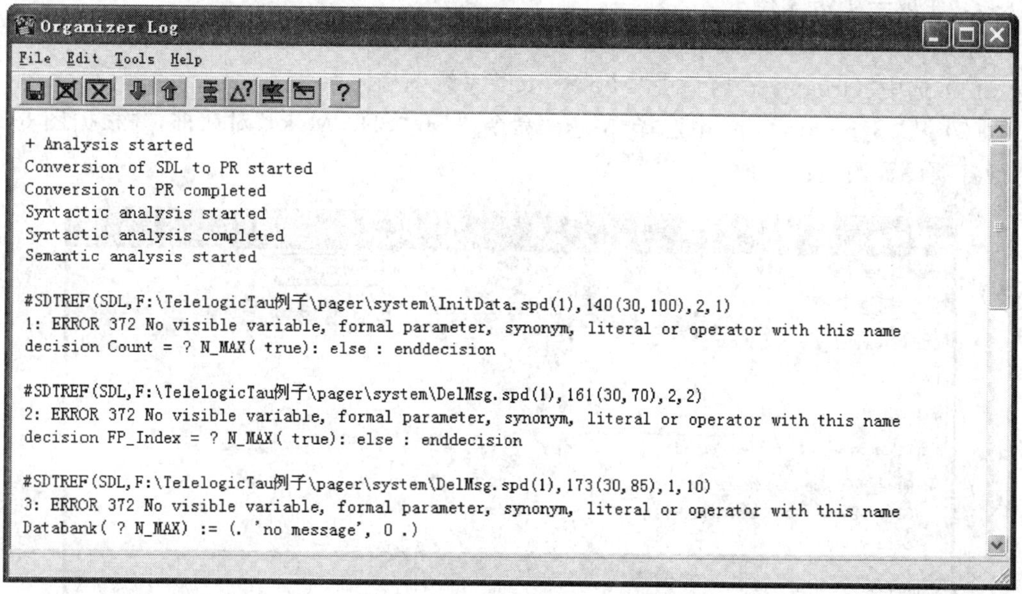

图 6-31　语法分析错误报告

第一部分(# SDTREF…)是一个原图表的参考,主要显示错误出现的文件目录、页码、图标和位置。第二部分(ERROR 372…) 包含了错误代码和一个解释文本,提示用户如何排除错误信息。为更好地显示和定位错误,用户可以使用 Log 窗口提供的各种工具来对错误进行定位,操作步骤如下。

(1) 选中错误文本的消息,从“Tools”菜单中选择“Show Error”命令(也可选择“Show Error”的快捷按钮),就可在 SDL 编辑器中定位错误的位置。

(2) 如不能完全理解错误代码给出的简单解释,可以使用 Log 窗口工具栏上的“Help On Error”快捷按钮,打开帮助文件,显示该错误代码的详细帮助信息。

(3) 修改错误后保存修改,重新使用“Full Analyzer”进行分析,发现错误后再次修改,如此反复,直到系统中不再出现错误为止。

(4) 完成某次分析后,为便于下次分析时更好地查看 Log 窗口中的各种内容,使用“Edit”菜单中的“Clear Log”命令清除 Log 窗口中的所有内容。

6.2.4 Simulator UI

在 Telelogic TAU 中，可以通过使用仿真程序来仿真系统的运行，通过从外界环境输入各种信号得到系统的仿真运行结果。通过 Simulator UI 可视化操作界面，用户可以很方便地控制仿真程序的执行。

1. 生成一个仿真程序

生成仿真程序的步骤如下。

(1) 选中“Organizer”窗口中“MiniSwitch”系统图标。

(2) 从“Generate”菜单中选择“Make”命令，打开“SDL Make”对话框，并根据图 6-32 进行各项设置调整：

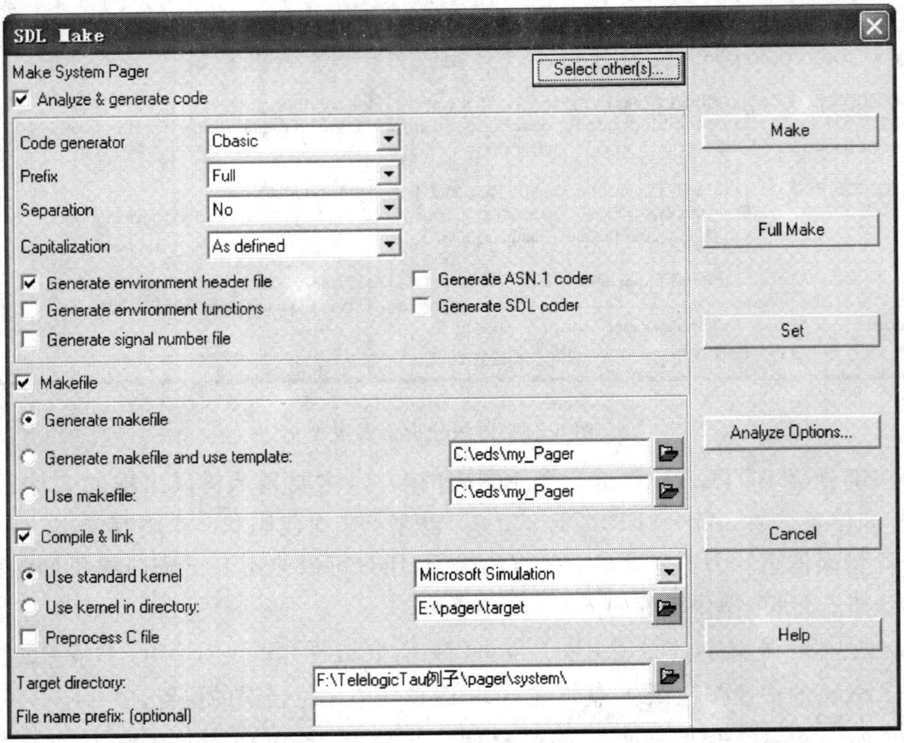

图 6-32 “SDL Make” 对话框

- 选中“Analyze & generate code”；
- 选中“Makefile” 及“Generate makefile”；
- 选择“Compile & link”；
- 选择“Use standard kernel”。

(3) 选项“Use standard kernel”要根据机器上安装的 C 编译器进行选择。如果用户机器上安装的是 Microsoft Visual Studio 6.0,则选择“Microsoft Simulation”;如果用户机器上安装的是 Borland C++,则选择“Borland Simulation”来生成仿真程序。

(4) 单击“Full Make”按钮。

(5) 从“Tools”菜单中选择“Organizer Log”,检查是否有错误发生。如无错误发生,“Organizer Log”状态栏会显示“Analyzer done”;如果出现错误,“Organizer Log”就会在“Make started”和“Make completed”之间显示错误信息。

(6) 使用“Make”命令时比较常见的一个错误是系统所使用的 C 编译器不正确。如果用户发现错误无法排除,尝试更换系统所使用的 C 编译器或者重新安装 C 编译器。

(7) 仿真程序成功生成后产生一个文件名为“SystemName_SMC.exe”的文件,其中“SystemName”是 SDL 的系统名称,如“MiniSwitch_SMC.exe”。

(8) 单击“Tools”|“SDL”|“Simulator UI”命令,启动如图 6-33 所示界面。右边的文本区域提示用户目前没有模拟程序在运行,文本区域显示的内容是监视系统文本化的输入和输出,比如用户输入的各种命令、命令执行的结果和错误信息报告等。

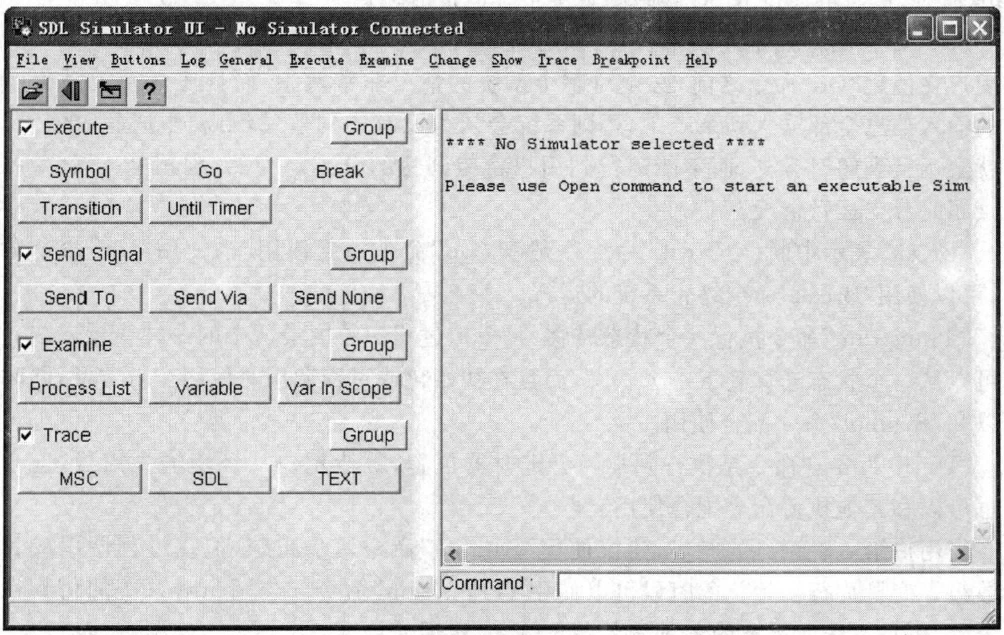

图 6-33　“Simulator UI”界面

(9) 用户使用“Open”快捷按钮打开文件对话框,并选择刚刚生成的仿真程序。

2. “Simulator UI”命令

在“Simulator UI”界面中左边窗口有 4 个域,分别是 Execute,Send Signal,Examine 和 Trace,通过使用这 4 个域中的这些命令,用户可以执行各种操作。

(1) Execute 域

Execute 域中有 5 个按钮，分别是"Symbol"，"Go"，"Break"，"Transition"和"Until Timer"。

"Symbol"表示单步执行。该命令表示每次执行一个 SDL 符号，如一个任务、一个输入，类似 VC 环境中的单步执行。系统刚开始调试时，一般都使用"Symbol"符号进行模拟，通过"Symbol"命令每次执行一个 SDL 符号，配合 SDL 跟踪器就可以详细查看系统的执行情况。

使用"Symbol"命令的优点是模拟跟踪的步骤非常清晰，缺点是模拟跟踪的步骤过多，而且对数组进行初始化过程非常繁琐。如某个数组的长度为 100，如果使用"Symbol"命令，需要执行 100 次才能初始化结束，但数组初始化的整个过程并不能对用户观察这个系统的运行提供帮助，因此在这种情况下"Symbol"命令应当结合"Transition"命令一起使用，通过执行"Transition"命令可一次性完成数组初始化操作。

"Go"表示全部执行。当系统需要接收外界信号输入的情况下，使用"Go"命令一般会运行到超时分支，因为系统未能收到环境的输入。用户可在对整个 SDL 系统非常熟悉后，使用"Go"命令模拟，而且在执行"Go"命令之前，将系统所需的信号全部输入，再执行"Go"命令，最后可通过 MSC 跟踪图观察系统运行情况。

"Go"命令的优点是连续执行，可以通过最终的 MSC 跟踪图得到模拟的结果。缺点是用户在使用"Go"命令之前，必须对整个系统的情况非常熟悉，而且还必须把系统所需要的输入消息全部输入到系统中，否则系统会认为没有收到信号，自动生成超时信息，系统就会运行到超时分支，而不能运行到用户希望到达的分支。当然，利用"Go"命令可以检查超时分支运行情况。

"Break"表示中断。"Break"命令一般和"Go"命令一起使用，当使用"Go"命令运行时，可以使用"Break"命令终止系统的运行。

"Transition"命令执行一个状态转移，是模拟过程中粒度最适中的一种执行方法。每次可以从一个状态迁移到下一个状态，而且在初始化或过程调用时使用非常方便，同时也可以和"Symbol"命令配合使用。

"Until Timer"命令是执行到某一个定时器位置，等待用户从环境输入信号，这个命令也可以和其他执行命令配合使用。

当用户第 1 次调试的时候，建议使用"Symbol"命令单步跟踪，但在过程调用或者是对数组等变量进行初始化的时候可以使用"Transition"命令。当用户对系统的仿真情况熟悉后，可将系统所需要的各种输入消息输入，然后使用"Go"命令。

(2) Send Signal 域

Send Signal 域有 3 个按钮表示 3 种信号发送方式，分别是"Send To"，"Send Via" 和"Send None"。其中的"Send To"是指信号发送给哪个对象，需要输入的参数是对象的名称。"Send Via"是指信号通过哪个信道发送，需要输入的参数为信道名。"Send None"是指自发输入。

(3) Examine 域

Examine 域中的各种命令可以用来查看系统模拟时各种变量的值以及变量值的变化情况。Examine 域中使用最多的是"Variable"和"Var In Scope"命令，其中"Variable"命令可以查看系统级的变量值，"Var In Scope"命令可以查看某个进程、过程中变量的值，类似 C 语言中查看全局变量和局部变量的概念。

(4) Trace 域

Trace 域中有 MSC 跟踪和 SDL 跟踪两个命令，其中 MSC 跟踪是用户在模拟 SDL 系统行为时候生成 MSC 图，通过 MSC 跟踪图跟踪系统模拟的行为和结果。SDL 跟踪在模拟的时候，可以跟踪 SDL 图执行的情况。

3. 保存仿真结果

当用户在仿真之前选择 MSC 跟踪，系统会自动弹出 MSC 编辑器，当系统仿真完成后，系统的仿真结果会出现在 MSC 编辑器中。选择 MSC 编辑器上的"Print"工具，弹出"Print"对话框，在"Destination"的"Format"中选择"One Word DOC File"把仿真结果保存为单个的 Word 文档，如图 6-34 所示，"To file"表示目标文件的文件名。在保存之前，可以对 MSC 图做必要的格式调整。

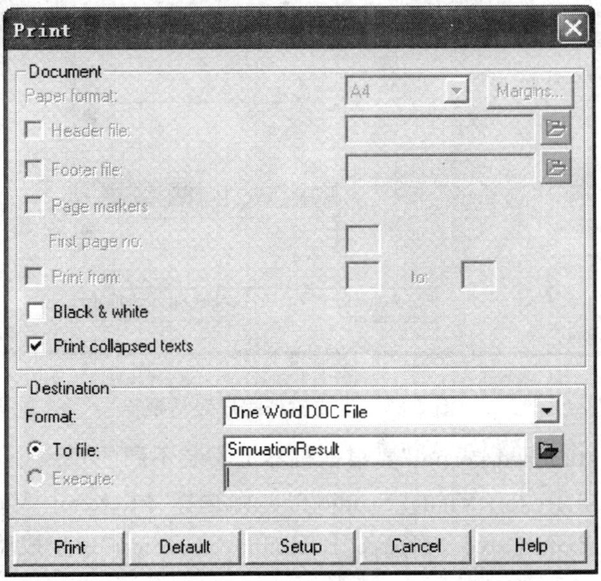

图 6-34　保存仿真结果

6.2.5　Validator UI

SDL 系统设计完成后，使用语法分析器可以分析出大部分静态语法错误。使用 Validator 验证方法可以发现各种运行时的动态错误，如数组设置越界、某个定时器未能复位等。

1. 验证程序的生成和启动

生成验证程序和生成仿真程序的过程相似，操作步骤如下：

(1) 确保“Organizer”中某个系统图的图标被选中；

(2) 从“Generate”菜单中选择“Make”命令，打开“SDL Make”（生成验证程序）对话框，如图 6-35 所示；

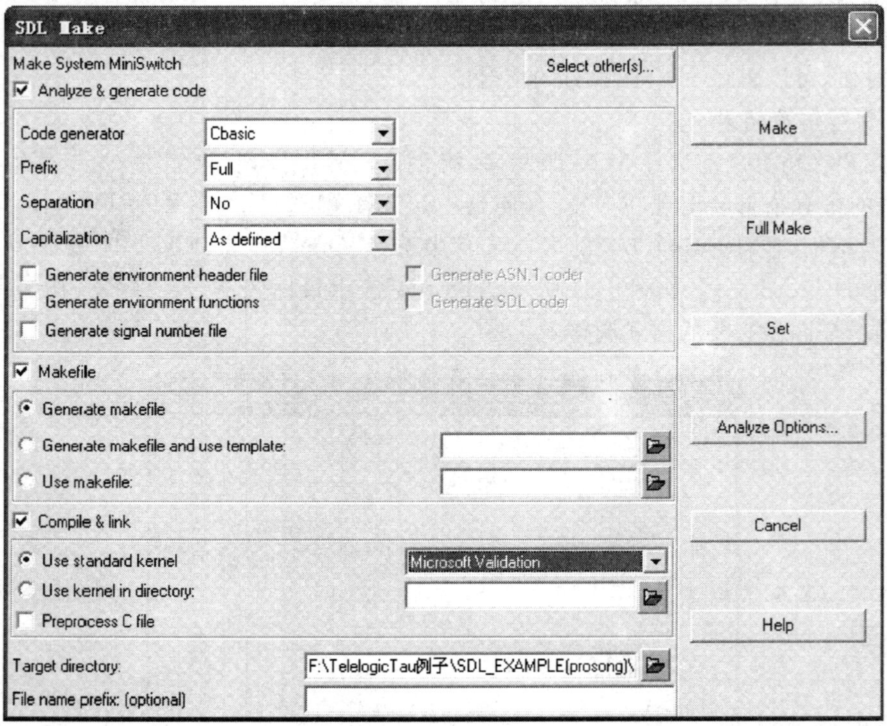

图 6-35　生成验证程序对话框

(3) 选项“Use standard kernel”要根据机器上安装不同的 C 编译器进行选择，如果用户机器上安装的是 Microsoft Visual Studio 6.0，则选择“Microsoft Validation”；如果用户机器上安装的是 Borland C++，则选择“Borland Validation”来生成验证程序；

(4) 单击“Full Make”按钮；

(5) 从“Tools”菜单中选择“Organizer Log”，检查是否有错误，如果在生成可执行程序过程中没有错误发生，“Organizer”的状态栏中会显示“Analyzer done”；如果有错误发生，“Organizer Log”就会在“Make started”和“Make completed”之间显示错误信息；

(6) 验证程序成功生成后产生一个文件名为“SystemName_VLC.exe”的文件，其中“SystemName”是 SDL 的系统名称，如“MiniSwitch_VLC.exe”；

(7) 单击“Tools”|“SDL”|“Validator UI”命令来启动如图 6-36 所示的图形化验证界

面，“Organizer”会在状态栏中显示“Validator UI”启动；

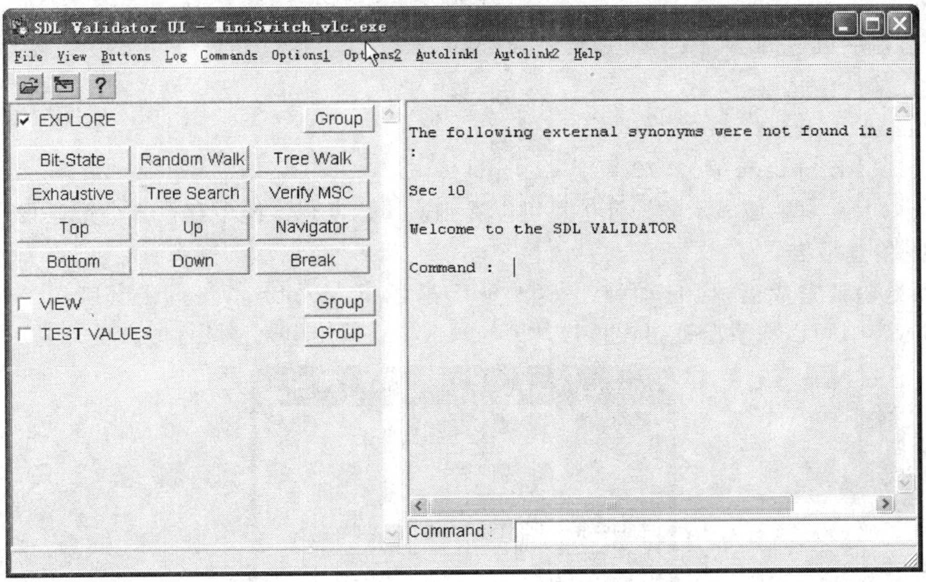

图 6-36　Validator UI 界面

(8) 用户使用“Open”快捷按钮打开文件对话框，并选择刚刚生成的验证可执行程序。

2. 执行一个 Bit-State 遍历

当用户使用 Validator 来验证某个 SDL 系统时，整个 SDL 系统会被一种称为行为树(behavior tree)的结构来代替。在行为树中，一个节点代表整个 SDL 系统中的某个状态，所有状态的集合称为状态空间(state space)。

用户可以在系统生成的行为树中移动，这种动作称为 SDL 系统状态空间遍历，状态空间遍历可以使用各种不同的算法来实现。Bit-State 遍历算法可用来有效地验证大型系统，在遍历的过程中，使用哈希表数据结构来表示整个系统的状态。自动状态空间遍历经常是从当前的状态开始，既然用户需要遍历整个系统，用户必须选中“Organizer”中的系统图标，通过单击“Bit-State”按钮开始执行状态空间遍历，遍历完成后，系统会弹出一个“Report Viewer”窗口。状态空间的遍历完成后会在“Validator UI”文本区域中会显示相关统计信息，如下面的例子。

```
* * Bit state exploration statistics * *
No of reports: 6.
Generated states: 105828.
Truncated paths: 6788.
Unique system states: 68248.
Size of hash table: 8000000 (1000000 bytes)
No of bits set in hash table: 135350
```

Collision risk：1 %

Max depth：100

Current depth：－1

Min state size：444

Max state size：660

Symbol coverage ：52.76

从以上文本区域显示的统计信息可以看到遍历后发现系统中存在 6 个错误报告。

3. 检查报告

系统验证完成后，会自动弹出如图 6-37 所示的“Report Viewer”窗口，从“Report Viewer”窗口可以查看验证错误报告，“Report Viewer”使用树型结构的方框来显示报告。

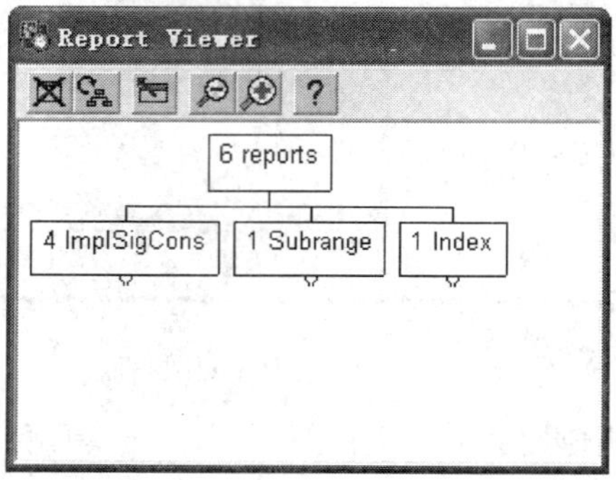

图 6-37 “Report Viewer”窗口

在“Report Viewer”中，顶部方框显示系统验证发现了多少个错误。在报告树的第 2 层，每种类型的错误都用一个方框表示，方框中标明该种类型错误的数目，第 3 层才能看到实际的错误报告。通常情况下树的各层都是折叠的，用户可以通过每个方框下面的小三角来展开。各种错误展开后如图 6-38 所示。

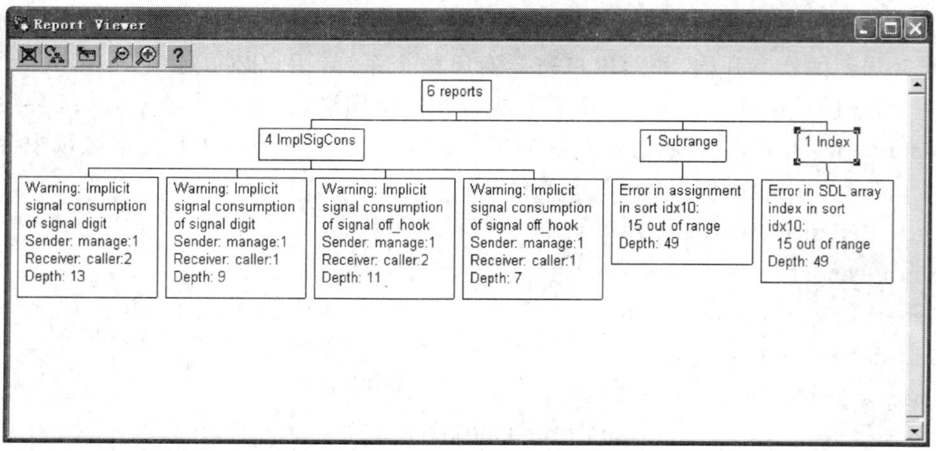

图 6-38 错误报告

双击“Report Viewer”中的某个错误报告，系统会自动打开一个 MSC 编辑器，显示目前状态的 MSC 跟踪，本例中的错误主要是数组越界和参数类型定义。在 SDL 编辑器中对错误进行修改，修改后再次生成验证程序，使用“Validator UI”进行验证，如此反复直到排除系统中的动态错误为止。

4. 其他遍历方法

- Random Walk 遍历

Random Walk 从当前的状态开始执行自动状态空间遍历。Random Walk 遍历的思想是当某个系统的状态空间有多个分支时，该算法可随机选取某个分支运行。在遍历开始之前，可以设置系统的搜索深度和重复次数。当系统搜索完成或单击“Break”键时，系统的遍历结束，系统会回到遍历开始之前的状态。当遍历结束或者中断时，系统的“Report Viewer”会显示统计信息。

- Tree-Walk 遍历

Tree-Walk 也是从当前的状态开始执行自动状态空间遍历。Tree-Walk 和 Random Walk 不同，Tree-Walk 是基于一种确定的算法来执行遍历，对可达图中各种不同的状态可以执行一系列不断加深的树型搜索，它结合了深度优先和宽度优先搜索策略的优点——能够访问位于可达图某个深度的状态，同时也可以找到一条到达某个状态的最短路径。Tree-Walk 受启发式符号覆盖率的指引，因此，它特别适合自动软件测试用例生成。

Tree-Walk 遍历开始前，需要输入两个参数：一个是遍历的时间，另一个是遍历的覆盖率。如遍历的时间超时或遍历的覆盖率超过设定的目标，系统遍历会终止。用户单击“Break”键也会终止遍历。

- Tree-Search 遍历

Tree-Search 从当前的系统状态开始执行自动状态空间遍历。Tree-Search 遍历算法会遍历系统中所有可能的组合，这种搜索方法同手工搜索方式得到的生成树相同。Tree-Search 遍历通过“Define-Tree-Search-Depth”命令来设置搜索深度，默认值是 100。当遍历的搜索深度达到系统设置的上限时，遍历终止。用户也可单击“Break”键终止遍历。

- Exhaustive 遍历

Exhaustive 从当前的系统状态开始执行自动状态空间遍历，整个系统的状态空间都会存储在内存中，这种遍历算法仅仅适用于状态空间比较小的 SDL 系统。当遍历的搜索深度达到系统上限或用户单击“Break”键时，遍历结束。Exhaustive 遍历的最大深度可以通过“Define-Exhaustive-Depth”命令来设置。Exhaustive 搜索算法与 Bit-State 算法两者生成的信息报告相同。

- Verify-MSC 遍历

Verify-MSC 遍历算法是对 MSC 图进行验证，通过这种遍历来验证 SDL 系统中是否有可执行的路径来满足 MSC 图。

Verify-MSC 以载入的 MSC 图作为参数从当前的状态空间开始进行一个自动的状态空间遍历，Verify-MSC 算法同 Bit-State 算法非常相似。载入的 MSC 图可以是基本 MSC 文件(.msc)、文本 MSC 文件(.mpr)和高级 MSC 文件(.mrm)。

当遍历结束时，系统显示同 Bit-State 遍历算法一样的信息报告，同时还会显示该 SDL 系统中是否有可执行的路径来满足载入的 MSC 图。

思 考 题

1. 在 TAU 工具中如何设置用户的工作目录?
2. MSC 图中条件符(condition)如何涉及多个实例?
3. 如何把仿真的结果保存为 Word 文档?
4. Make 时如何选择 Standard Kernel?
5. Simulator 过程中如何查看进程中的变量值?
6. 如何改变进程图中输入输出符号的方向?
7. Telelogic TAU 工具中如何表示 MSC 图的边框?

本章参考文献

[1] 赵会群. 通信软件测试技术基础. 北京：人民邮电出版社，2004.

[2] 李小文，等. TD-SCDMA 第三代移动通信系统、信令及实现. 北京：人民邮电出版社，2003.

第 7 章　电信软件设计举例

通过前 6 章的学习，读者基本上就可以运用 MSC 和 SDL 来分析和设计通信软件系统了。第 4 章中以设计一个微型电话交换机软件系统为例，介绍了如何运用 MSC 来进行通信软件系统的需求分析，本章主要讨论如何运用 SDL 来设计通信软件系统。

本章以 4.6 节内容为基础，硬件结构采用图 4-28 给出的示意图。系统工作原理、信号定义、需求分析、软件分层、层间消息交互等基本不变，只是在设计软件系统时，把用户数放大到 128，号码编号也改为 3 000～3 128，也是电话号码与逻辑设备号一一对应。另外，本章还将讨论呼叫转移的实现。

7.1　包定义

微型交换机软件系统需要定义的信号、数据类型等不算多，可以不用包定义，但本章目的是用例说明 SDL 的应用，所以还是把系统图中需要定义的信号等放到包中。由于最大用户数为 128，需要定义一个取值范围限定在 0～127 的整数类型。拨号号码的有效数字包括 0～9，11（代表"＊"）和 12（代表"#"），需要定义一个新的数据类型来存储拨号号码。此外，软件系统中需要的定时时长一般以秒为单位，所以需要定义一个代表"秒"的同义词，由外部来确定其值。包的定义如图 7-1 所示。

图 7-1 所示包中定义了 3 个信号列表，"from_env"代表从接口层到应用层的所有信号，"to_env1"代表针对主叫用户的信号，"to_env2"代表仅用于被叫用户的信号。

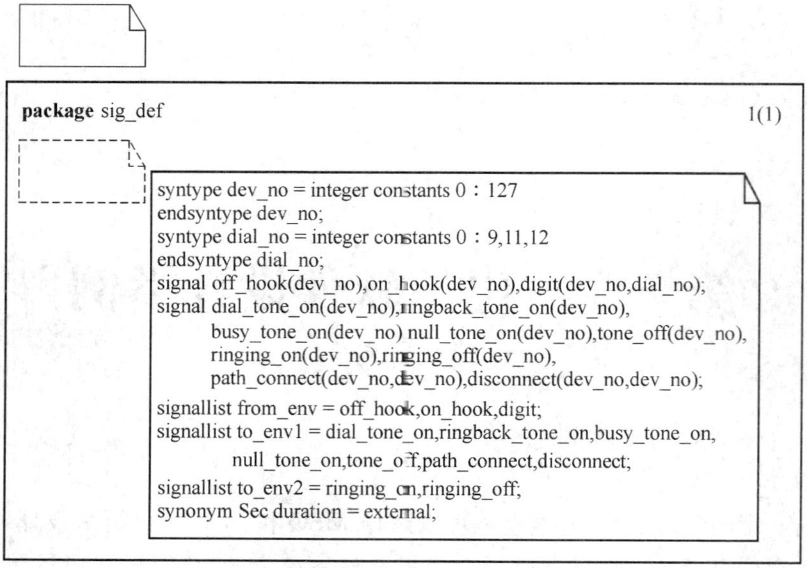

图 7-1　包的定义内容

7.2　系统图设计

本系统只考虑应用层的软件设计。

本交换机功能比较简单，可以只用一个功能块来实现应用层的功能。把接口层视为SDL 系统的环境，这样，交换机的应用层被设计成一个 SDL 系统，该系统只包含一个功能块。应用层与接口层的接口关系已经明确，所以很容易就得到了应用层的系统图，如图 7-2 所示。

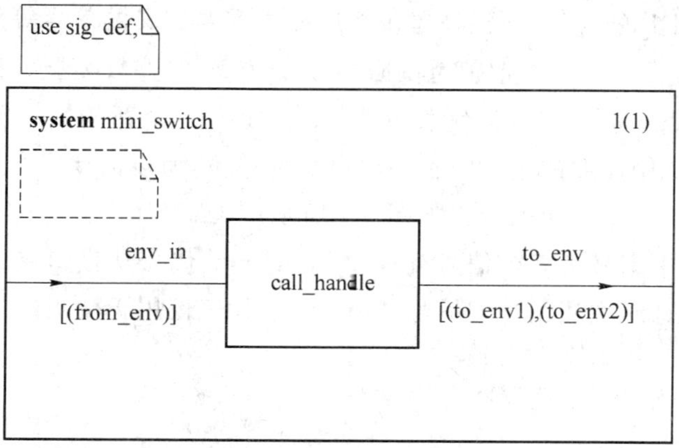

图 7-2　软件系统图

由于引用了包，SDL 系统图显得很简捷。系统由一个功能块组成，取名“call_handle”。系统定义了两条信道：一条从环境到系统，传递信号列表“from_env”中的信号；一条从系统到环境，传递信号列表“to_env1”和“to_env2”中的信号。

7.3　功能块设计

7.3.1　设计思路

首先，考虑到本功能块比较简单，不需要再划分成子功能块了，直接定义进程集以及进程间的信号交互关系。那么，应该设计多少个进程集才能实现系统功能呢？

在分层结构中，一般在每一层都会设计一个接口，用来接收下层发来的信息，然后分发给不同的进程（或任务）来处理，所以，作为应用层软件，至少需要设计一个进程来负责接收接口层的消息，并负责消息的分发。这样的进程只能有一个进程实例，否则接口层不知道该把消息发到哪个进程实例。

在交换机中，有一些数据是公用的，需要有进程来管理这些数据，由于数据是唯一的，管理进程也最好是唯一的。

综合上述两点，可以在功能块中设计一个管理进程（集），负责管理交换机中的数据，同时负责接收来自环境（接口层）的信号，并分发给对应的进程实例来处理。这个进程应该是静态创建的，只允许有一个进程实例。

一次呼叫涉及两个实体：一个主叫，一个被叫。针对呼叫处理的特点，可以设计一个进程来处理整个呼叫过程，也可以设计两个进程，分别处理主叫和被叫在呼叫过程中的事务。前一种方案处理相对复杂一些，但主叫与被叫之间不需要交换信息，直接在进程中处理了。后一种方案处理起来相对简单一些，但主叫与被叫之间需要通信，交换信息，增加了通信开销。考虑到便于读者理解，结合面向对象概念，本例设计两个进程：一个主叫进程，负责处理主叫用户在呼叫处理中的所有事务；一个被叫进程，负责处理被叫用户在呼叫处理中的所有事务。

7.3.2　功能块图

根据 7.3.1 节中的设计思路，可以得到如图 7-3 所示的功能块图。

功能块内增加了以下信号：

- 占用请求 sizure_req(dev_no)，参数为被叫用户线号；由主叫进程发给管理进程；
- 占用指示 sizure_ind(pid)，参数为主叫进程实例的 pid；由管理进程发给被叫进程；
- 占用拒绝 reject，无参数；由管理进程发给主叫进程（当被叫忙时）；
- 占用证实 sizure_conf，无参数；由被叫进程发给主叫进程；
- 被叫应答 answer，无参数；由被叫进程发给主叫进程；

• 释放 release，无参数；由主叫进程发给被叫进程或由被叫进程发给主叫进程。

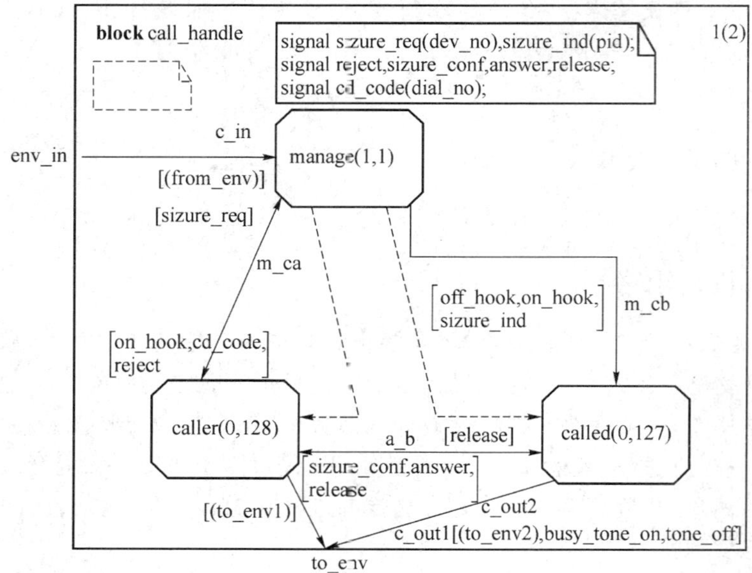

图 7-3　功能块图

进程集"manage"最多只有一个进程实例，由静态创建。进程集"caller"称为主叫进程，为主叫用户服务。本交换机最多有 128 个用户，在极端情况下，128 个用户可能同时做主叫，因此允许主叫进程的最大实例数是 128。主叫进程全部是动态创建，每次用户发起呼叫，就由管理进程创建一个主叫进程实例来为其服务，用户挂机后进程终止。进程集"called"称为被叫进程，为被叫用户服务。考虑一般情况，最多有一半用户做被叫，因为每个被叫需要有一个主叫与之对应。被叫进程也是动态创建，被叫久不摘机或通话结束被叫挂机，被叫进程才终止。按照一般考虑，被叫进程的最大实例数可以定为 64。但考虑这样一个特殊情况，有两个被叫用户在通话结束后挂机没有挂好，相应的被叫进程保持活跃，没有终止。这时，如果 126 个用户正好一对一呼叫，前 62 对用户的呼叫都可以正常建立连接。当第 63 个主叫呼叫第 63 个被叫时，由于同时活跃的被叫进程实例数已经达到 64，第 63 个被叫进程实例的创建将会失败。显然，把被叫进程集的最大实例数定为 64 是危险的。同样，定为 65、66、67 等也是存在问题的，考虑极端情况，把被叫进程集的最大实例数定为 127，这样就不会有问题了。创建进程实例时就不需要考虑创建失败的情况了。但定为 128 则是没有必要的，毕竟不可能出现第 128 个被叫进程实例的需求，因为没有主叫进程就不会申请创建被叫进程实例。

交换机中的数据，包括用户状态信息、用户号码与设备号的对应关系等都存放在管理进程中，而主叫进程可能需要访问这些数据，因此，需要定义几个远端过程，管理进程作为"服务器"进程，而主叫进程作为"客户端"进程，这两个进程的共同上级就是本功能块。所以，在本功能块图中还定义了 3 个远端过程，如图 7-4 所示，图中，"dgt_ana"用来实现号码分析功能，确定每次呼叫的性质。在实际交换机中，号码分析还是比较复杂的，一般需要设计一些分析表格，所以需要放在管理进程这样的进程中。本例中的号码分析比较简单，完全可以把号码分析过程定义在主叫进程中，这里主要是为了与正常设计保持一致，还是把它定义成远端过程。"numtodev"用来实现地址翻译功能，在本例中，地址翻译也是很简单的，同样是为了与正常设计保持一致。"set_idle"用来改变用户状态，将用户状态置闲，这是主叫进程和被叫进程都要调用的远端过程，在进程终止前调用。

在图 7-4 中，根据远端过程定义的需要，定义了必要的新的数据类型。其中，用来记录号码分析结果的数据类型采用了字面量类型，号码分析结果在本例中只有 4 种可能：正常呼叫，用字面量"NORMAL_C"表示；设置新业务（以"＊"开始），用字面量"SET_NEW_S"表示；取消新业务（以"#"开始），用字面量"RESET_S"表示；错号（其他情况），用字面量"WRONG_NO"表示。图 7-4 中还定义了一个只有 4 个元素的数组，元素类型是拨号号码类型，用来存放用户所拨号码。用户状态用字符型"character"来定义，只取两个值：空闲和忙，用同义词来代表，所以在图 7-4 中定义了两个同义词："S_IDLE"代表"空闲"，"S_BUSY"代表"忙"。

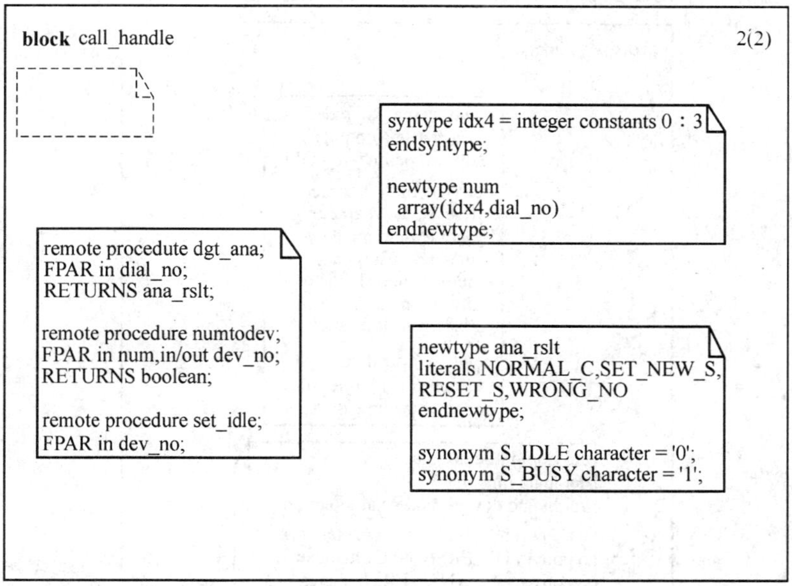

图 7-4　远端过程定义

7.4 进程设计

7.4.1 管理进程设计

管理进程完成以下功能：

- 收到摘机(off_hook)信号，判断用户是否空闲，是则创建主叫进程；否则向被叫进程转发摘机信号；
- 收到主叫进程发出的占用请求信号(seizure_req)，判断被叫用户是否空闲，是则创建被叫进程，向被叫进程转发占用指示；否则向主叫进程回占用拒绝(reject)；
- 收到挂机(on_hook)和拨号号码(digit)信号，向主叫/被叫进程转发。

为了能够正确地向主叫/被叫进程转发消息，管理进程需要维护用户线号与主叫/被叫进程 pid 的对应关系，用数组 line_to_pid 来存放这种对应关系，数组下标为用户线号(取值 0～127)，数组元素为用户对应进程实例的 pid(主叫或被叫)。用户空闲时，对应"pid＝NULL"；管理进程创建主叫进程或被叫进程后，将被创建进程的 pid 保存到数组中。

管理进程图将分成多页设计。如图 7-5 所示管理进程变量声明页定义了管理进程需要

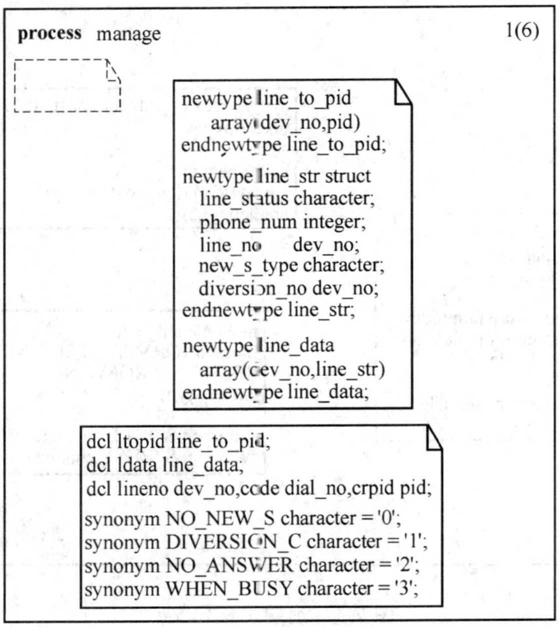

图 7-5 管理进程变量声明页

的两个数组类型，数组变量 ltopid 用来记录用户线对应的进程实例 pid 的情况；数组变量 ldata 用来记录用户信息，包括用户线状态、对应电话号码、用户线逻辑设备号、新业务设置情况等；变量 lineno 用来接收信号中的用户线号；变量 code 用来接收信号中的拨号号码；变量 crpid 用来记录主叫进程的 pid。

进程开始，先调用初始化过程，然后进入“准备好”(ready)状态，如图 7-6 所示。管理进程中定义了 4 个过程，其中的 3 个远端过程用“exported”标识。过程“init”是管理进程的初始化过程，负责初始化两个数组，如图 7-7 所示。

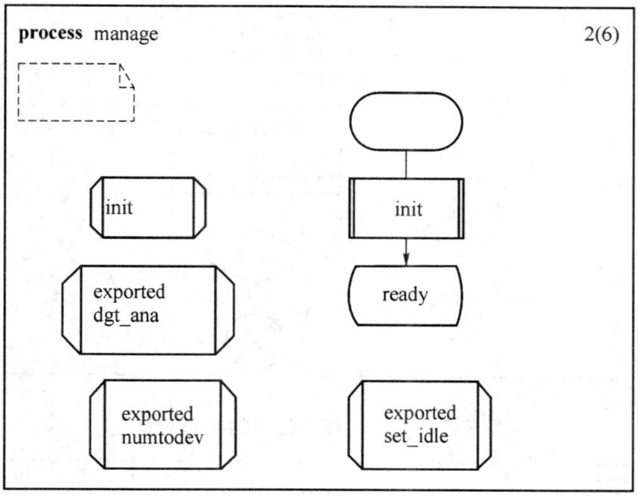

图 7-6　管理进程起始域

本进程不需要利用远端过程调用来激活，也不存在不能执行远端过程的情况，所以，远端过程的执行全采用隐含执行方式，即 3 个远端过程的调用都不会出现在输入符和保存符中。

从图 7-7 中可以看出，SDL 语言可以像其他算法描述语言一样，用来描述处理流程和各种算法。

图 7-8 给出了管理进程对摘机信号的处理流程。管理进程收到摘机信号，分两种情况来处理，作为主叫呼出，用户线状态应该是空闲，这时需要创建主叫进程，记录下主叫进程实例的 pid，用户状态置忙；由于主叫进程带有一个参数：用户设备号，创建主叫进程时就需要带上用户设备号。如果用户状态是忙，可以认为本次摘机是被叫应答，这时可以从 pid 对应表得到被叫进程实例的 pid，将摘机信号转发给该实例即可。从安全角度考虑，为了防止把信号发到一个不存在的进程实例，在转发信号前，加上对用户是否存在对应进程实例的判断，如果不存在，信号丢弃，存在就转发。摘机信号处理结束，状态机仍然回到原状态，即状态不变，图中用“－”表示。

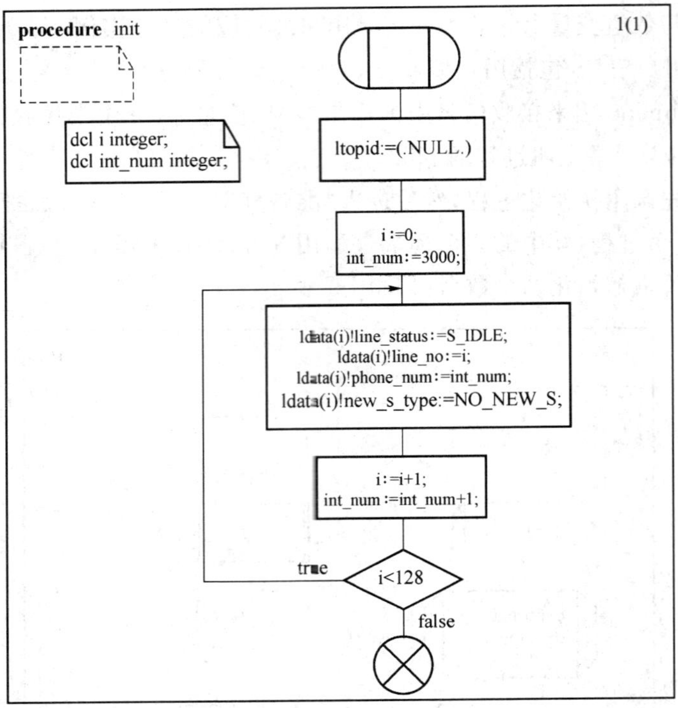

图 7-7　管理进程中的初始化过程图

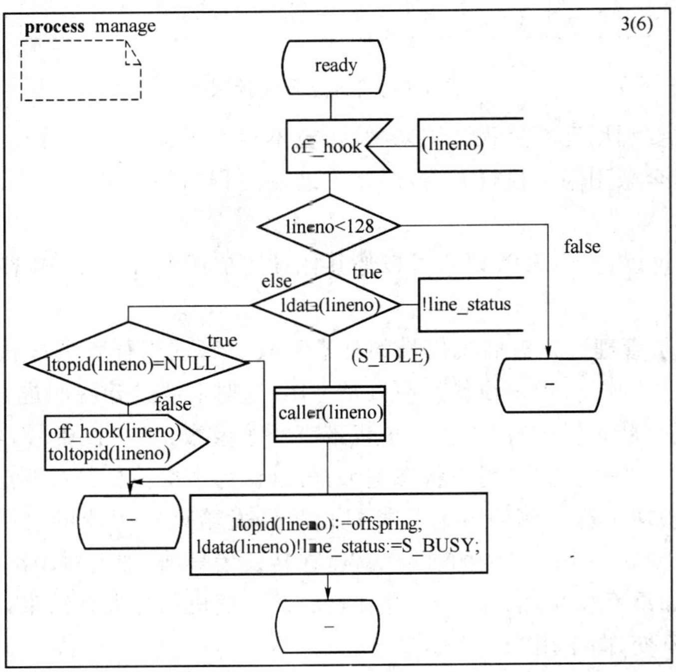

图 7-8　管理进程对摘机信号的处理

图 7-9 给出了管理进程对占用请求信号的处理流程。当管理进程收到占用请求信号时,先判断用户线状态,如果用户空闲,则创建被叫进程,向被叫进程实例发占用指示消息,记录下被叫进程实例的 pid 并将用户状态置忙;如果用户忙,则向主叫进程回送占用拒绝信号。用户设备号也作为参数,在创建被叫进程时传递给被叫进程。同样,占用请求信号处理完后不改变状态机的状态。

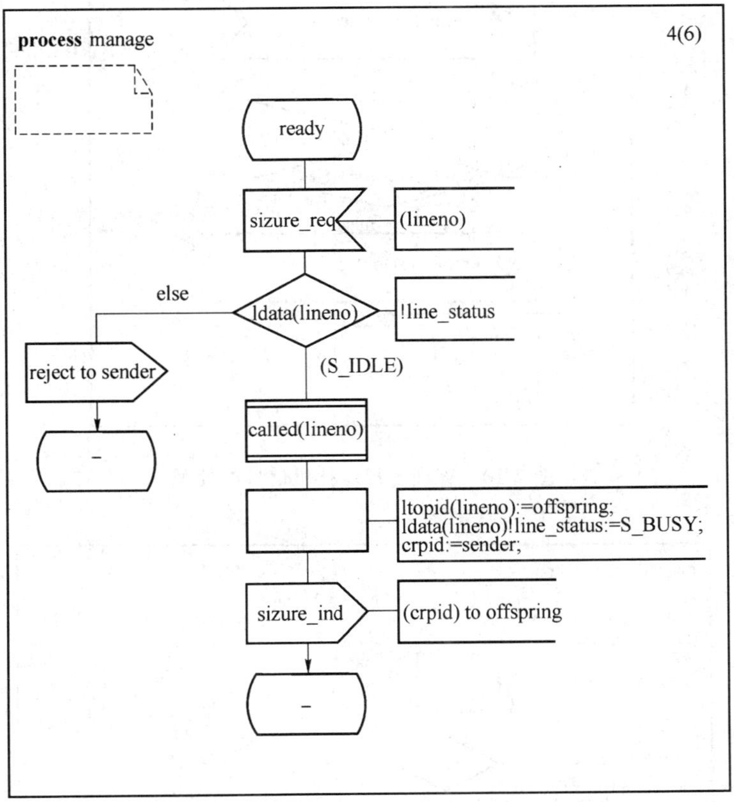

图 7-9　管理进程对占用请求信号的处理

管理进程收到挂机或拨号号码信号时,从对应表中取用户线对应的 pid,如果 pid 不为空,就将信号转发给对应的进程实例,否则消息被丢弃。为了安全起见,对用户设备号做越界判断。图 7-10 给出了管理进程对挂机信号的处理流程,管理进程对拨号号码信号的处理流程与之完全相同,只是转发的信号不同,对应的图就省略了。

管理进程只有一个状态,不需要利用远端过程调用来激活,也不存在不能执行远端过程的情况,所以,远端过程的执行全部采用隐含执行方式,即 3 个远端过程的调用都不会出现在输入符和保存符中。

在本例中,号码分析过程非常简单,只是根据第 1 位拨号号码就能确定本次呼叫的性质:“3”对应正常呼叫,“11”对应设置新业务,“12”对应取消新业务,其他号码均视为空号。对应的号码分析过程图如图 7-11 所示。

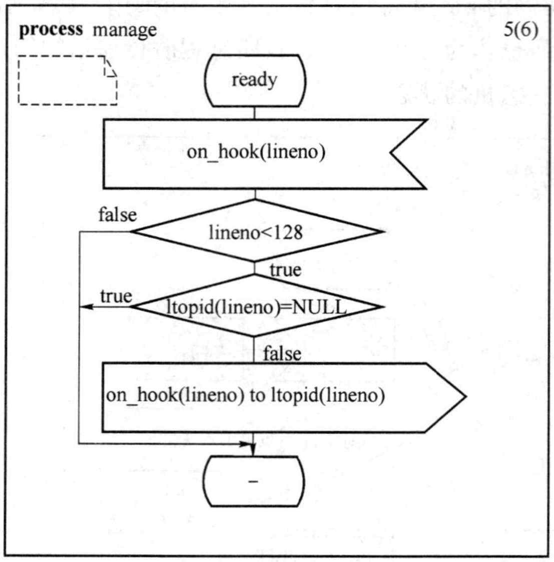

图 7-10 管理进程对挂机信号的处理

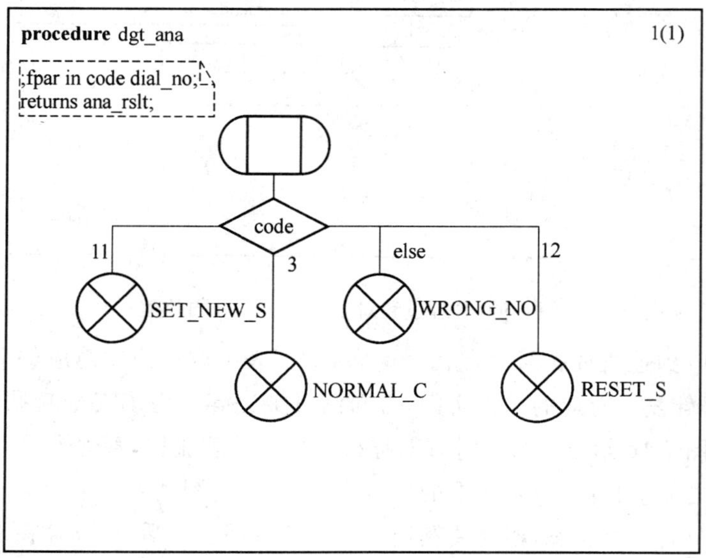

图 7-11 号码分析过程图

本例中的地址翻译也很简单，用户数只有 128，而且号码与用户设备号的对应关系又是固定的，所以就不需要用查表的方式，直接用计算的方法就可以得到号码对应的用户设备号。地址翻译处理流程如图 7-12 所示。地址翻译过程使用了输入输出型参数“cd_dev”，用来输出号码对应的用户设备号。为什么没有直接把对应设备号作为过程返回值呢？这是因为“cd_dev”的取值范围是有效的设备号范围，如果主叫拨的号码是空号，用“cd_dev”就无法表示了，因此，增加一个返回值，反映翻译结果是否有效。如果号码有效，返回“true”，如果是空号，则返回“false”，这时，“cd_dev”的值就没有意义了。

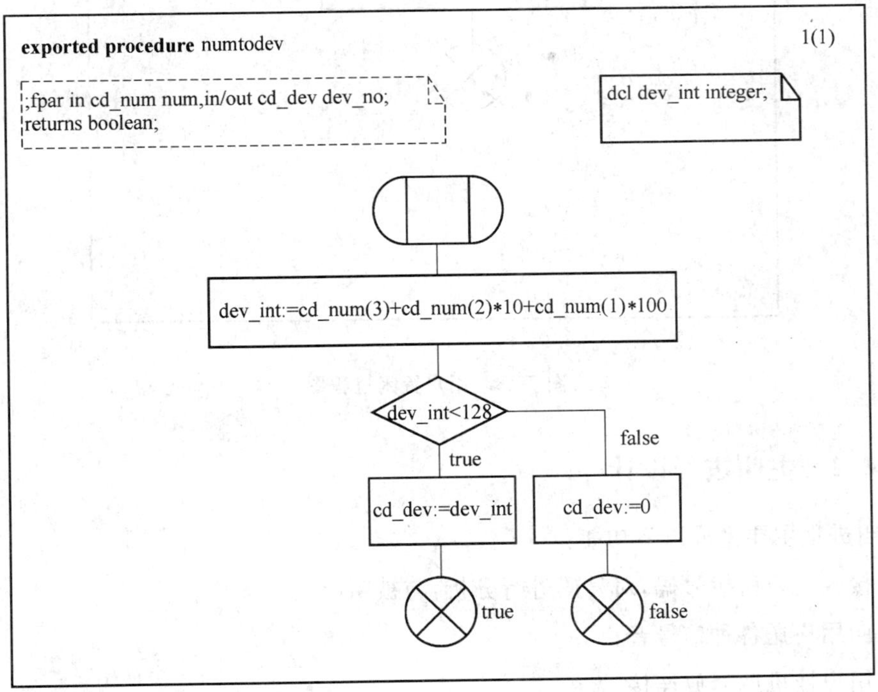

图 7-12　地址翻译过程图

比较图 7-11 和图 7-12 可以发现，同样是远端过程，号码分析过程图中没有使用“exported”，地址翻译过程图就使用了。这是因为在图 7-6 中声明这两个过程时已经用了“exported”来标识远端过程，在过程图中用不用“exported”就没什么区别了。不过，为了明确过程的性质，建议在远端过程图中给出“exported”定义，如图 7-12 所示。

图 7-13 是用户置闲过程图，其功能是把用户状态置为空闲，同时把用户线对应的 pid 置为“NULL”。该过程由主叫（或被叫）进程在终止进程前调用，这样可以避免管理进程向一个已经终止的进程转发信号。

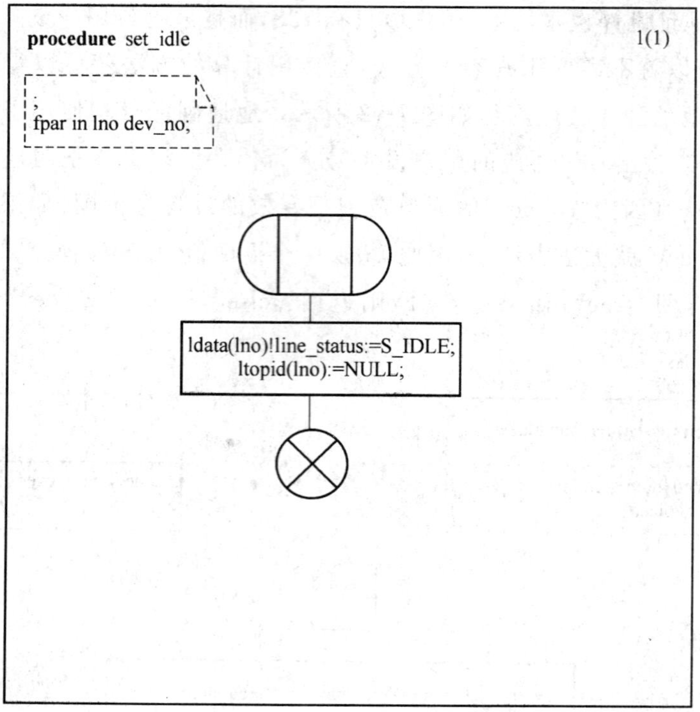

图 7-13　用户置闲过程图

7.4.2　主叫进程设计

主叫进程主要完成以下功能：

- 接收用户所拨号码，对号码进行分析，与被叫建立连接；
- 向用户送各种信号音；
- 用户挂机后释放连接。

主叫进程图是本系统中最复杂的进程，共设有 9 个状态：拨号音、收号、占用、回铃音、通话、忙音、空号音、延时释放、挂起。进程一旦创建，就进入拨号音状态，如图 7-14 所示。主叫进程不设"空闲"状态，这是因为创建主叫进程时，主叫用户已经摘机，用户状态已经置为"忙"，所以，主叫进程没有"空闲"状态。

主叫进程带有一个参数 lineno，即主叫设备号，在创建进程时由管理进程带入。主叫进程将用到 3 个远端过程，用"imported"声明。

在主叫进程中，需要记录的内容包括：主叫用户线号（进程参数）、被叫用户线号、被叫进程实例的 pid、号码分析结果等。为了接收用户所拨号码，需定义一个数组变量来存放

4 位号码，定义一个变量来记录已收号码位数。各种定义见图 7-14 中的文本域。

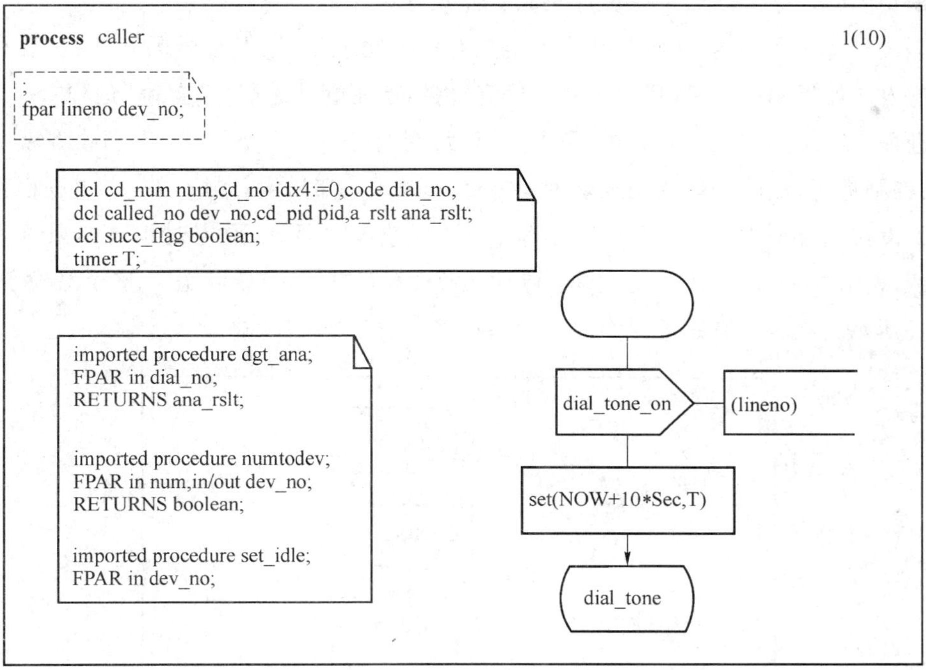

图 7-14　主叫进程起始域

在进入拨号音状态之前，进程向用户送拨号音，等待用户拨第 1 位号码，监视第 1 位号码的时间间隔(按规范规定设为 10 s)，监视后几位号码的时间间隔(设为 20 s)。

在拨号音状态下，可能收到的信号有：拨号号码和挂机，定时器超时是另外一个输入。进程收到第 1 位号码，先停定时器，然后停送拨号音，调用号码分析过程，根据第 1 位号码确定本次呼叫类型。目前只考虑正常呼叫，其他情况都视为空号。拨号音状态下对拨号号码信号的处理流程见图 7-15。在正常情况下，状态机进入收号状态“recv_no”。如果首位号码不是“3”，进程向用户送空号音，进入空号音状态“null_tone”，定时时长设为 40 s。

如果用户挂机，停定时器，停送拨号音，调用远端过程“set_idle”，将用户状态置闲，然后终止本进程。拨号音状态下对挂机信号的处理流程如图 7-16 所示，图中，挂机信号的参数被忽略，状态符内的状态列表还有空号音状态和忙音状态，这表明在这 3 个状态下，收到挂机信号的处理流程是相同的。

如果用户久不拨号，定时器会超时，这时，进程向用户改送忙音，进入忙音状态“busy_tone”。在这种情况下，进程不需要先停拨号音，因为用户在同一时刻只能听到一种音信号，改送忙音后，拨号音被自动停掉。用户听忙音的时间设为 40 s。拨号音状态下的超时处理的具体流程如图 7-17 所示，图中，状态符内还包括多个状态名，这些状态下对超时的处理是相同的。这种画法是在设计完成后合并得到的。

与拨号音状态相同，在收号状态下也只有两个输入信号：拨号号码和挂机，还有一个超时输入。如果用户挂机(用户早释)，停定时器，调用管理进程中“置闲”过程“set_idle”，终止进程。如果进程收到号码，记录下号码后，判断是否已收齐 4 位，没有收齐就继续收号，收齐则进行地址翻译，调用远端过程“muntodev”。如果设备号有效，主叫进程就向管理进程发出占用请求信号，进入占用状态，因是进程间通信，设定时 1 s；如果过程返回“false”，表示主叫所拨号码是空号，转到图 7-15，进入空号音状态。整个处理流程如图 7-18所示。在收号状态下对超时的处理已经包含在图 7-17 中。

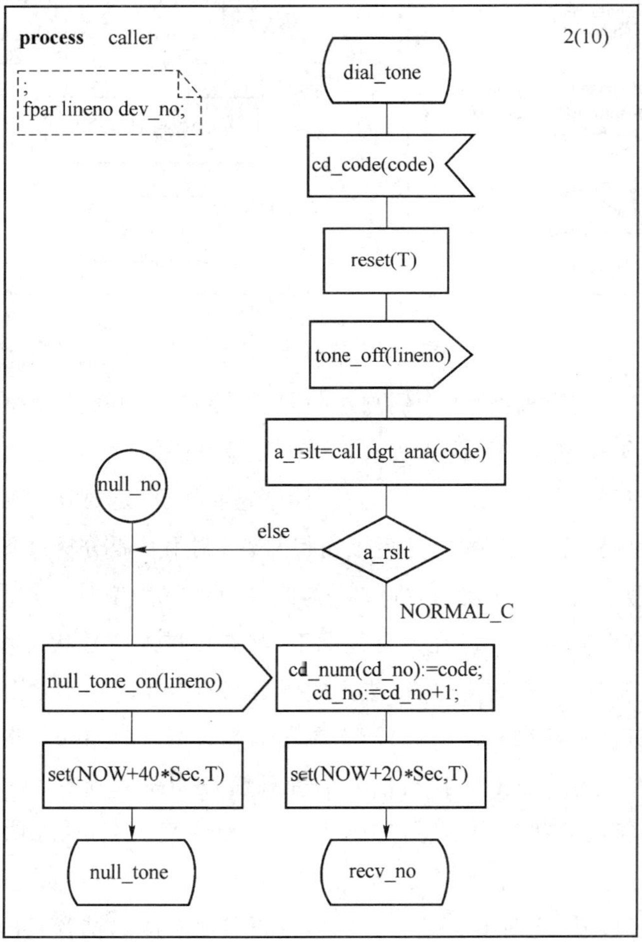

图 7-15　拨号音状态下对拨号号码信号的处理

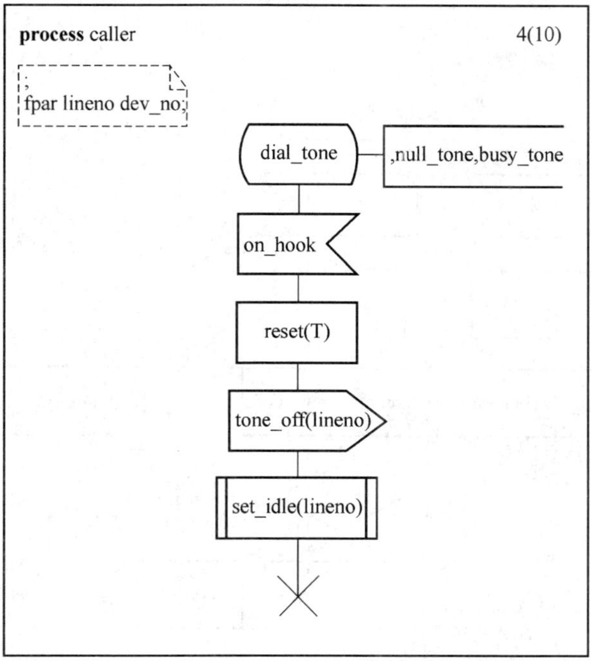

图 7-16　拨号音状态下对挂机信号的处理

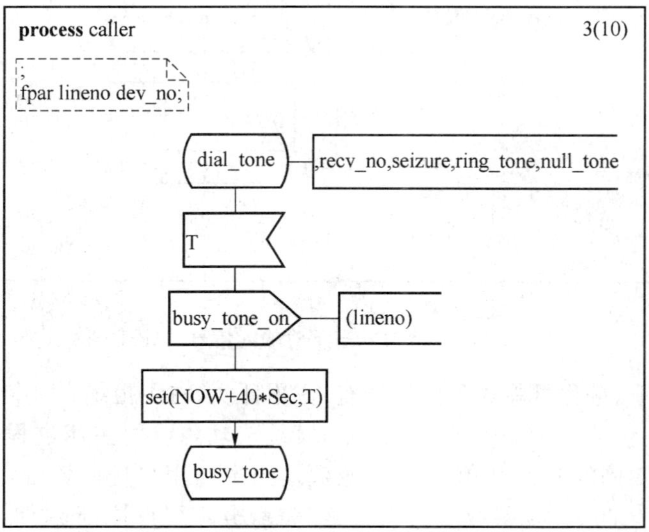

图 7-17　拨号音状态下的超时处理

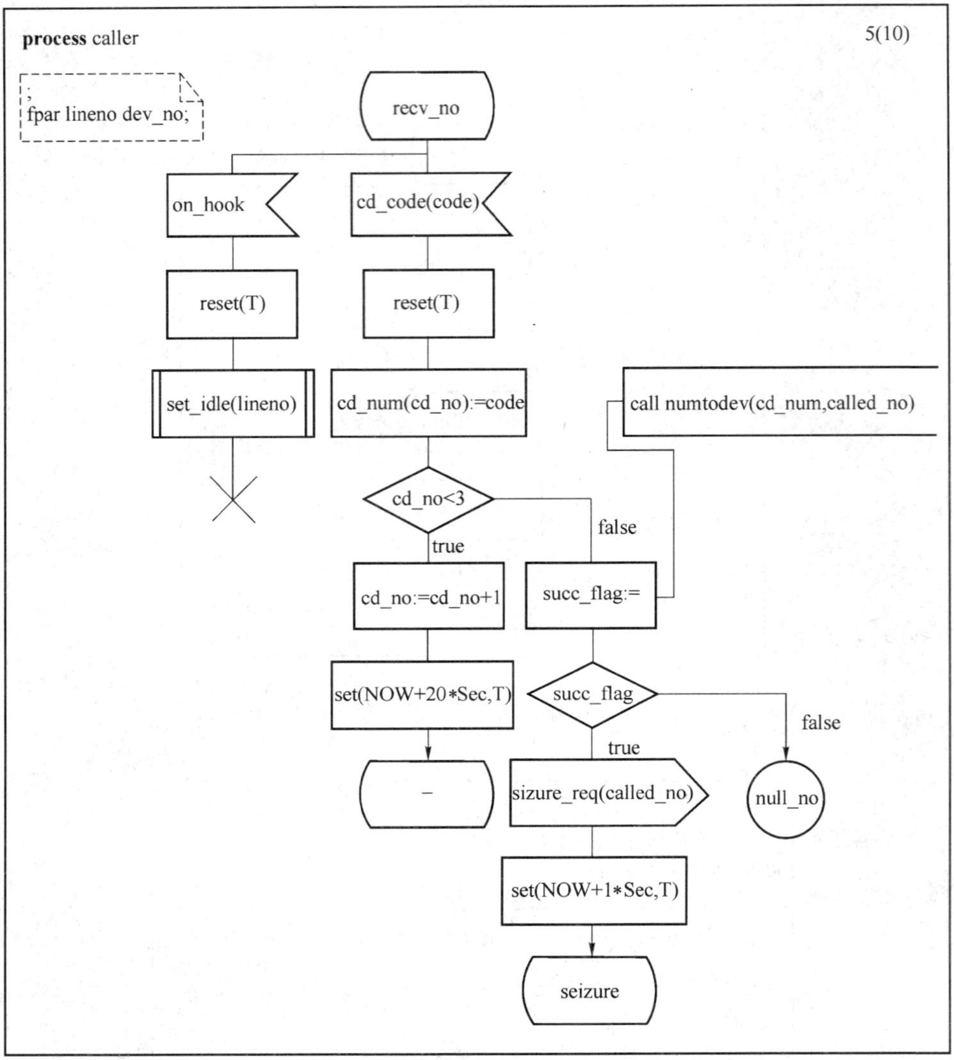

图 7-18　收号状态下对输入信号的处理

在占用状态下，进程可能收到的信号有：占用证实、占用拒绝、主叫挂机和超时。如果收到占用证实，表明被叫进程已经创建起来，接续成功，这时，主叫进程先停定时器，然后记录下被叫进程实例的 pid（利用 sender 函数），向主叫用户送回铃音，进入回铃音状态，听回铃音时间设为 60 s。如果收到占用拒绝，表示被叫用户忙，向主叫用户送忙音，进入忙音状态。如果在占用状态下收到主叫挂机信号，不能像在其他状态下对挂机信号的处理而简单地释放进程，因为此时管理进程可能已经创建被叫进程，被叫进程正在向主叫进程发送占用证实信号。如果这时把主叫进程终止了，占用证实信号就会发到一个不存在的进程实例，这是非常危险的，因此，这时不能释放主叫进程，也不能停定时器，只是简单地进入一个"等待释放"状态，推迟进程终止的时间，如果在这期间收到被叫进程发来的占用证实信号，可以通知被叫进程主叫已挂机。以上占用状态的处理流程如图 7-19 所示。

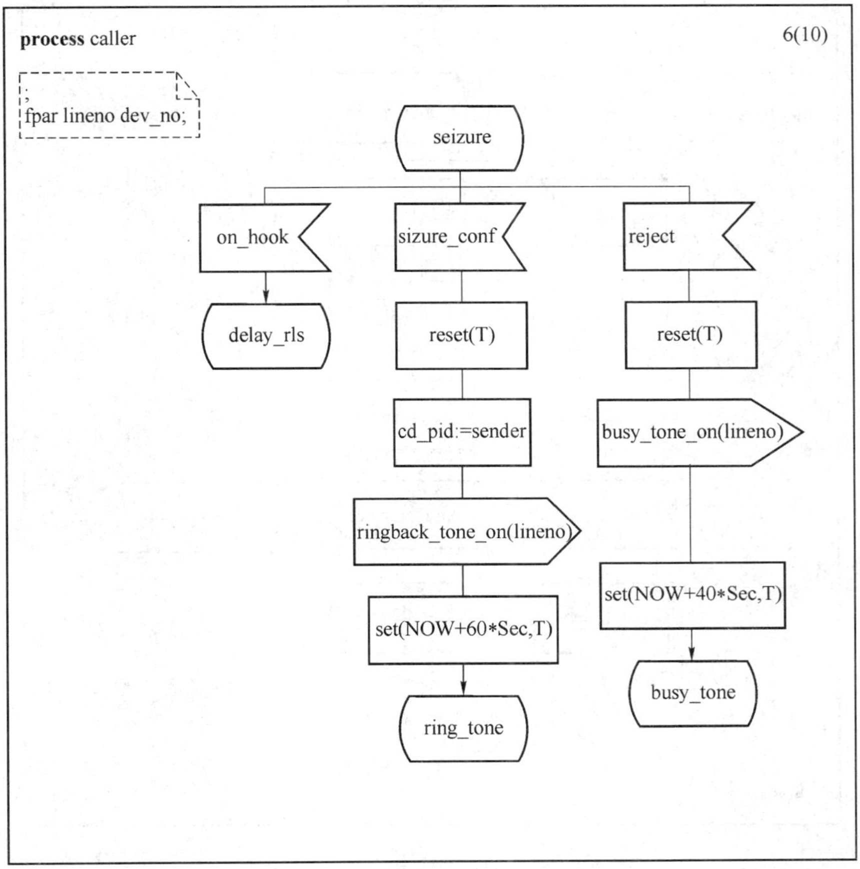

图 7-19　占用状态的处理流程

占用状态下对超时的处理合并到了图 7-17 中。

在回铃音状态下，可能收到的信号有：被叫应答、主叫挂机和超时。如果进程收到应答信号，停定时器，停送回铃音，在主被叫之间建立通话话路，进入通话状态。如果主叫用户挂机，停送回铃音，释放被叫（向被叫进程发出释放信号），调用管理进程中"置闲"过程"set_idle"，终止进程。回铃音状态的处理流程见图 7-20。

回铃音状态下对超时的处理也被合并到了图 7-17 中。

在通话状态下，只收两条信号：一是主叫挂机，另一条是被叫挂机后发过来的释放信号。如果是主叫挂机，先断开通话话路，然后向被叫进程发释放信号，调用"置闲"过程"set_idle"，终止进程。如果是被叫先挂，先断开通话话路，然后向用户送忙音，进入忙音状态。

在空号音状态下，只收用户挂机和超时信号。对用户挂机信号的处理已经合并到图 7-16中。对超时的处理则被合并到图 7-17 中。

在忙音状态下也只能收用户挂机和超时信号。对用户挂机信号的处理已经合并到图 7-16中。如果听忙音超时,先停忙音,然后进入挂起状态,等待用户挂机。

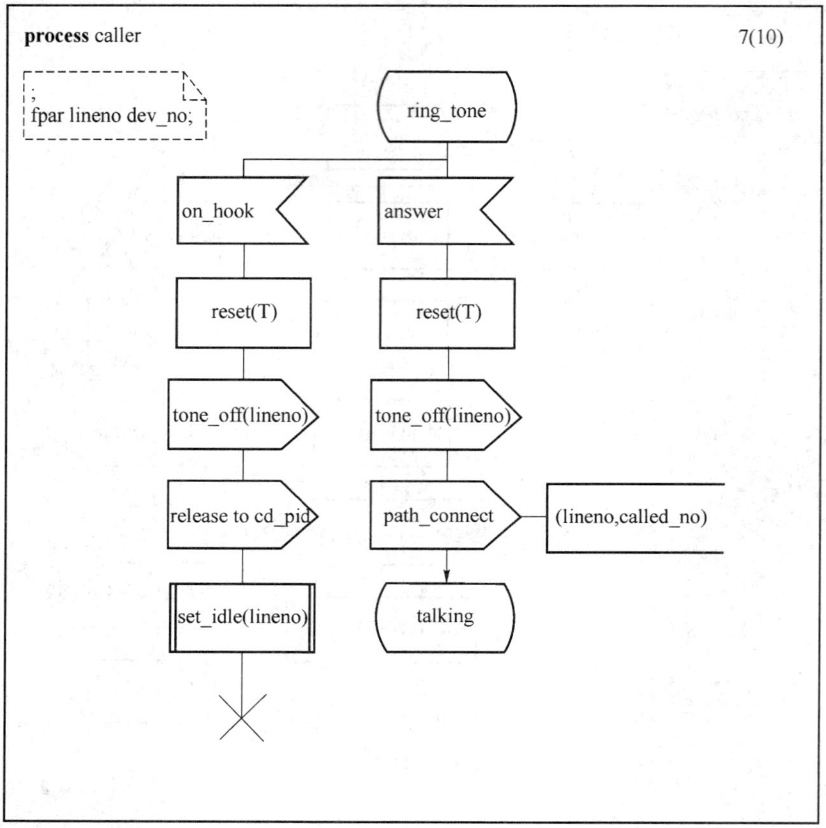

图 7-20　回铃音状态的处理流程

在延时释放状态下,如果收到占用证实消息,说明被叫进程已经创建成功,被叫进程已开始向被叫用户振铃,所以需要向被叫进程发释放信号,通知被叫进程停止向被叫用户振铃,然后主叫进程进入释放环节,即调用“置闲”过程“set_idle”,终止进程。如果收到的是占用拒绝消息,则直接进入释放环节。

至此,主叫进程就设计完成了。

7.4.3　被叫进程设计

被叫进程的功能比较简单,从占用被叫开始,向用户振铃,监视用户应答(摘机);用户应答后进入通话状态,监视用户挂机;收到主叫挂机消息后,向用户送忙音,等待用户挂机。

被叫进程的输入信号包括:

- 占用指示,管理进程→被叫进程;
- 摘机,管理进程→被叫进程;

- 挂机，管理进程→被叫进程；
- 释放，主叫进程→被叫进程。

被叫进程的输出信号包括：

- 占用证实，被叫进程→主叫进程；
- 被叫应答，被叫进程→主叫进程；
- 释放，被叫进程→主叫进程；
- 振铃指示，被叫进程→环境；
- 停止振铃，被叫进程→环境；
- 送忙音，被叫进程→环境；
- 停忙音，被叫进程→环境。

被叫进程中需要记录的数据项有：

- 被叫用户设备号，多条信号中需要设备号做参数；
- 主叫进程实例标识(pid)，用于被叫进程与主叫进程通信。

被叫进程的 SDL 图设计如下。

为了进一步说明在定义定时器时可以给定时器赋初值，被叫进程中定义了两个定时器：Tring 和 Tbusy，分别用来监视振铃和送忙音的时间，时间初值分别设为 60 s 和 40 s。这样在设置定时器时就不用给出时间表达式了。定时器的定义参见图 7-21，图中还给出了被叫进程的起始域(简单进入空闲状态)和对占用指示信号的处理流程。

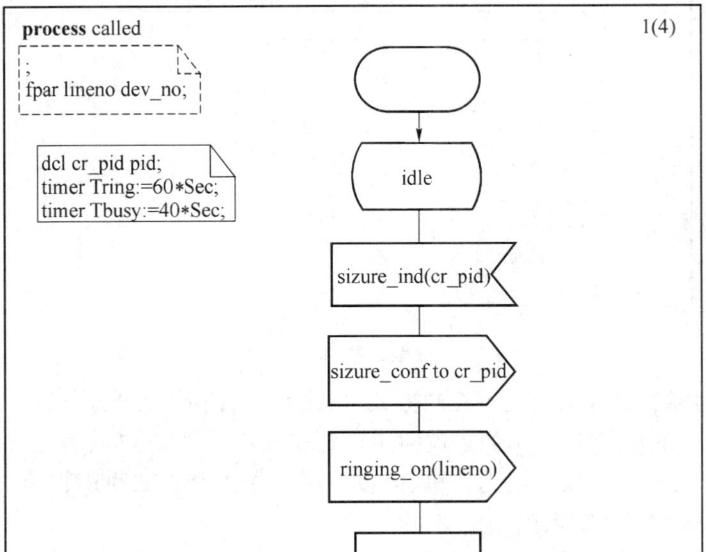

图 7-21　被叫进程对占用指示信号的处理

与主叫进程相同，被叫进程也把用户设备号作为进程的参数，由管理进程在创建被叫进程实例时作为实参传入。被叫进程实例被创建后，先收到管理进程发来的占用指示信号，被叫进程向主叫进程送占用证实信号，向被叫用户振铃，设置定时器 Tring。

在振铃状态下，如果被叫用户摘机应答，停止振铃，向主叫进程送应答信号，由主叫进程负责连接话路，状态机进入通话状态。如果主叫用户在振铃期间挂机(称为振铃早释)，被叫进程收到释放信号，停定时器，停止振铃，调用管理进程中的"置闲"过程，终止进程。如果被叫不应答(称为久叫不应)，则产生超时，处理过程与收到释放消息相同，所以采用合并画法。被叫进程在振铃状态下对输入信号的处理具体流程如图 7-22 所示。

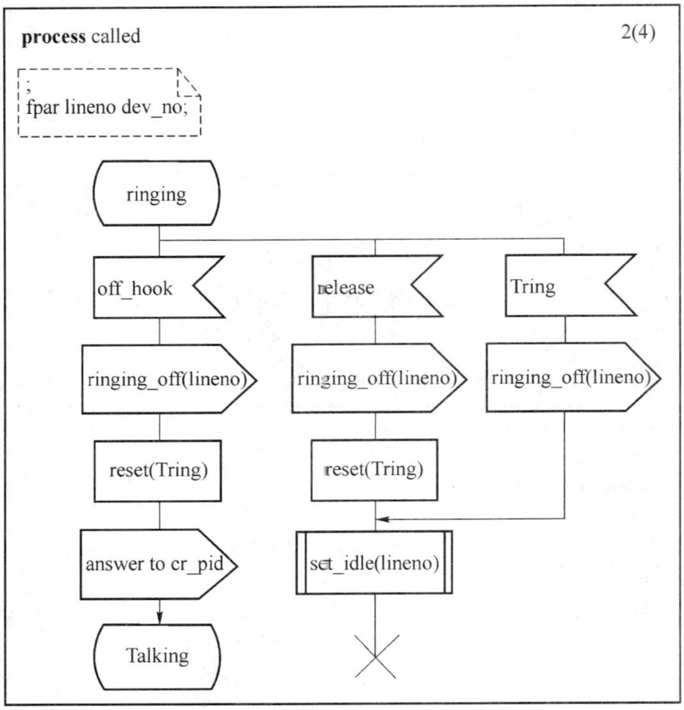

图 7-22　被叫进程振铃状态下对输入信号的处理

本交换机的释放过程采用互不控制方式，即主被叫任何一方先挂机，都可以释放话路，释放用户。所以，在通话状态下，如果被叫用户先挂机，向主叫送释放消息后终止进程(释放过程采用无确认方式)；如果主叫先挂机，向被叫用户送忙音。被叫进程通话状态下对输入信号的处理流程如图 7-23 所示。

被叫进程中忙音状态下对输入信号的处理与主叫进程的基本相同，这里就不赘述了。

至此，交换机的呼叫处理软件系统就设计完了。该软件要想实际运转起来，还需要操作系统的支持。一般在交换机中采用实时多任务操作系统，SDL 系统中的进程可以对应到操作系统中的一个任务，进程间通信就变成了任务间的通信，任务间通信一般采用信箱方式。

接口层软件由于与具体硬件电路关系密切，这里就不多讨论了。

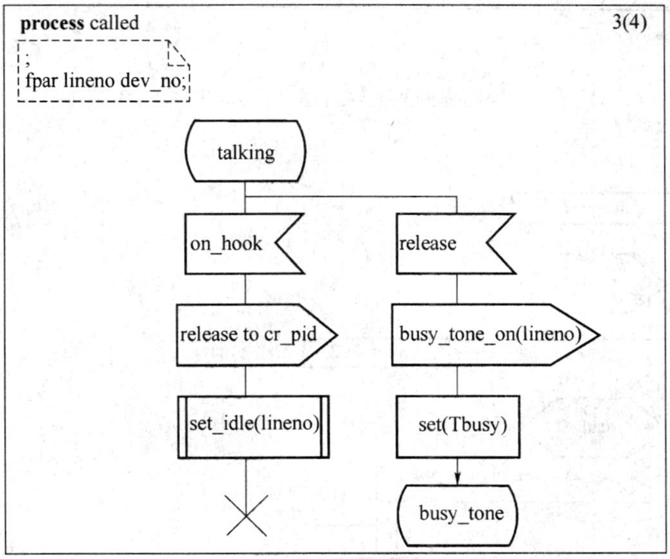

图 7-23　被叫进程通话状态下对输入信号的处理

7.5　仿真验证

7.5.1　仿真运行

用第 6 章介绍的 Telelogic TAU 工具，把上述设计录入计算机，根据 6.2.4 小节给出的生成步骤生成仿真运行程序“mini_switch_smc.exe”，如果在生成过程中发现有错误，根据 6.2.3 小节中的方法找到错误位置，加以纠正，直到没有错误。生成时会给出一些告警，主要是因为在接收信号时忽略参数造成的，所以，这些告警也是可以忽略的。

继续执行 6.2.4 小节中的第 2 步，进入仿真运行环境，打开“mini_switch_smc.exe”，设同义词“Sec”取值为 1 000。打开 MSC 跟踪，开始输入信号。仿真内容如下：

- 用户“3000”呼叫“3008”成功，双方进入通话状态；
- 用户“3010”呼叫“3000”，被叫忙，“3010”听忙音超时进入挂起状态；
- 3 个用户依次挂机，两个主叫进程和一个被叫进程终止。

仿真运行结果如图 7-24 所示，此图是经过格式调整后得到的，原图页数太多。从图 7-24可知，远端过程的调用被解释成两条信号：一条调用信号，一条返回信号。

通过不同情况的仿真，结果表明本设计实现了要求的基本呼叫功能，对各种异常的处理也是符合要求的。

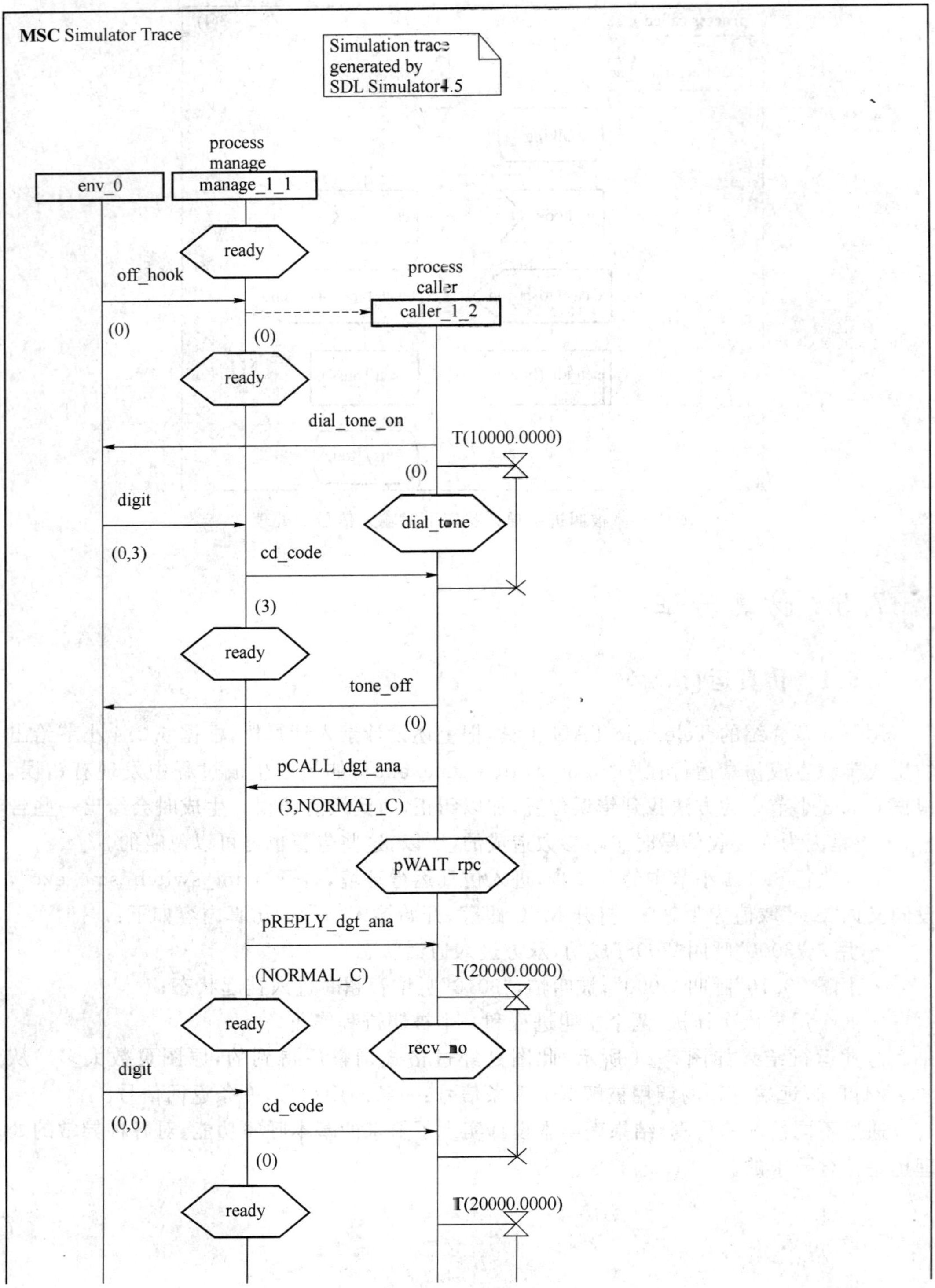
MSC Simulator Trace
Simulation trace generated by SDL Simulator4.5
process manage
env_0
manage_1_1
ready
off_hook
(0)
process caller
caller_1_2
(0)
ready
dial_tone_on
T(10000.0000)
(0)
digit
dial_tone
(0,3)
cd_code
(3)
ready
tone_off
(0)
pCALL_dgt_ana
(3,NORMAL_C)
pWAIT_rpc
pREPLY_dgt_ana
(NORMAL_C)
T(20000.0000)
ready
recv_no
digit
cd_code
(0,0)
(0)
ready
T(20000.0000)

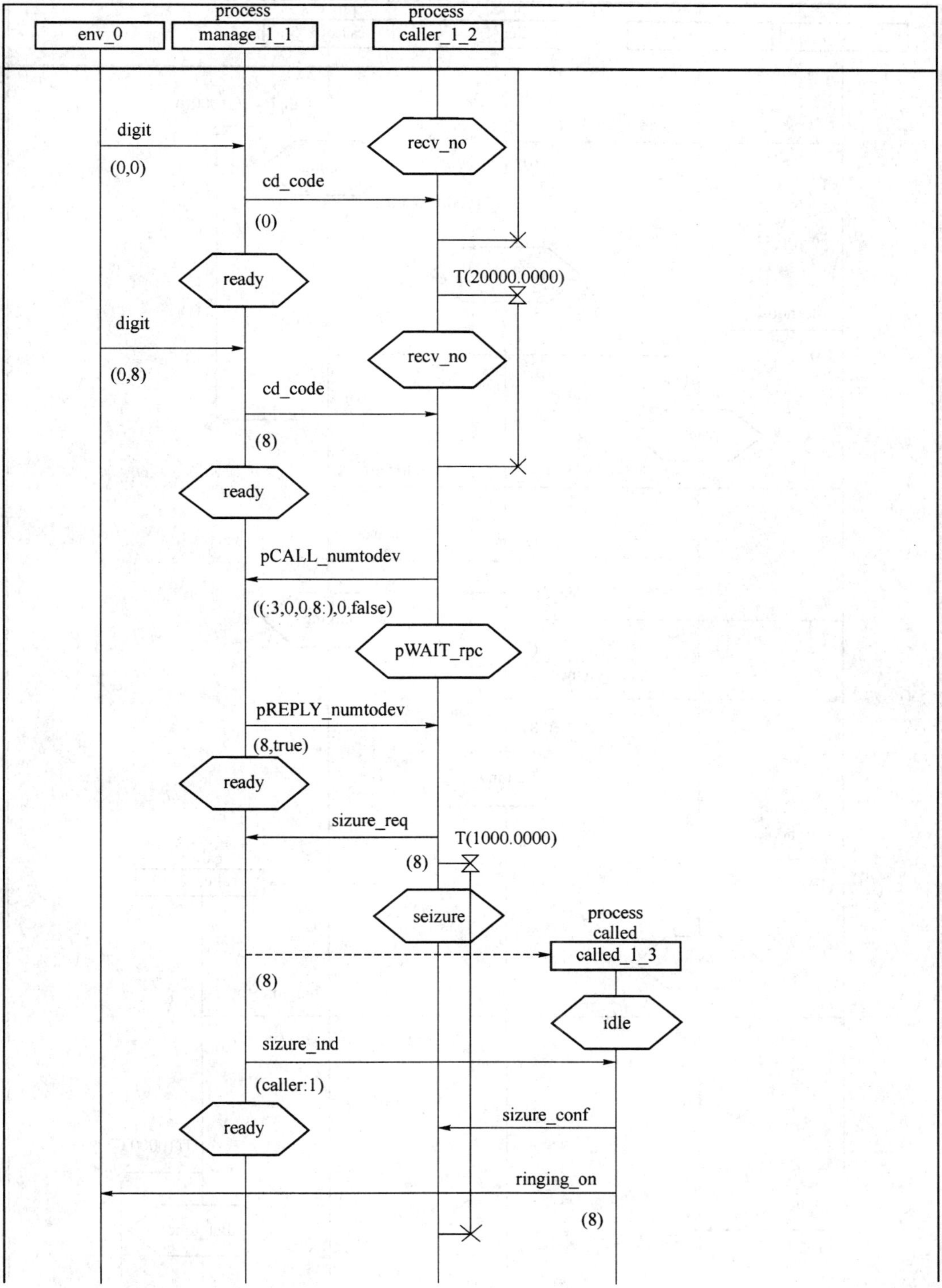
process
process
env_0
manage_1_1
caller_1_2
digit
(0,0)
recv_no
cd_code
(0)
ready
T(20000.0000)
digit
(0,8)
recv_no
cd_code
(8)
ready
pCALL_numtodev
((:3,0,0,8:),0,false)
pWAIT_rpc
pREPLY_numtodev
(8,true)
ready
sizure_req
T(1000.0000)
(8)
seizure
process
called
called_1_3
(8)
idle
sizure_ind
(caller:1)
sizure_conf
ready
ringing_on
(8)

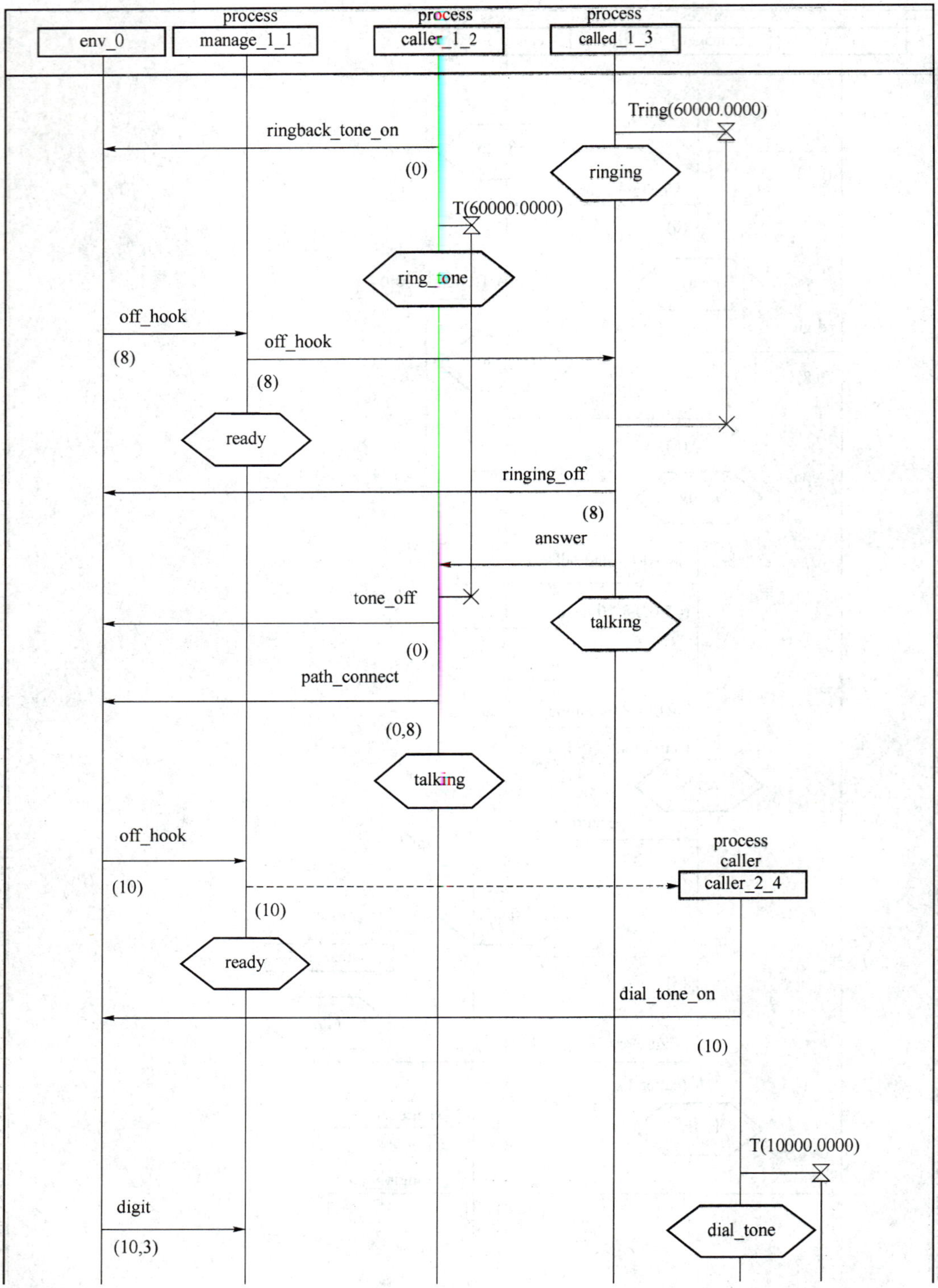
process
process
process
env_0
manage_1_1
caller_1_2
called_1_3
Tring(60000.0000)
ringback_tone_on
(0)
ringing
T(60000.0000)
ring_tone
off_hook
off_hook
(8)
(8)
ready
ringing_off
(8)
answer
tone_off
talking
(0)
path_connect
(0,8)
talking
off_hook
process
caller
caller_2_4
(10)
(10)
ready
dial_tone_on
(10)
T(10000.0000)
digit
dial_tone
(10,3)

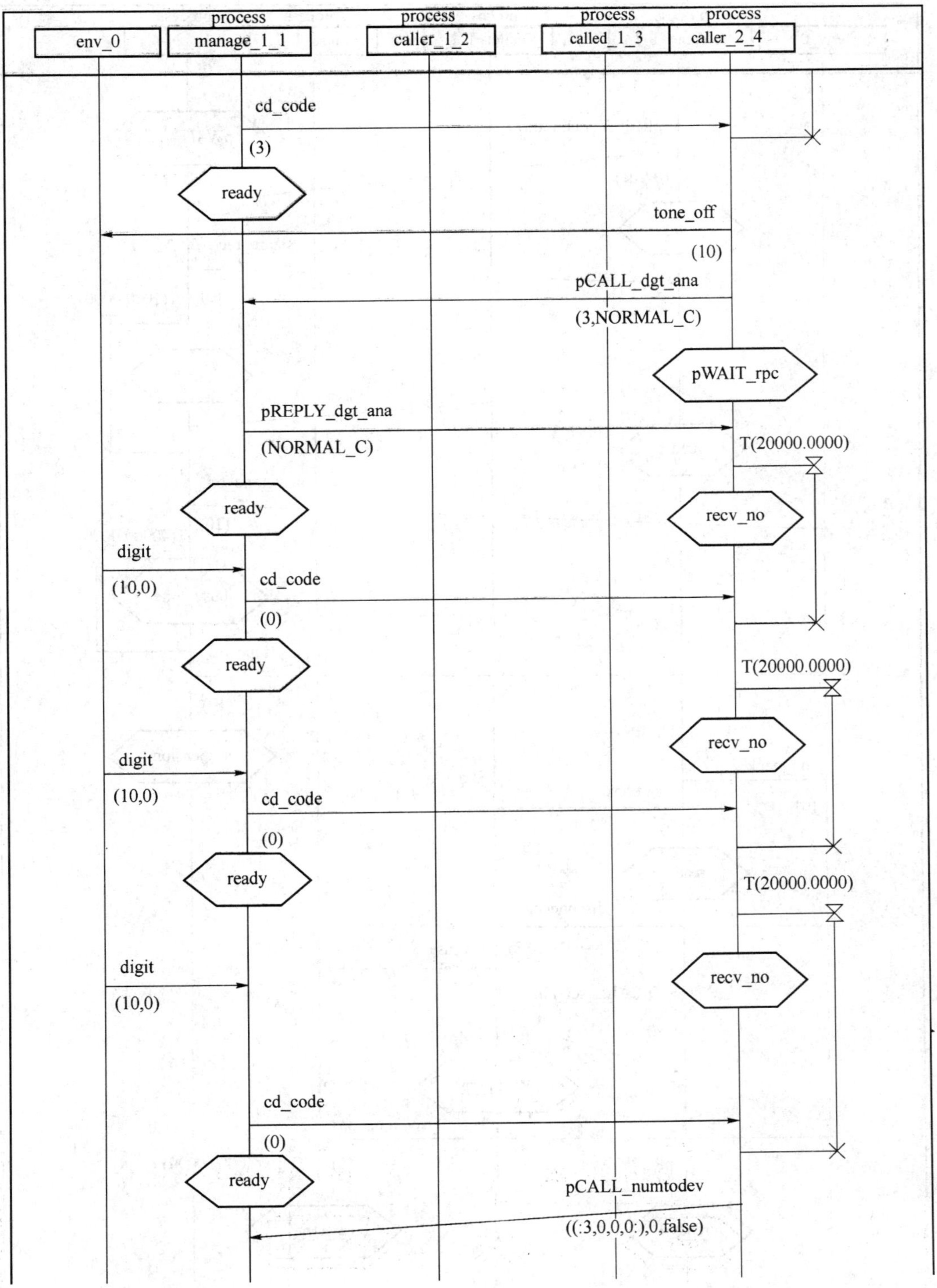
process
env_0
manage_1_1
process
caller_1_2
process
called_1_3
process
caller_2_4
cd_code
(3)
ready
tone_off
(10)
pCALL_dgt_ana
(3,NORMAL_C)
pWAIT_rpc
pREPLY_dgt_ana
(NORMAL_C)
T(20000.0000)
ready
recv_no
digit
(10,0)
cd_code
(0)
ready
T(20000.0000)
recv_no
digit
(10,0)
cd_code
(0)
ready
T(20000.0000)
digit
(10,0)
recv_no
cd_code
(0)
ready
pCALL_numtodev
((:3,0,0,0:),0,false)

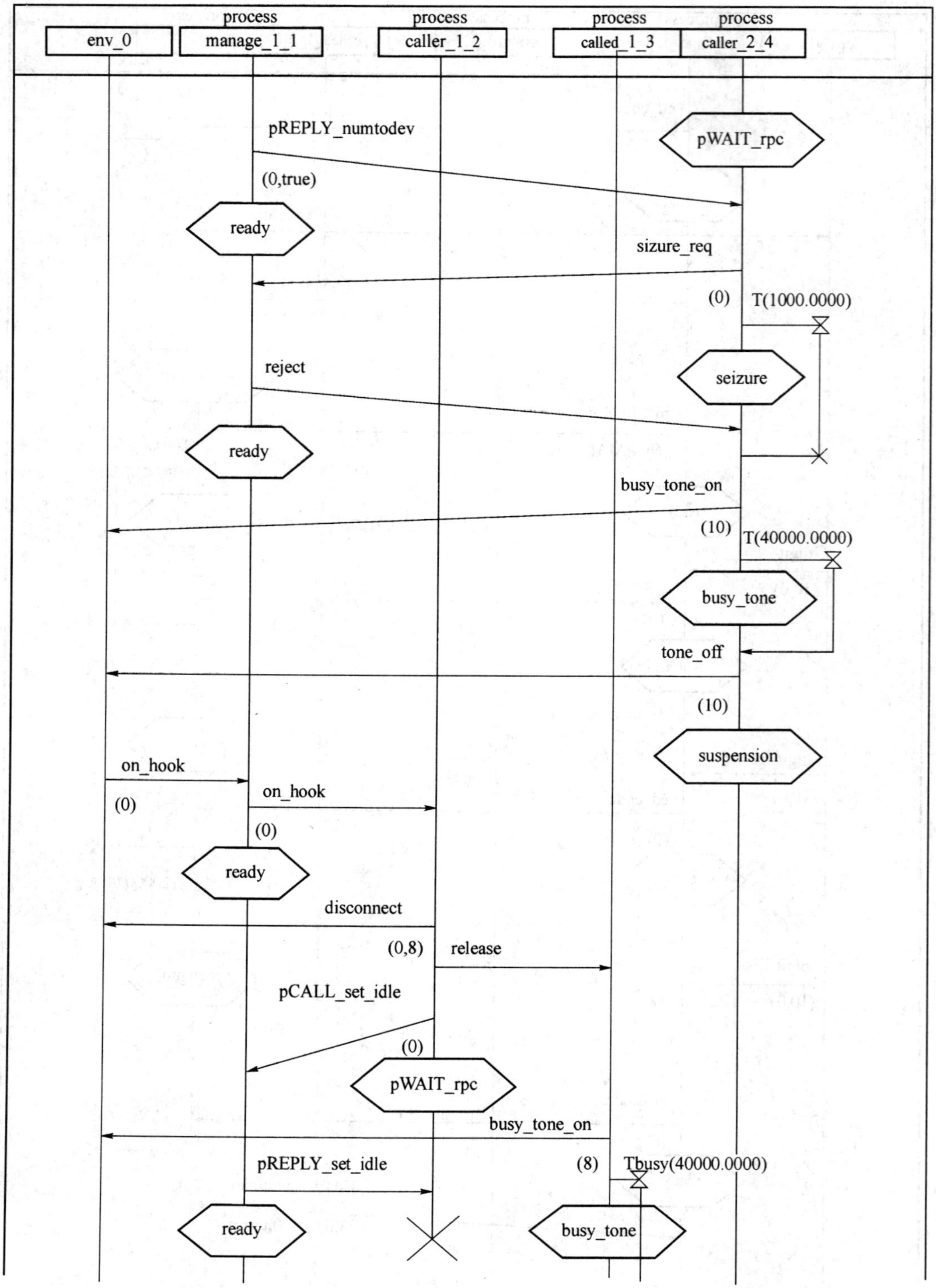
process
env_0
manage_1_1
process
caller_1_2
process
called_1_3
process
caller_2_4
pREPLY_numtodev
pWAIT_rpc
(0,true)
ready
sizure_req
(0)
T(1000.0000)
reject
seizure
ready
busy_tone_on
(10)
T(40000.0000)
busy_tone
tone_off
(10)
suspension
on_hook
(0)
on_hook
(0)
ready
disconnect
(0,8)
release
pCALL_set_idle
(0)
pWAIT_rpc
busy_tone_on
pREPLY_set_idle
(8)
Tbusy(40000.0000)
ready
busy_tone

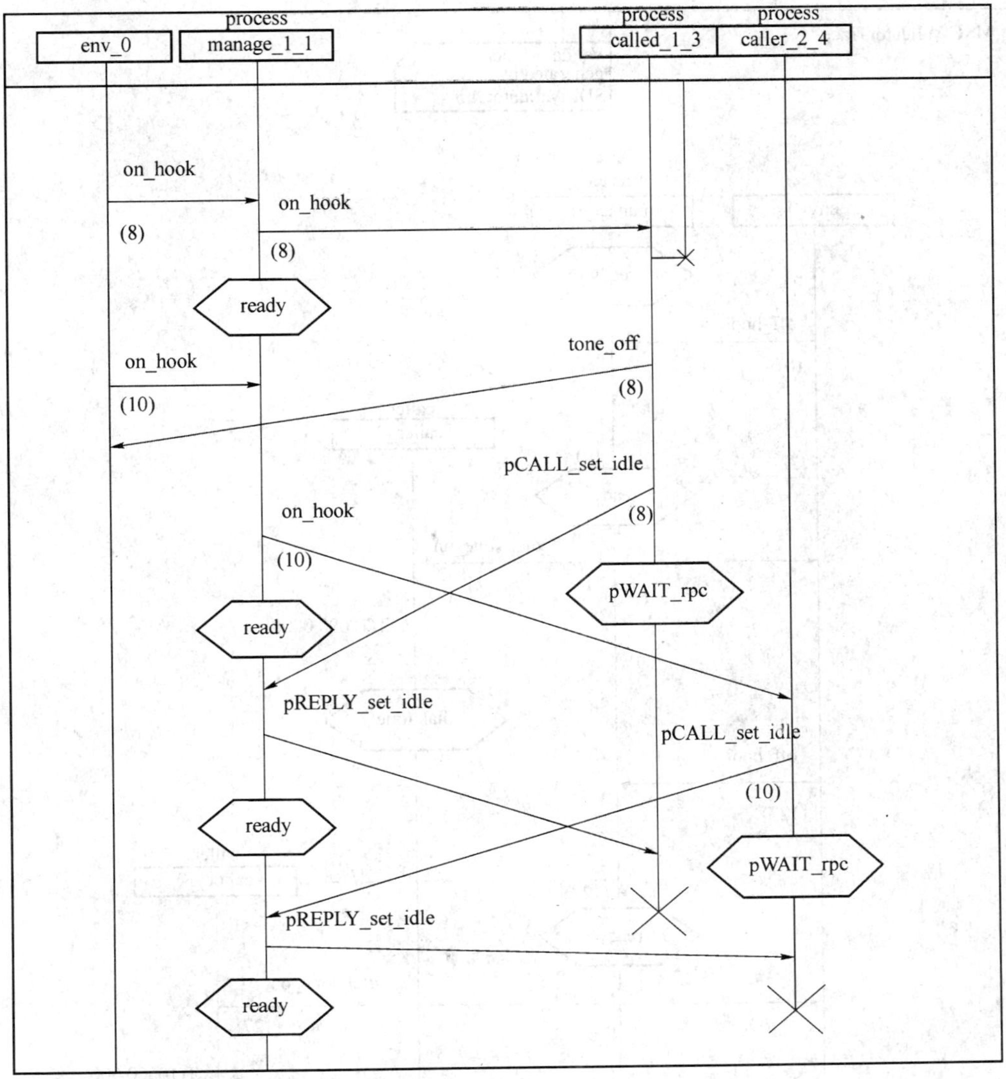

图 7-24　仿真运行结果

7.5.2　验证

根据 6.2.5 小节给出的生成步骤生成用于验证的运行程序“mini_switch_vlc. exe”，然后进入“Validator UI”环境，打开“mini_switch_vlc. exe”，设同义词“Sec”取值为 1 000。

选择遍历状态“Bit-State”、随机遍历“Random Walk”等验证方法，得到同样结果：两个告警和两个错误。告警原因是输入信号的顺序与设计不一致，当主叫用户进入听忙音状态后不再接收拨号号码信号，如图 7-25 所示，此时，信号“cd_code”被视为异常信号，这种告警不影响系统运行，可以忽略。另一个告警情况类似。

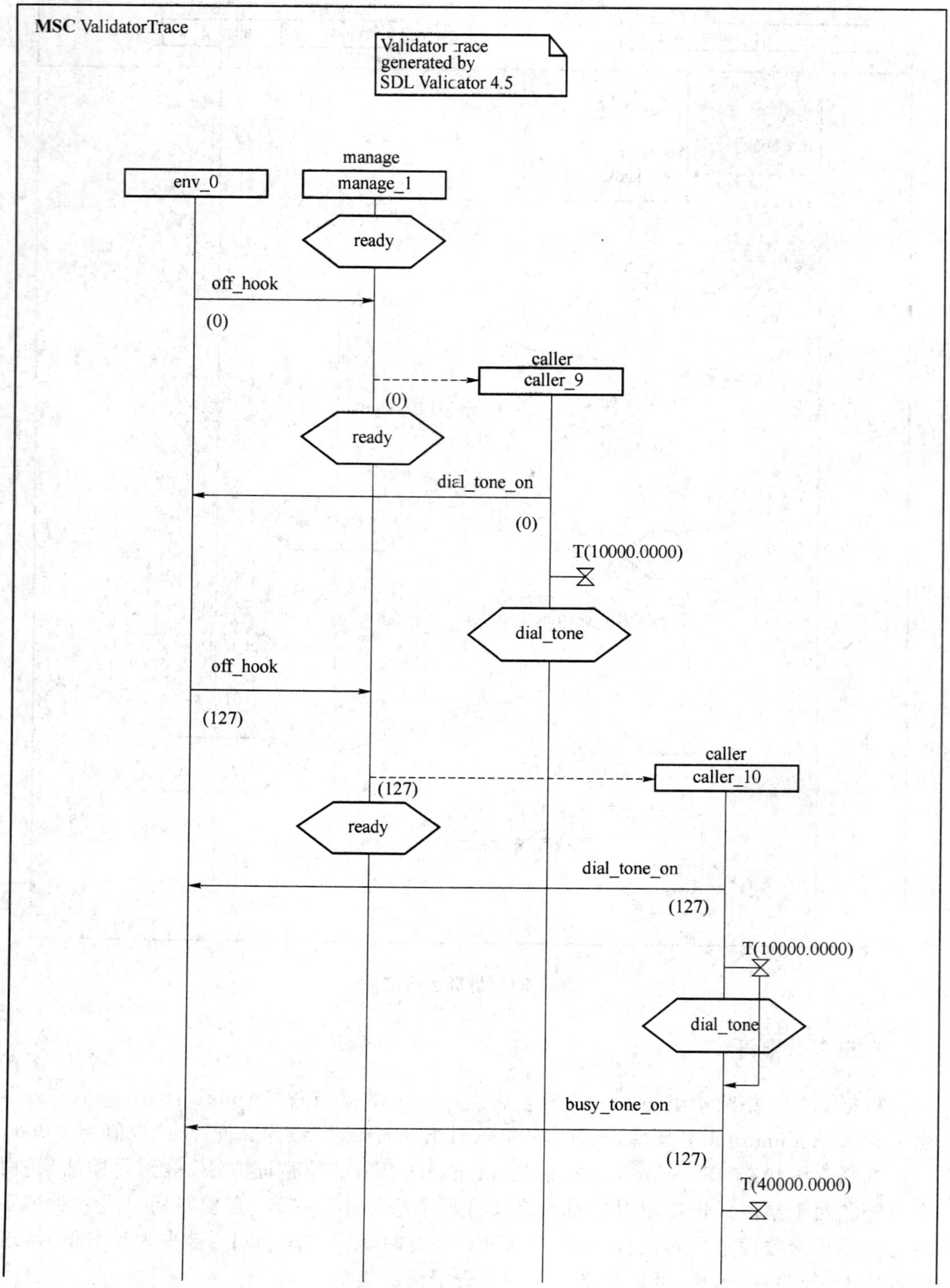
MSC ValidatorTrace
Validator trace generated by SDL Validator 4.5
env_0
manage
manage_1
ready
off_hook
(0)
caller
caller_9
(0)
ready
dial_tone_on
(0)
T(10000.0000)
dial_tone
off_hook
(127)
caller
caller_10
(127)
ready
dial_tone_on
(127)
T(10000.0000)
dial_tone
busy_tone_on
(127)
T(40000.0000)

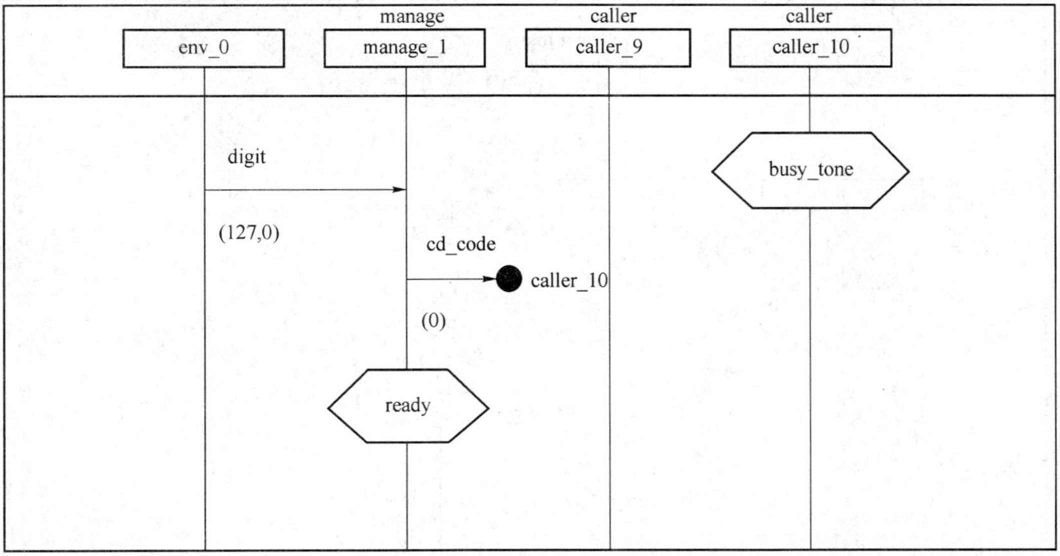

图 7-25 验证结果告警 MSC 图

错误报告发生在以下情形：主叫摘机后进入拨号音状态，此时验证系统模拟从环境再次发出该主叫的摘机信号（现实中是不应该的），管理进程收到该信号后判断用户状态，因为用户忙，再判断是否存在对应进程 pid，由于已经创建对应主叫进程，管理进程就将该“摘机”信号转发给主叫进程。问题出现了，从图 7-3 给出的功能块图中可知，管理进程通往主叫进程的信道上没有包含摘机信号“off_hook”，因此系统报错，验证结果报错 MSC 图如图 7-26 所示。

对于验证报错，必须予以纠正。分析出错原因，主要是管理进程在转发信号时，不判断目标进程的性质，只要有进程存在就转发，导致上面错误的发生。为解决这个问题，可以考虑在用户数据中增加一个标志，标识用户是主叫还是被叫，在管理进程转发摘机信号时，判断用户是否是被叫，是则转发，否则不转发，这样就可以避免上面的错误的发生。对用户数据的修改如图 7-27 所示，数据定义中增加了一个新的数据类型，即字面量类型“PID_TYPE”，其取值只有主叫进程“ca_pid”和被叫进程“cd_pid”。在图 7-8 中，创建主叫进程后，增加一个设置进程类型的操作，在判断是否存在进程实例的地方加上是否是被叫进程的判断，只有当进程实例存在而且是被叫进程时才转发摘机信号，修改后的 SDL 图如图 7-28 所示。还有一处需要修改，即在图 7-9 中，创建被叫进程后，也需要加上进程类型的设置，修改方式与图 7-28 的类似，这里就不再给出修改后的图了。

做了上述修改后，再次进行仿真运行和验证运行，仿真结果不受影响，验证结果则减少了两个错误报告，表明错误已经排除。

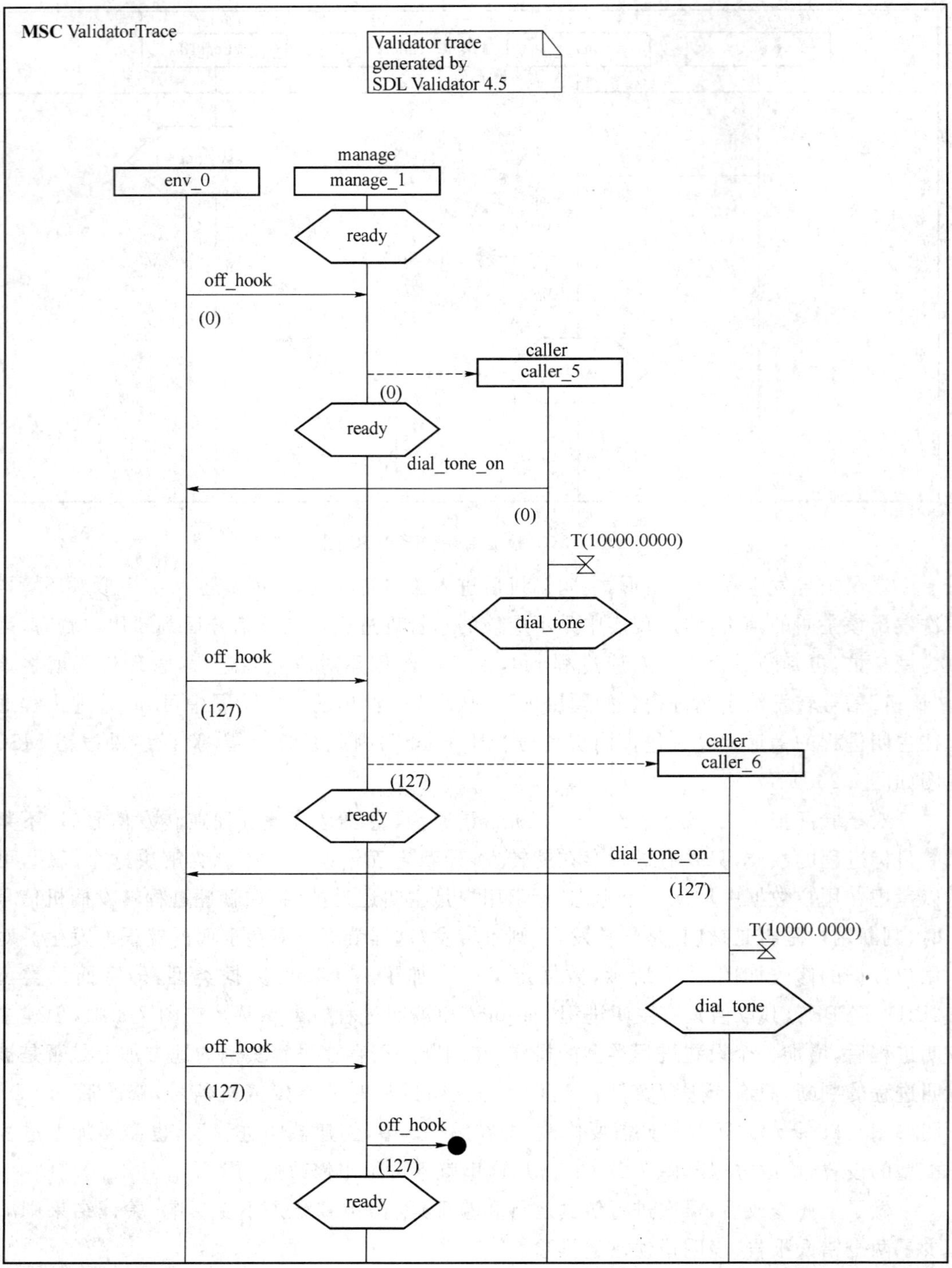

图 7-26　验证结果报错 MSC 图

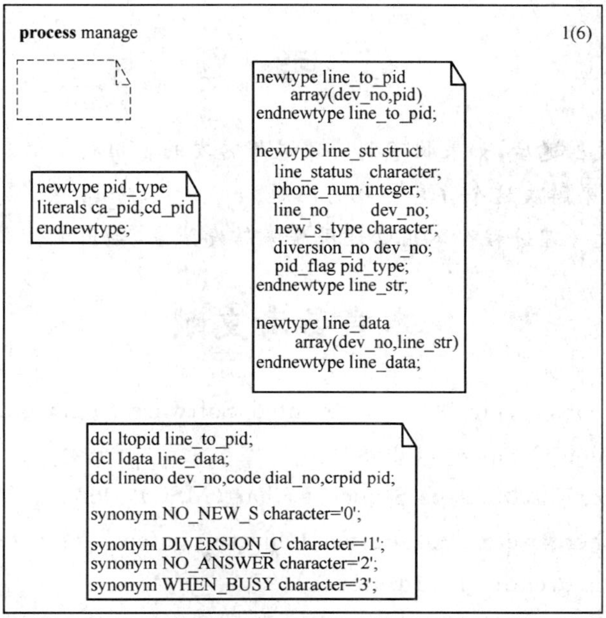

图 7-27　增加进程类型标识的数据定义

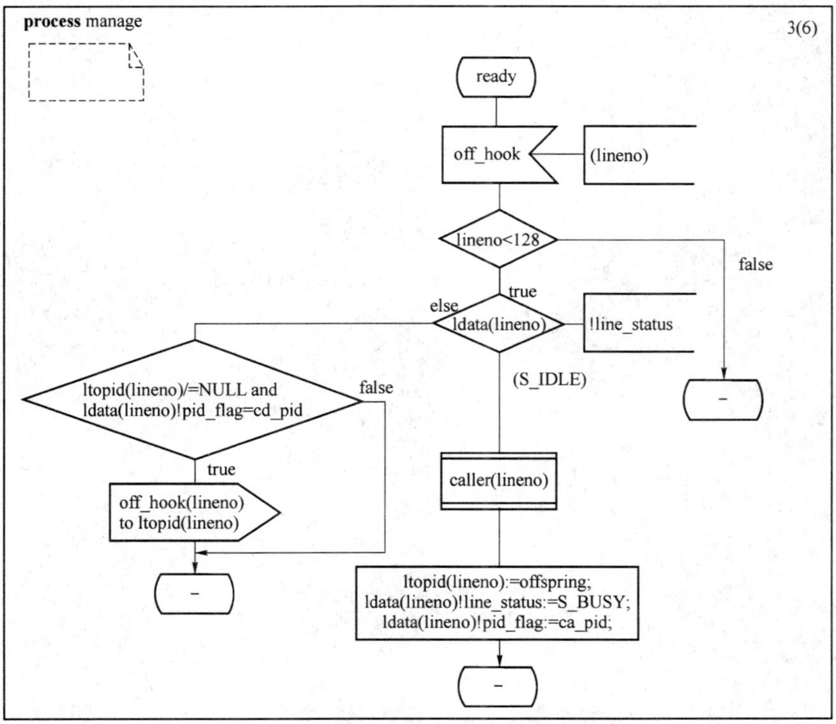

图 7-28　修改后的摘机信号处理流程图

思 考 题

1. 被叫进程被创建后,如果收不到管理进程转发的占用指示消息,会出现什么情况?可以采取什么措施来解决这个异常导致的问题?

2. 能不能不设管理进程? 不用管理进程来转发消息,会出现什么问题?

本章参考文献

[1] Ivar Jacobson, etc. Object-Oriented Software Engineering. Addison-Wesley Publishing Company, 1995.

[2] ITU-T Z.120, Message Sequence Chart(MSC), 1999.

[3] Jan Ellsberger etc. SDL Formal Object-oriented Language for Communicating Systems. Prentice Hall Europe, 1997.

[4] ITU-T Z.100, Specification and Description Language(SDL), 1999.

第 8 章　通信协议设计举例

随着经济与科学技术的飞速发展，人们对于灵活机动性的需求快速增长，从而对交通管理提出了更高的要求。解决这一问题的关键是为车路通信提供可靠的通信连接，为此国际上开发了适用于智能交通系统（ITS）领域道路与车辆之间的通信协议，即专用短程通信（Dedicated Short Range Communications，简称 DSRC）协议。DSRC 技术是一种无线通信系统，为 ITS 提供了一个动态的车辆综合信息平台，可以实现车辆和道路之间信息的双向传输和交互。

本章以 DSRC 协议为例说明通信协议的分析、设计、仿真和验证过程。

8.1　DSRC 协议简介

专用短程通信协议是当前国际上通用的适用于智能交通系统（ITS）领域道路与车辆之间通信的通信协议。DSRC 系统主要由路边单元（Road-Side Unit，简称 RSU）、车载单元（On-Board Unit，简称 OBU）、控制中心以及一些辅助设备组成，而 DSRC 通信协议是 RSU 与 OBU 实现无线短程通信、保证信息安全可靠传输的核心技术。

车载单元又称为车载电子标签，通常安装在车辆挡风玻璃上，主要由收发器与信息存储介质（如 IC 卡）组成。目前国际上使用的收发器大多工作在微波频段，少数工作在红外频段，通过 OBU 收发器与 RSU 收发器，就可以实现车辆与道路之间的信息交互；IC 卡存储了许多关于该车的信息，如车辆的类别、车牌号码、车主姓名等，通过 OBU 收发器可以将存储的信息发送给 RSU，也可从 RSU 下载有关信息。路边单元主要是指车道通信设备，覆盖区域约为 3～30 m，其主要参数有：载波频率、发射功率和频谱、调制方式和通信接口等。DSRC 协议是专用短程通信的基础，美国、欧洲、日本分别建立了自己的 DSRC 标准，但是国际标准化组织目前尚未制定出完整的 DSRC 国际标准，不过目前很多国家都倾向于采用 5.8 GHz 作为 DSRC 频段。

DSRC 协议分 3 层：物理层、数据链路层和应用层。物理层规定了 DSRC 通信系统机械、电气、功能和过程的参数，以激活、保持和释放通信系统之间的物理连接；数据链路层制定了媒质访问和逻辑链路控制方法，定义了进入共享物理媒质、寻址和出错控制的操作，数据链路的建立、拆除，对数据的检错、纠错是数据链路层的基本任务；应用层提供了一些 DSRC 应用的基础性工具，应用层中的过程可以直接使用这些工具，如通信初始化过程、数据传输和擦去操作等。另外，应用层还提供了支持同时多请求的功能。

8.2 DSRC 协议分析

作为智能交通系统的信息平台，DSRC 协议规范了路边单元与车载单元之间完成可靠的数据传输的有关规程。RSU 与 OBU 之间的数据传输是以数据帧的形式进行的，DSRC 应用数据单元自上而下逐级封装成应用层协议数据单元、链路层协议数据单元，而后加上帧头帧尾封装成 L2 层帧，激活物理层的连接后再加上前后同步码，即可在传输媒质上传送比特流。

下面根据第 2 章中介绍的协议分析技术对 DSRC 协议环境进行分析和阐述。

8.2.1 用户要求

1. 连接管理

由于连接的建立和拆除的开销不适用于实时环境下的 DSRC 协议，故 DSRC 协议使用无连接服务方式。

2. 广播与组播

DSRC 协议为其用户提供广播功能。通过车载单元和路边单元的广播群组的交换，为不同的应用者实现信息采集、广播和分配。路边单元实现广播群组的传输，车载单元实现广播群组的接收。组播功能可选。

3. 服务证实方式

DSRC 协议用户要求 DSRC 协议提供用户证实方式和无证实方式两种服务证实方式。

4. 通信方式

使用全双工传输模式。车载单元平时处于睡眠等待状态，在收到路边单元定期发送的信标服务表（BST：Beacon Service Table，包含关于通信参数、通信概况以及可以应用的信息）后被唤醒，开始与路边单元交换信息，但对媒体的使用方式由路边单元控制，车载单元不允许主动向路边单元发送数据。

数据通信方式采用异步通信方式。

5. 数据形式

DSRC 协议用户可以向 DSRC 协议实体递交整块的数据，并且要求先对信息进行编码，然后再发送到对方。

6. 数据长度

DSRC协议用户传送的块数据的长度是任意的，要求DSRC协议实体提供分段/并段、复用/解复用等服务。

7. 服务质量(QoS)要求

DSRC协议还需要提供通信系统管理支持，提供用户身份鉴别算法以确保信息安全，并预留开发新应用的消息接口。

8.2.2 通道性质

DSRC协议有两个特点：通信区域受限(通信仅在有限范围内是可能的)与通信时间受限(通信仅允许在有限的时间内进行)。国际上DSRC专用短程通信技术曾出现3个主要的工作频段：800～900 MHz、2.4 GHz和5.8 GHz频段。目前我们国家采用的是源于ISO/TC204国际标准化组织智能运输系统技术委员会(国内编号为SAC/TC268)的5.795～5.815 GHz ISM频段，下行链路(D-link)500 kbit/s，2-AM；上行链路(U-link)250 kbit/s，2-PSK的技术标准。从技术上讲，5.8 GHz系统通信距离长，通信速率高，该频段背景噪声小，干扰与抗干扰问题容易解决，系统具有相当高的安全性，易于在大规模、开放性的系统中实施。表8-1列举了几种DSRC建议标准。

表8-1 几种DSRC建议标准

项目 \ 地区或组织	CEN	美国	日本	ISO	中国
频段	5.8 GHz(5.795～5.815 GHz)	5.8 GHz(5.850～5.925 GHz)，915 MHz(902～928 MHz)	5.8 GHz	5.8 GHz，915 MHz或不规定	5.8 GHz
通信系统	被动式	主动式、被动式共用，主从通信方式	主动式	主动式、被动式分别使用	被动式
调制方式	ASK、DPSK	FSK、ASK	ASK		ASK、DPSK
传输速率	下行：500 kbit/s 上行：250 kbit/s	500 kbit/s	1 Mbit/s		下行：500 kbit/s 上行：250 kbit/s

DSRC系统可以分为两种形式：主动式(Active System)和被动式(Passive System)。主动式又称为收发器(Transceiver)系统，在这种系统中OBU和RSU均有振荡器，都可以用来发射电磁波，当RSU向OBU发射询问信号后，OBU利用自身的电池能量发射数据给RSU，主动式OBU必须带有电池；被动式又被称为异频收发系统(Transponder System)或反向散射系统(Backscatter System)，是指RSU发射电磁信号，OBU被电磁波激活后进入通信状态，并以一种切换频率反向发送给RSU，被动式OBU可以是有电源的，也可以是无电源的。根据目前的技术水平，主动式DSRC与被动式DSRC的性能比较如表8-2所示。

表 8-2 主动式 DSRC 与被动式 DSRC 的性能比较

DSRC 形式 性能比较	主动式	被动式
通信距离	约 30 m	约 7 m
同时通信的车辆数	最多 8 辆	原则为 1 辆
通信信息量(当速度为 60 km/h)时	539 kbit	46 kbit

主动式和被动式 DSRC 设备的技术特性要求分别见表 8-3 和表 8-4。

表 8-3 主动式 DSRC 无线收发技术特性要求

项目	技术特性指标
载频	5.8 GHz 上、下行
射频间隔	10 MHz
可占用带宽	小于 8 MHz
调制方式	ASK
传输速率(比特率)	1 024 kbit/s
码型	曼彻斯特码
频道间隔	40 MHz
通信类型	双工通信
最大 e.i.r.p	≤+30 dBm(下行) (传输距离小于 10 m,天线发射功率≤10 dBm)
	≤+44.7 dBm(下行) (传输距离大于 10 m,天线发射功率≤24.77 dBm)
	≤+20 dBm(上行)(天线发射功率≤10 dBm)

表 8-4 被动式 DSRC 无线收发技术特性要求

项目	技术特性	
	中速率	高速率
载波频率	5.8 GHz 频段(下行)	5.8 GHz 频段(上行)
副载波	1.5 MHz/2 MHz (上行)	10.7 MHz(上行)
射频间隔	5 MHz	10 MHz
可占用带宽	小于 5 MHz	小于 10 MHz
调制方式	ASK(下行载波) PSK(上行副载波)	ASK(下行载波) PSK(上行副载波)
传输速率(比特率)	500 kbit/s 250 kbit/s	1 Mbit/s 1 Mbit/s
编码方式	FM0(下行) NRZI(上行)	
通信类型	(脉冲式)转发	(脉冲式)转发
最大 e.i.r.p	≤+33 dBm (下行) ≤−24 dBm(上行:单边带)	≤+39 dBm(下行) ≤−14 dBm(上行:单边带)

8.2.3　DSRC 协议工作模式

每个固定设备(RSU)都包含一个广播 SAP(服务访问点)和在通信区域内为固定设备所知道的每个移动专用 SAP。当数据链路层检测到一个新的专用链路地址时,则固定设备可以建立对应一个专用移动设备的 SAP。每个移动设备应包含一个广播 SAP 和请求上行链路传输时的一个专用 SAP。此外,它也可以包含一个或多个组播 SAP,如图 8-1 所示。

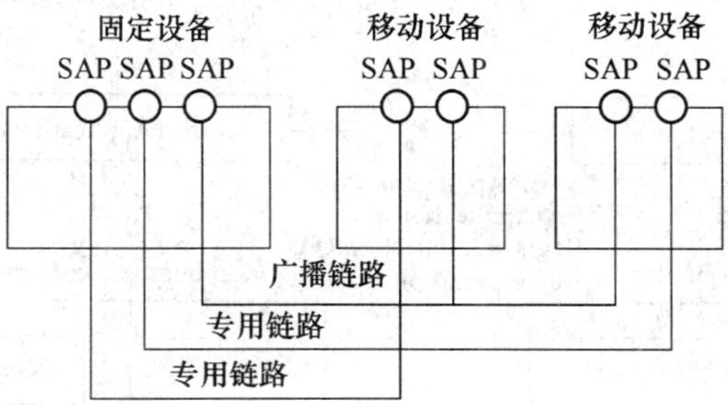

图 8-1　链路地址关系

从上面的分析可知,DSRC 协议的工作模式有点对点模式和点对多点模式两种,并且采用主从模式,固定设备总是控制物理媒体的使用。

8.2.4　协议功能分析

根据对 DSRC 协议环境的分析结果,确定 DSRC 协议应该具有下面的功能。

1. 控制管理功能

合法性检查:对用户的身份进行验证。

其他一些扩充的管理功能。

2. 通信方式管理

DSRC 协议规定对媒体的使用采取主从式,路边单元控制对媒体的使用,车载单元必须在规定的上行链路窗口才能上传数据。

3. 数据的发送/接收管理

包括:PDU 的封装/解封装,SDU 分段/装配等。

4. 数据的完整性检查

5. 发送/接收控制

8.3 DSRC 协议设计

8.3.1 协议结构设计

参照开放系统互连参考模型（ISO7498:1984），DSRC 协议规定了 3 层结构，将应用层与一些中间层合并成应用层，其他两层是数据链路层和物理层，如图 8-2 所示。

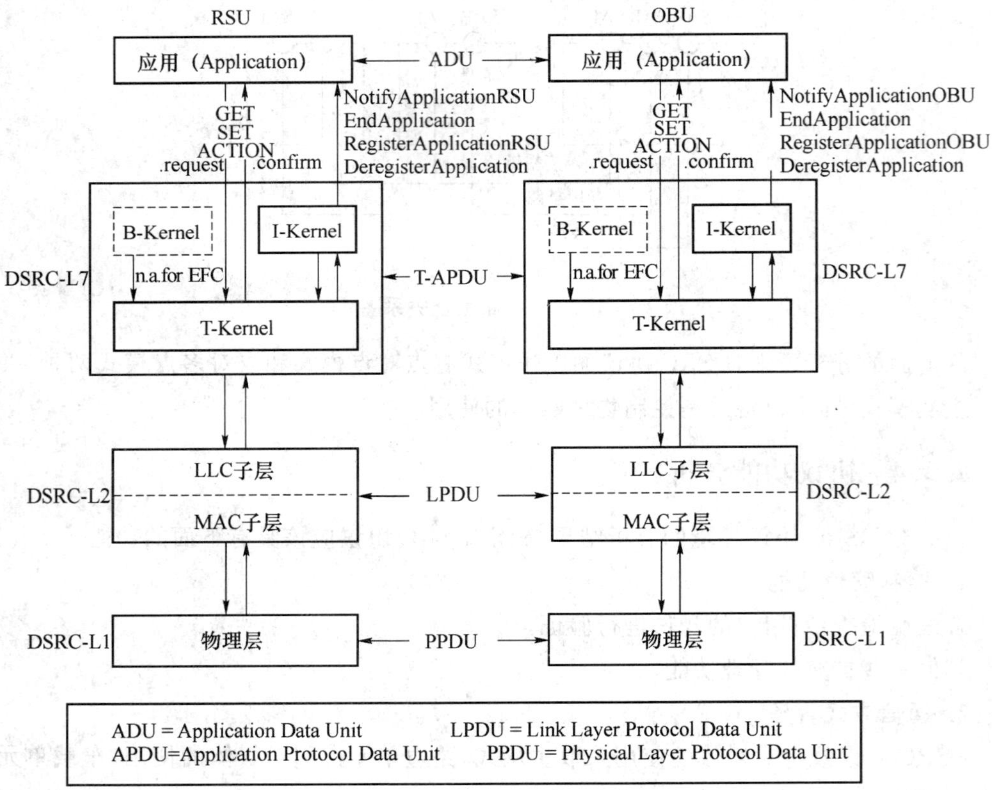

图 8-2　DSRC 协议栈体系结构和数据流图

物理层规定了 DSRC 通信系统机械、电气、功能和过程的参数，以激活、保持和释放通信系统之间的物理连接。

数据链路层是 DSRC 3 层通信协议的中间层，制定了逻辑链路控制和媒质接入控制方法，定义了共享物理媒质、寻址和出错控制的操作。此层协议是为收发双方对等实体间保持一致和顺利完成对高层的服务而制定的，主要的参照标准是 ENV 12795 高级链路控制规程和 ISO/IEC 8802-2 以太网协议的逻辑链路控制标准。数据链路的建立、拆除，对数据的检错、纠错是数据链路层的基本任务。该层提供的服务有两种：无确认的(类型 1)和有确认的(类型 3)无连接服务，不使用面向连接的服务方式。

应用层为 DSRC 应用提供通信工具，实现路边单元与车载单元的通信处理，而未经处理的部分留给低层协议来完成。应用层提供支持多个应用并行处理所需的最小服务集，还提供了一些 DSRC 应用的基础性工具，应用层中的过程可以直接使用这些工具，如通信初始化过程、数据传输和擦去操作等。另外该模块还提供用户身份鉴别算法以确保信息安全，并预留开发新应用的消息接口。

8.3.2 协议机制设计

1. 物理层

物理层规定了无线通信使用的传输媒质和上下行链路传输媒质的物理特性参数，确定与数据链路层的接口及需要提供的服务，提供数据传输、同步、定时功能以实现连接和数据传输，控制信道的激活、保持、释放，进行信道切换和选择。其中载波频率是一个关键参数，它是造成世界上 DSRC 系统差别的主要原因。目前有北美 5.8 GHz 和 900 MHz，欧洲 5.8 GHz，日本 5.8 GHz 等多种系统。我国拟采用 5.8 GHz 系统，在此频段上为 DSRC 通信建立了一个物理层通用框架，为互换性奠定基础。为了用于路边单元与车载单元之间的信息交换，还对通信介质提出了相应要求。

DSRC 物理层规定了 RSU 和 OBU 的以下性能指标的定义和取值范围。

下行链路参数：载频、载频容差、路边单元发射频谱、车载单元最小接收带宽、等效全向辐射功率、天线极化、交叉极化、调制指数、眼图、数据编码、比特率、位时钟容差、误比特率、车载单元唤醒最长启动时间、通信区域功率极限、前同步字符长度、前同步字符波形等。

上行链路参数：副载波频率、副载波频率容差、上行链路载频容差、车载单元发射机发射频谱、路边单元最小接收带宽、最大单边带等效全向辐射功率、天线极化、眼图、边带抑制、边带隔离、数据编码、符号率、符号时钟容差、误比特率、通信区域功率极限、最小变换增益、前同步字符长度和波形等。

2. 数据链路层

数据链路层的基本功能是为 DSRC 应用层提供一组服务原语，通过该组服务原语，固定设备可以同一个或一组通信设备实现点对点或点对多点的无差错通信。为实现此功能，数据链路层必须实现 3 个基本的子功能，即对不同通信设备进行地址分配并根据该地址共享信道，差错帧检验与恢复，数据流控制。为实现这些功能，该层协议分为媒质接入控制子层(MAC)和逻辑链路控制(LLC)子层，定义了以下内容：

- 帧结构
- 共享物理媒质的媒质接入控制过程(时窗管理)

- 地址规则和惯例
- 数据流控制过程
- 应答过程
- 错误控制过程
- 向数据链路层用户提供的服务

LLC 子层支持 RSU 和 OBU 之间的一条或多条逻辑链路的控制功能，生成用于发送的命令 PDU(协议数据单元)，解释所收到的命令 PDU 并生成适当的响应 PDU，负责组织数据流，进行错误控制和错误纠正，为应用层提供服务。

MAC 子层负责控制安装在固定设备中的 MAC 子层实体(固定 MAC)和安装在移动设备中的 MAC 子层实体(移动 MAC)对物理媒质的使用。现简要分析一下帧结构、媒质接入控制过程(时窗管理)、地址规则和数据收发过程。

(1) 帧结构

数据链路层定义的包含 LLC 子层 PDU 的帧结构如图 8-3 所示。

帧标志	链路地址	MAC控制域	LPDU	帧校验序列	帧标志

图 8-3　含 LPDU 的帧结构

还有一种只含 MAC 控制域而不含 LPDU 的特殊帧，其帧结构如图 8-4 所示。

帧标志	链路地址	MAC控制域	帧校验序列	帧标志

图 8-4　不含 LPDU 的帧结构

所有传输的帧都必须用帧头和帧尾来标志数据帧的开始和结束，帧头和帧尾都是 01111110 比特序列。为了达到透明性，在数据链路地址、MAC 控制域、LPDU 和帧校验序列中的连续 5 个 1 比特后插入 1 个 0 比特来避免出现帧标志序列。

链路地址域里包含链路地址，它可以是专用、组播或广播地址。如果一个地址字节的第 1 位为 0，那么随后的字节还是属于该地址域，直到以一个 1 开头的字节结束。

MAC 控制域包含 MAC 信息和 LPDU 的命令/响应标识符，它是一个 8 比特字节序列。固定设备是媒质的控制者，移动设备是媒质的受控者，下行链路 MAC 控制域和上行链路 MAC 控制域在 MAC 中起不同的作用。MAC 控制域非常重要，它的主要功能有：

- 指示一个 LLC 单元是否有效，以便允许无数据帧的存在；
- 指示传输方向是上行还是下行，可以防止 RSU 和 OBU 之间的干扰；
- 分配公共窗口和专用窗口，请求专用窗口；
- 指定 LLC 单元的类型。

下行链路的 MAC 控制域如图 8-5 所示，各比特的意义如下。

L	D(0)	A	C/R	S	X	X	X
7	6	5	4	3	2	1	0
MSB							LSB

图 8-5　下行链路的 MAC 控制域

- L：LPDU 存在比特，用于指示帧是否包含一个 LPDU。

0＝帧不包含 LPDU

1＝帧包含 LPDU

- D：方向标识符比特。

0＝下行链路方向

- A：媒质分配比特，用于分配媒质。

0＝固定设备没有分配窗口

1＝固定设备分配了窗口

- C/R：LLC 命令/响应比特，用于确定 LPDU 是响应还是命令。如果 LPDU 存在比特是 0，则忽略该 LLC 命令/响应比特。

0＝命令 PDU

1＝响应 PDU

- S：MAC 序列比特。
- X：保留，置 0。

上行链路的 MAC 控制域如图 8-6 所示，各比特的意义如下。

L	D(1)	R	C/R	X	X	X	X
7	6	5	4	3	2	1	0
MSB							LSB

图 8-6　上行链路的 MAC 控制域

- L：LPDU 存在比特，用于指示帧是否包含一个 LPDU。

0＝帧不包含 LPDU

1＝帧包含 LPDU

- D：方向标识符比特。

1＝上行链路方向

- R：媒质请求比特，用于请求上行窗口。

0＝移动设备没有请求窗口

1＝移动设备请求窗口

- C/R：LLC 命令/响应比特用于识别 LPDU 是命令还是响应。LPDU 存在比特为 0 时，则忽略 LLC 命令/响应比特。

0＝命令 LPDU

1＝响应 LPDU

- X：保留，置 0。

所有帧在结束标志之前都有一个 CRC 检错的 16 位帧校验序列(FCS)。FCS 的计算范围包括链路地址、MAC 控制域和 LPDU 其生成多项式是：$X^{16}+X^{12}+X^{5}+1$，使用的初始值是 FFFF16，结果余数的补码必须以 16 位的 FCS 发送。

(2) 媒质接入控制(时窗管理)

一个 RSU 与多个 OBU 通信时需共享通信媒质，因此必须对媒质接入进行有效控制，也就是时窗管理或窗口管理。窗口管理的概况可用图 8-7 来说明。

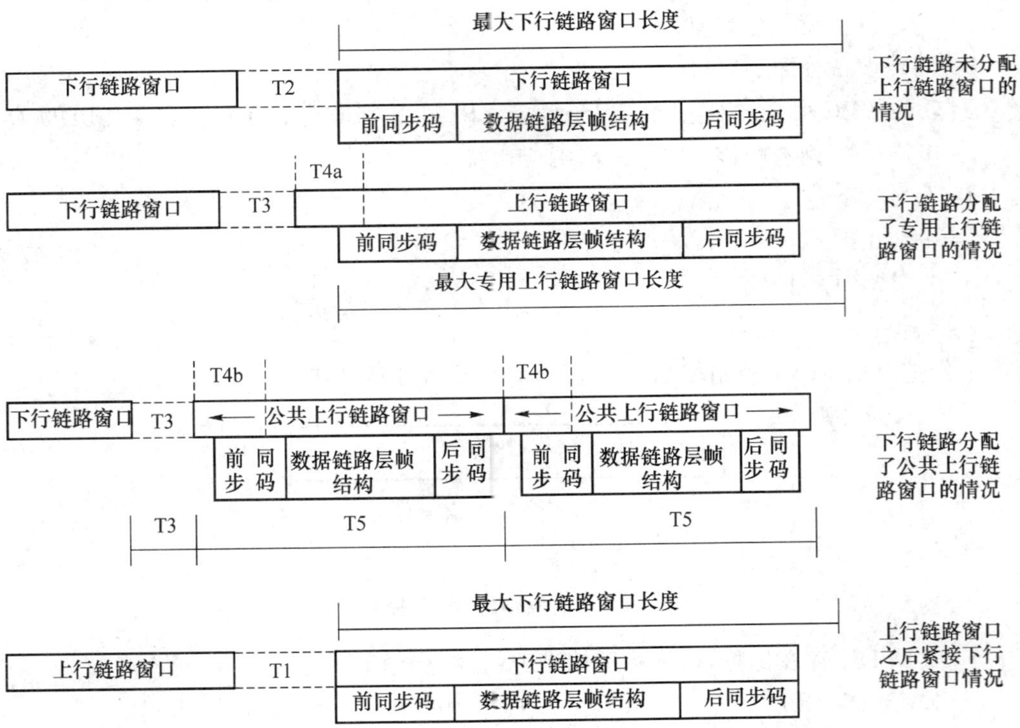

图 8-7　上下行链路窗口管理概况

固定 MAC 分配的上行窗口由下行帧的 MAC 控制域说明，并且紧跟在包含该下行帧的下行链路窗口之后。固定 MAC 通过分配上行链路窗口帧的链路地址来区分公共上行链路窗口和专用上行链路窗口的分配。当链路地址域包含一个广播地址则表示分配了一个公共上行链路窗口，当链路地址域包含的是某个特定移动设备的地址则表示分配了一个专用上行窗口。各链路窗口之间的时间间隔由 BST 的有关参数决定。

如果下行 LPDU 是一个需要远端移动 SAP 立即响应的命令 PDU 时，或远端移动 SAP 已经请求了一个专用上行链路窗口，固定 MAC 就应该为远端移动 SAP 分配一个专用上行链路窗口。当一个专用上行链路窗口被分配时，则该分配帧的 A 比特应置为 1，链路地址域应包含被分配了专用上行链路窗口的一个远端 SAP 的专用链路地址。

如果所接收帧的 A 比特等于 1 且链路地址是广播地址，则根据该接收帧分配公共上行链路窗口，同时可以分配的连续公共上行链路窗口的数目是 $N5$。移动 MAC 可在所选择的公共上行链路窗口中传送信息。

每次固定 MAC 可以分配一个或多个连续的公共上行链路窗口，同时分配的连续公共上行链路窗口数目是 BST(信标服务表)中的参数 $N5$。为了在多个公共上行链路窗口中选择一个窗口发送数据，DSRC 数据链路层采用了随机延时计数器选择机制。车辆到达通信区域后，移动 MAC 的首次公共上行链路窗口发送指示器变量 V(PUB) 置 0。当移动 MAC 需要选择一个公共上行链路窗口进行发送时，必须产生一个大于等于 1 且小于等于 $N8$($N5>1$ 时，$N8=N5$；$N5=1$ 时，$N8$ 由 BST 给出的参数确定)的随机延迟计数器值 $N7$。移动 MAC 的公共上行链路窗口计数器值 $N6$ 初值置为 0($N5>1$ 时)或 $N7-1$($N5=1$ 时)，随着有效的公共上行链路窗口增加 $N6$ 依次递加 1，直到 $N6$ 等于 $N7$，此时移动 MAC 即可在当前有效公共上行链路窗口发送数据帧，然后移动 MAC 将 $N6$ 置为 $N7-N8$，再随机生成一个新的整数 $N7$($1\leqslant N7\leqslant N8$)，并将首次公共上行链路窗口发送指示器变量 V(PUB) 置 1。$N5$ 大于 1 时的公共上行链路窗口选择机制见图 8-8。

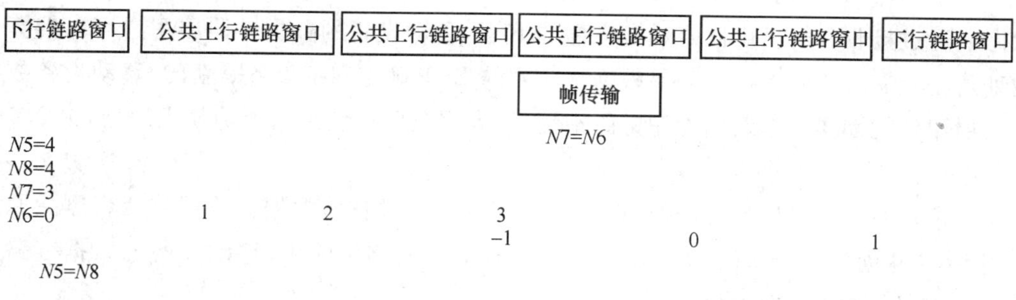

图 8-8　$N5>1$ 时的公共上行链路窗口选择机制

如果 $N5$ 等于 1，则移动 MAC 应在第一个公共上行链路窗口发送，在随后的 $N7-1$ 个公共上行链路窗口禁止发送。发送后移动 MAC 的操作与 $N5>1$ 时相同，它的公共上行链路窗口选择机制如图 8-9 所示。

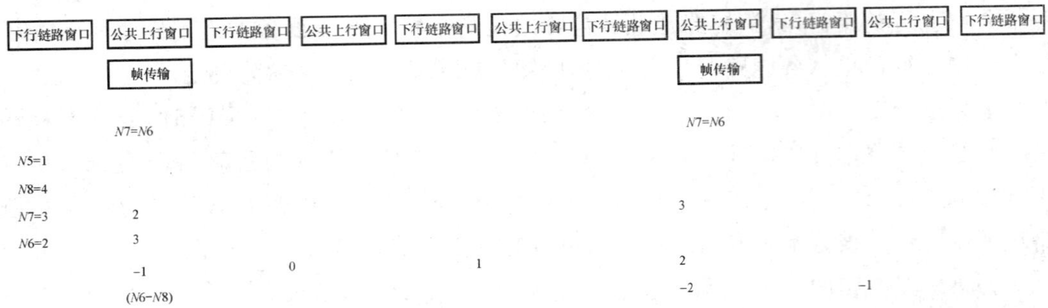

图 8-9　$N5=1$ 时的公共上行链路窗口选择机制

但是这种随机选择机制可能造成多个移动 MAC 争抢同一个公共上行链路窗口，一旦发生冲突就只能依靠停止—等待规则重传数据，直到收到确认帧为止。

(3) 地址规则和惯例

在数据链路层使用的地址是链路地址，也就是代表业务接入点(SAP)的编码，同样的链路地址也用于 MAC 子层和 LLC 子层。每个固定设备都包含一个广播 SAP 和多个移动专用 SAP。当一个新的专用链路地址被数据链路层检测到时，固定设备就可以建立与一个移动设备专用 SAP 对应的固定设备专用 SAP。

每个移动设备都包含一个广播 SAP 和请求上行链路传输时的一个专用 SAP，也可以包含一个或多个组播 SAP。当数据链路用户解释了 BST 并且使用一个新的链路地址发出了一个请求原语时，则移动设备抵达一个通信区域应该可以使用专用 SAP。第 1 个公共上行链路窗口传送指示器 V(PUB)应设置为 0。

固定设备与移动设备之间链路地址 SAP 的对应关系如图 8-1 所示。

为了确保 OBU 接收到 RSU 发送的 BST，所有 OBU 的广播 SAP 应该一直处于激活状态。通过接收和解析由固定设备广播的 BST，移动设备的数据链路层用户可以推算出地址建立所需的所有参数。如果根据接收到的 BST 确定固定设备是新的，移动设备数据链路层用户就创建一个新的专用链路地址，该专用链路地址是一个伪随机地址，由 $N1$ 个字节组成。

当请求原语的链路地址与原有的专用链路地址不同时，数据链路层将负责删除原有专用 SAP 并创建一个新的专用 SAP。在所有上行链路传输中，移动设备的数据链路层实体应使用其专用链路地址。

当固定设备的数据链路层实体接收到一个包含新的专用链路地址的帧时，应该创建一个相应的固定设备 SAP。固定设备的专用 SAP 在使用结束后必须删除，以避免出现无限多个 SAP，但该层协议没有规定具体的删除机制。

(4) 数据收发过程(数据流、错误控制和应答过程)

DSRC 数据链路层提供两种类型的数据链路控制操作。

第 1 种类型(称为类型 1)的操作是无确认的无连接模式,它的协议复杂度最小。这类操作大多用在不必保证每个数据链路层数据单元的传送和某些初始化数据传送的场合,典型地应用于协商阶段的组播或广播信息。类型 1 数据传输服务提供了一组方法,通过该组方法数据链路用户实体可采取基于无确认的方式交换 LSDU,而无须建立数据链路层次上的连接。数据传输可以是点对点、组播或广播方式。

类型 1 操作命令 PDU 的 LLC 控制域编码见图 8-10。

7	6	5	4	3	2	1	0	
0	0	0	P	0	0	1	1	UI命令
MSB							LSB	

图 8-10　类型 1 操作命令 PDU 的 LLC 控制域

下行链路中,无编号信息(UI)命令 PDU 用于发送信息给一个或多个移动 SAP(专用、组播或广播链路地址),上行链路中,UI 命令 PDU 用于向一个固定 SAP(专用链路地址)发送信息。UI 命令 PDU 的使用不依赖于源 LLC 和目的 LLC 之间的数据链路连接,而且它的使用不会影响类型 3 操作中 V(SI)和 V(RI)变量的值。UI 命令 PDU 没有对应的 LLC 响应 PDU。如果传送 UI 命令 PDU 过程中出现逻辑数据链路异常,UI PDU 包含的数据可能会丢失。

第 2 种类型(称为类型 3)的操作是有确认的无连接模式,它要求一个站点在传送数据的同时又请对方回传确认信息。虽然这种交换服务是无连接的,但按序传送还是保证了所发送数据的可靠性。类型 3 数据单元交换服务提供了一组方法,通过该组方法数据链路层用户实体可以交换在 LLC 子层被确认的 LSDU 而无须建立数据链路连接。通过该组服务提供的方法,一个站点中的数据链路用户实体可以发送数据单元给另一个站点,或从另一站点请求一个预先准备好的数据单元,或与另一个站点交换数据单元。数据单元传输是点对点的方式。

7	6	5	4	3	2	1	0	
0	1	1	P	0	1	1	1	AC0命令
1	1	1	P	0	1	1	1	AC1命令
0	1	1	F	0	1	1	1	AC0响应
1	1	1	F	0	1	1	1	AC1响应
MSB							LSB	

图 8-11　类型 3 操作命令 PDU 和响应 PDU 的 LLC 控制域比特分配

类型 3 操作命令 PDU 和响应 PDU 的 LLC 控制域编码见图 8-11。

在类型 3 操作中,有确认无连接信息(ACn)命令 PDU 可以发送或请求信息而无须预先建立数据链路连接。站点接收到一个 ACn 命令 PDU 后应尽早以 ACn 响应 PDU 加以确认。ACn 命令 PDU 有一个专用链路地址,信息域可以为空(长度为 0)或非空。如果非空,必须包含一个链路服务数据单元。ACn 命令只用于点对点传输,不允许组播或广播。ACn 响应 PDU 用于应答一个 ACn 命令 PDU,响应应在收到命令 PDU 后尽早产生。ACn 响应 PDU 由响应 LLC 确定并被发送给源 LLC,响应 PDU 的信息域总是包含一个状态子域。

如果 ACn 命令 PDU 不要求远端 LLC 在确认帧中返回一个 LSDU ，LLC 将该命令 PDU 的 P 比特置为 0；如果要求在确认帧中返回一个 LSDU,则该命令 PDU 的 P 比特置为 1。P 比特置为 1 使数据能被双向传递,但是如果只希望数据从响应 LLC 被传递给发送 LLC,命令 PDU 可以放置一个空信息域。

当发送一个 ACn 响应 PDU 时,LLC 把 F 比特置为与接收到的 ACn 命令 PDU 中的 P 比特相同的值,只有当 F 比特为 1 时响应 PDU 中才包含一个非空的 LSDU 子域。

由于建立和拆除连接的开销不适用于智能交通的实时环境,DSRC 协议没有采纳类型 2 的操作。

3. 应用层

应用层核心结构包括传输内核、初始化内核和广播内核。传输内核提供了可被初始化内核、广播内核和应用者所使用的基本运输手段,包含 ISO/OSI 模型中 3～6 层中所需的最基本功能,为数据传输和远程控制提供服务。

传输协议包括下列步骤：

- 将服务数据单元(SDU)变换为协议数据单元(PDU)；
- 协议数据单元(PDU)编码；
- 分段；
- 八位组对准；
- 复用、拼接和逻辑链路控制访问；
- 解复用；
- 并段；
- 协议数据单元解码、解拼接、消除插入位；
- 将协议数据单元还原为服务数据单元,并按收件人分发。

初始化内核(I-KE)：在有关配置和应用方面与同级实体交换信息,实现 OBU 和 RSU 之间通信的初始化；应向 OBU 内的应用者通知 RSU 内同级应用者的出现状况；应对 OBU 的 LID 进行处理。

广播内核(B-KE)：应通过车载单元和路侧单元的广播群组的交换,为不同的应用者实现信息采集、广播和分配。

8.3.3 协议元素设计

1. 应用层协议元素设计

应用层规定了各内核的服务、服务原语、参数和行为,提供一系列的服务原语给各种不同应用以实现通信过程的各种操作。这些服务原语用来规定应用数据的形态与数据结构。

传输内核提供的服务原语：

- GET.request
- GET.indication
- GET.response
- GET.confirm
- SET.request
- SET.indication
- SET.response
- SET.confirm
- ACTION.request
- ACTION.indication
- ACTION.response
- ACTION.confirm
- EVENT-REPORT.request
- EVENT-REPORT.indication
- EVENT-REPORT.response
- EVENT-REPORT.confirm
- INITIALIZATION.request
- INITIALIZATION.indication
- INITIALIZATION.response
- INITIALIZATION.confirm

其中 INITIALIZATION.request 和 INITIALIZATION.confirm 原语只能在 RSU 一侧使用，INITIALIZATION.indication 和 INITIALIZATION.response 原语只能在 OBU 一侧使用。

服务原语时序：SET 和 ACTION 原语可以在确认模式或非确认模式下使用，其他原语只能在确认模式下使用。

初始化内核提供的服务原语：

- RegisterApplicationRSU
- RegisterApplicationOBU
- DeregisterApplication
- NotifyApplicationOBU
- NotifyApplicationRSU
- EndApplication

广播内核提供的服务原语：

- Broadcast Data
- Get Broadcast Data

2. 逻辑链路控制子层(LLC)服务原语

为满足广泛的潜在应用,LLC 子层提供两种类型的服务模式。

(1) 无确认无连接模式服务

数据传输服务提供了一组方法,通过该组方法数据链路用户实体可采取基于无确认的方式交换数据链路层服务数据单元(LSDU),而无须建立数据链路层次上的连接。数据传输可以是点对点、组播或广播方式。

(2) 有确认无连接模式服务

该模式数据单元交换服务提供了一组方法,通过该组方法数据链路层用户实体可以交换在 LLC 子层被确认的 LSDU 而无须建立数据链路的连接。通过该组服务提供的方法,一个站点中的数据链路用户实体可以发送数据单元给另一个站点,或从另一个站点请求一个预先准备好的数据单元,或与另一个站点交换数据单元。数据单元传输是点对点的方式。

与无确认无连接模式数据单元传输服务有关的原语:

- DL-UNITDATA. request(LID, data, RR)
- DL-UNITDATA. indication(LID, data)

与有确认无连接模式数据单元传输服务有关的原语:

- DL-DATA-ACK. request(LID, data)
- DL-DATA-ACK. indication(LID,data)
- DL-DATA-ACK-STATUS. indication(LID, status)

与有确认无连接模式数据单元交换服务有关的原语:

- DL-REPLY. request(LID, data)
- DL-REPLY. indication(LID, data)
- DL-REPLY-STATUS. indication(LID, data, status)

与响应数据单元准备有关的原语:

- DL-REPLY-UPDATE. request(LID,data)
- DL-REPLY-UPDATE-STATUS. indication(LID, status)

LLC 服务原语重要的参数说明如下。

- LID:链路地址参数,它标识了 MAC 和 LLC 的本地 SAP 及远端 SAP。
- Data:数据参数,可以由实际正在传送的链路服务数据单元通过传送一个指示字或工具来提供,数据参数可以为空。
- RR:响应请求参数,由固定设备数据链路层用户使用,用来指示数据链路层响应由数据链路层用户所请求的 LSDU(响应请求参数使数据链路层用户能请求分配上行链路窗口)。

- Status:状态参数,指示上次相关请求是成功还是失败。

3. MAC 子层服务原语

MAC 子层提供 X-MA-DATA 服务原语给 LLC 子层,固定(F)MAC 和移动(M)MAC 中的原语是不同的,因此它们被分为 F-MA-DATA 原语和 M-MA-DATA 原语。

固定 MAC 子层原语:

- F-MA-DATA. request(LID, LPDU, RR)

该原语由 LLC 子层发送给 MAC 子层,以请求在第 1 个可用的下行链路窗口发送一个 LPDU 给一个移动 SAP。

- F-MA-DATA. indication (LID, LPDU)

该原语从 MAC 子层发送到 LLC 子层,指示成功接收到一个移动 SAP 发出的有效帧。

移动 MAC 子层原语:

- M-MA-DATA. request(LID, LPDU)

该原语由 LLC 子层发送给 MAC 子层,以请求在一个上行链路窗口发送一个 LPDU 给固定 SAP。

- M-MA-DATA. indication(LID, LPDU)

该原语从 MAC 子层发送到 LLC 子层,指示成功接收到来自一个固定 SAP 的一个有效帧。

8.4 协议描述

用 SDL 这种形式化语言描述协议体系,可分为系统、模块、进程 3 个层次。协议 SDL 描述阶段采用了自顶向下、逐步求精的思路,首先设计整个协议体系总体框架,然后对协议功能逐步分解,建立模块级模型,再具体描述基本进程。系统级描述体现了总体设计的思想,这一阶段完成的工作有以下几点:

- 设计软件系统总体结构,划分功能模块;
- 定义系统与环境之间,以及各功能模块之间的接口和信号传递;
- 设计主要的数据结构,定义必要的数据类型。

整个 DSRC 系统包含 RSU 单元和 OBU 单元,RSU 和 OBU 在设计、描述时是各自独立的部分,但有大致相同的设计方法和思路。以 RSU 端为例,把 RSU 看成一个独立的 SDL 系统,上层应用系统、OBU 都被看成 RSU 的外部环境。具体设计采取按层分解、逐步求精的方法，即系统划分为功能块，功能块再被划分为子功能块和进程，最后在进程层次上详细描述 RSU 端的功能和行为，RSU 端的 SDL 设计及层次分解如图 8-12 所示。

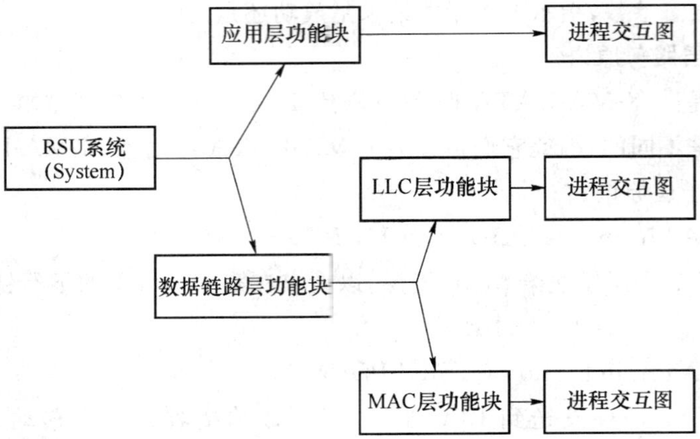

图 8-12　RSU 端的 SDL 设计及层次分解描述

8.4.1　系统命名规则

1. 系统模块和信道的命名规则

RSU 系统如果包含与 OBU 系统同名的模块，则在 RSU 系统模块名的尾部添加"_RSU"字样，相应 OBU 模块名的尾部添加"_OBU"字样。若两个系统中的信道重名，也在重名的 RSU 系统信道名的尾部添加"_RSU"字样，相应 OBU 信道名的尾部添加"_OBU"字样；同时说明一点，信道的命名规则是按照协议栈自上而下的层次关系来命名的，且双向信道使用介词"tot"，单向信道使用介词"to"(需注意信号传输方向)，例如 RSU 端 LLC 子层和 MAC 子层间的信道需命名为"LLCtotMAC_RSU"。

2. 变量命名规则

过程中需要输入输出的变量不能与外部对应的变量重名，因此过程中使用的变量名称是在外部相应变量命名的基础上在其尾部添加"_p"字样。例如：过程外部某变量命名为"applist"，则过程中的相应变量需命名为"applist_p"。

3. 类型命名规则

在结构体类型的定义中，若出现结构体元素名与对应的数据类型名相同的情况，则在元素名的尾部添加"_v"字样。例如：某结构体元素的声明"time Time"，需改为"time_v Time"。

8.4.2　DSRC 协议系统图

因为 RSU 模块和 OBU 模块的结构和功能基本相似，下面以 RSU 一侧为例来描述协议的设计、仿真和验证过程。

图 8-13 给出了 DSRC 协议 RSU 侧的 SDL 系统图，图中把物理层视为环境，主要考虑应用层(L7_RSU)和数据链路层(L2_RSU)。

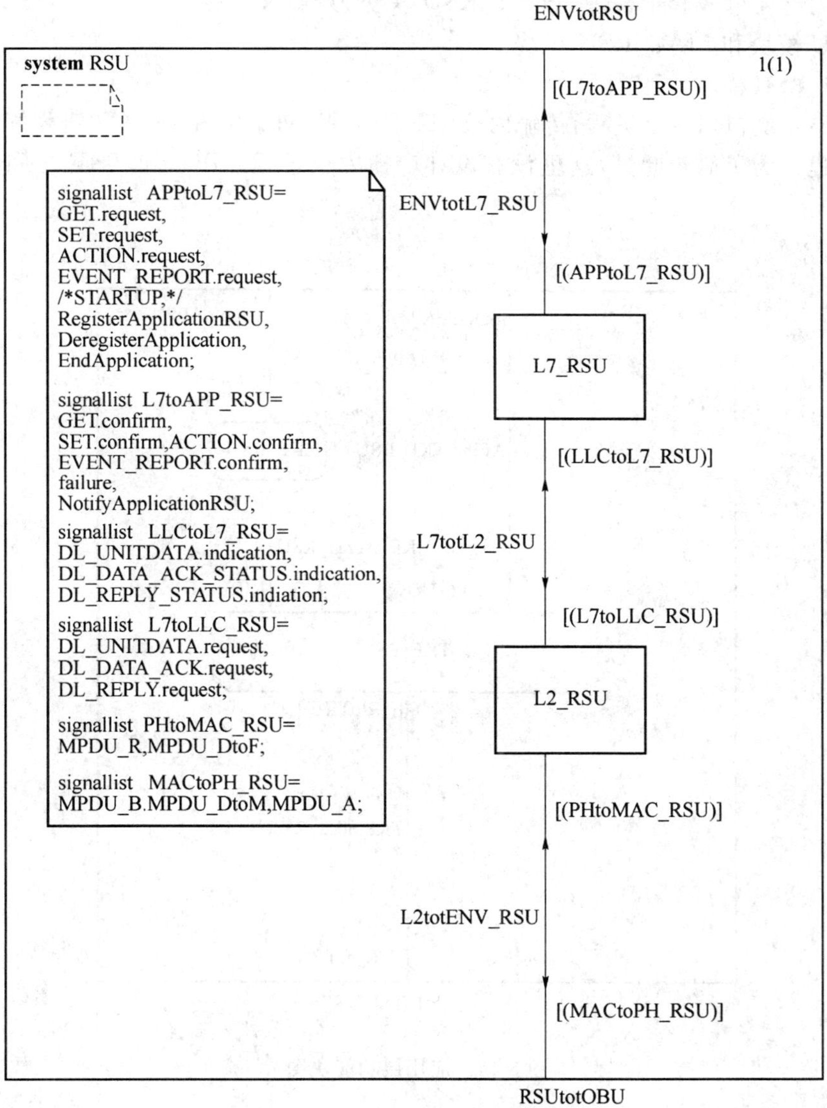

图 8-13　DSRC 协议系统图

8.4.3　DSRC 协议模块图

模块级描述是在系统级描述的基础上，根据系统划分的功能模块，对各模块做进一步的细化设计，明确各模块的具体功能和实现方法。这一层次主要解决以下几个方面的问题：

- 设计模块结构，划分具体进程；

• 说明模块内各进程之间信号交互情况，定义本模块内使用的信号；

• 定义本模块内使用的数据类型和数据结构。

模块内部还可嵌套子模块，以 L2_RSU 模块为例，又根据功能划分为两个子模块：LLC _RSU 模块和 MAC_RSU 模块。

1. L7_RSU 模块

应用层模块包括 3 个进程：传输内核（TKE）进程、初始化内核（IKE）进程和广播内核（BKE）进程。为了简化起见，这里没有设计广播内核进程。IKE 和 TKE 之间的交互如图 8-14 所示。

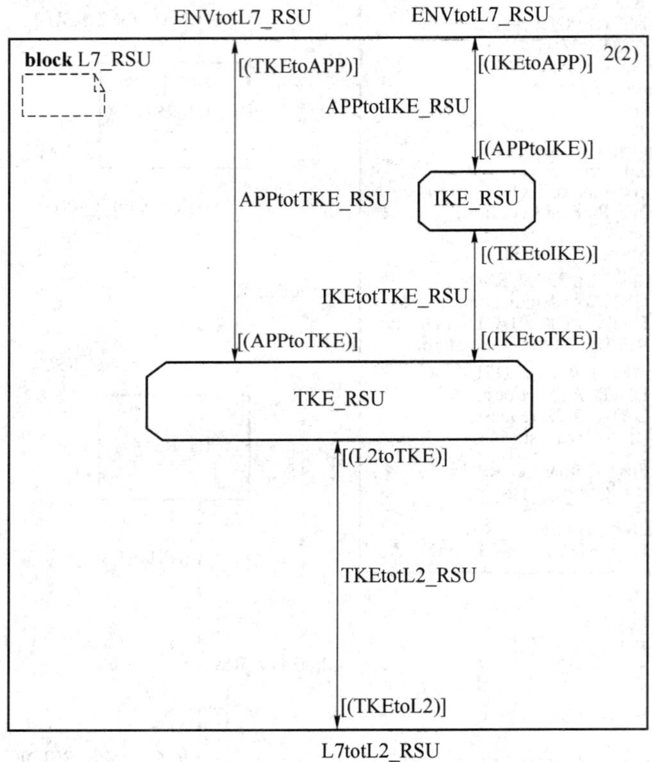

图 8-14　应用层功能块图

初始化内核 IKE_RSU 实现 OBU 和 RSU 之间通信的初始化。IKE_RSU 只有一个状态 idle。进程实例静态创建，只允许有一个实例。

传输内核 TKE_RSU 将初始化内核和上层应用发来的 SDU（服务原语）转换成 PDU，并调用 LLC 提供的服务。TKE_RSU 也只有一个状态 idle。进程实例也是静态创建，只允许有一个实例。

信号列表的定义如下：

```
signallist  TKEtoAPP = GET.confirm, SET.confirm, ACTION.confirm,
```

```
EVENT_REPORT.confirm, failure;

signallist  APPtoTKE =
GET.request,SET.request,ACTION.request,EVENT_REPORT.request /* STARTUP */;

signallist  IKEtoAPP = NotifyApplicationRSU;

signallist  APPtoIKE =
RegisterApplicationRSU,DeregisterApplication,EndApplication;

signallist  TKEtoIKE = INITIALIZATION.confirm;

signallist  IKEtoTKE = EVENT_REPORT.request,INITIALIZATION.request;

signallist  L2toTKE = DL_UNITDATA.indication,
DL_DATA_ACK_STATUS.indication, DL_REPLY_STATUS.indication;

signallist  TKEtoL2 = DL_UNITDATA.request, DL_DATA_ACK.request,
DL_REPLY.request;
```

2. L2_RSU 模块

数据链路层模块包括 MAC(媒体访问控制子层)子模块和 LLC(逻辑链路控制子层)子模块。数据链路层功能块图如图 8-15 所示。

(1) LLC_RSU 模块

LLC 层 RSU 端包括 3 个进程:控制进程(Transfer_Control_RSU)、类型 1 组件进程(Type1_RSU)和类型 3 发送组件进程(Type3_Send_RSU)。各进程关系如图 8-16 所示。

① 控制进程

控制进程在 RSU 端负责不同类型信号的转发,即把 UI(无连接无确认)类型信号转发给类型 1 组件进程,把 ACn(无连接有确认)类型信号转发给类型 3 发送组件。

- 进程实例:静态创建,1 个实例。
- 该进程只有一个状态 idle。
- 输入信号:DL_UNITDATA. request,DL_DATA_ACK. request,DL_REPLY. request,F_MA_DATA. indication。
- 输出信号:DL_UNITDATA. request,DL_DATA_ACK. request,DL_REPLY. request,F_MA_DATA. indication。

② 类型 1 组件进程

负责处理 RSU 端类型 1 类型信号。

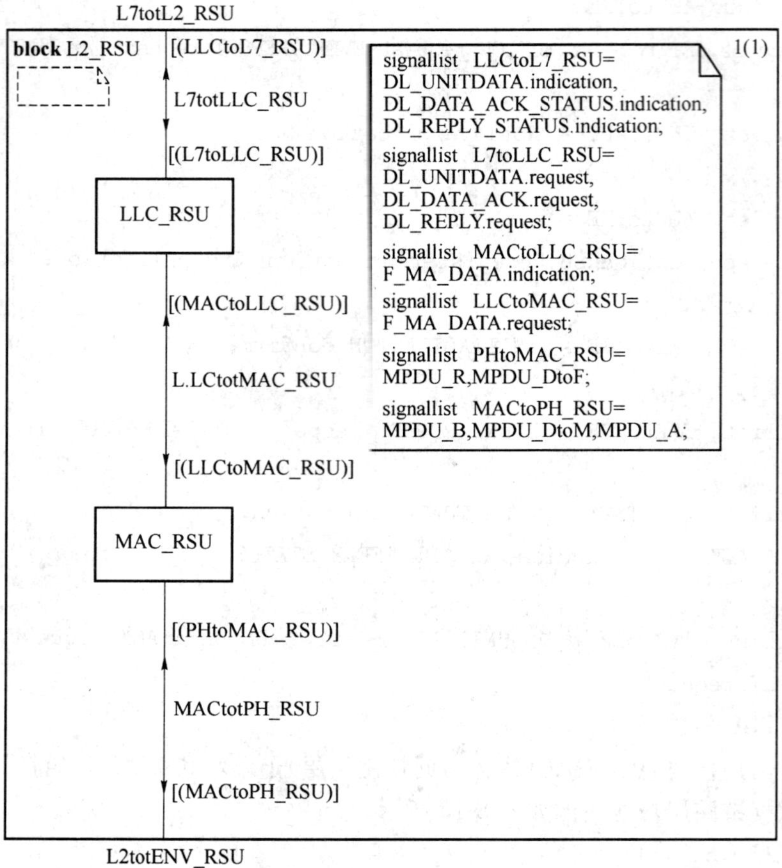

图 8-15 数据链路层功能块图

- 进程实例:静态创建,1 个实例。
- 输入信号:DL_UNITDATA. request,F_MA_DATA. indication。
- 输出信号:DL_UNITDATA. indication,F_MA_DATA_request。

③ 类型 3 发送组件(Type3_Send_RSU)

负责 RSU 端处理类型 3 类型信号,其实例由控制进程创建。

- 进程实例:动态创建,最多同时创建实例数为 50。
- 该进程包含以下状态:等待携带数据的应答响应(WAIT_R)状态,等待不携带数据的应答响应 WAIT_A 状态和空闲状态 idle。
- 输入信号:DL_DATA _ACK. request,DL_REPLY. request,F_MA_DATA . indication。
- 输出信号:DL_DATA _ACK_STATUS . indication,DL_REPLY_STATUS . indication,

F_MA_DATA_request。

(2) MAC_RSU 模块

MAC 子层负责控制固定设备和移动设备中 MAC 实体对物理媒体的使用，主要功能包括 MAC 子层协议数据单元的解析和生成以及对上、下行链路窗口的管理。MAC 子层模块作为 L2 层(数据链路层)模块中的低子层模块，其上层是 L2 层模块中的 LLC 子层模块(高子层模块)，其向下是实际的物理传输信道，即外部环境。

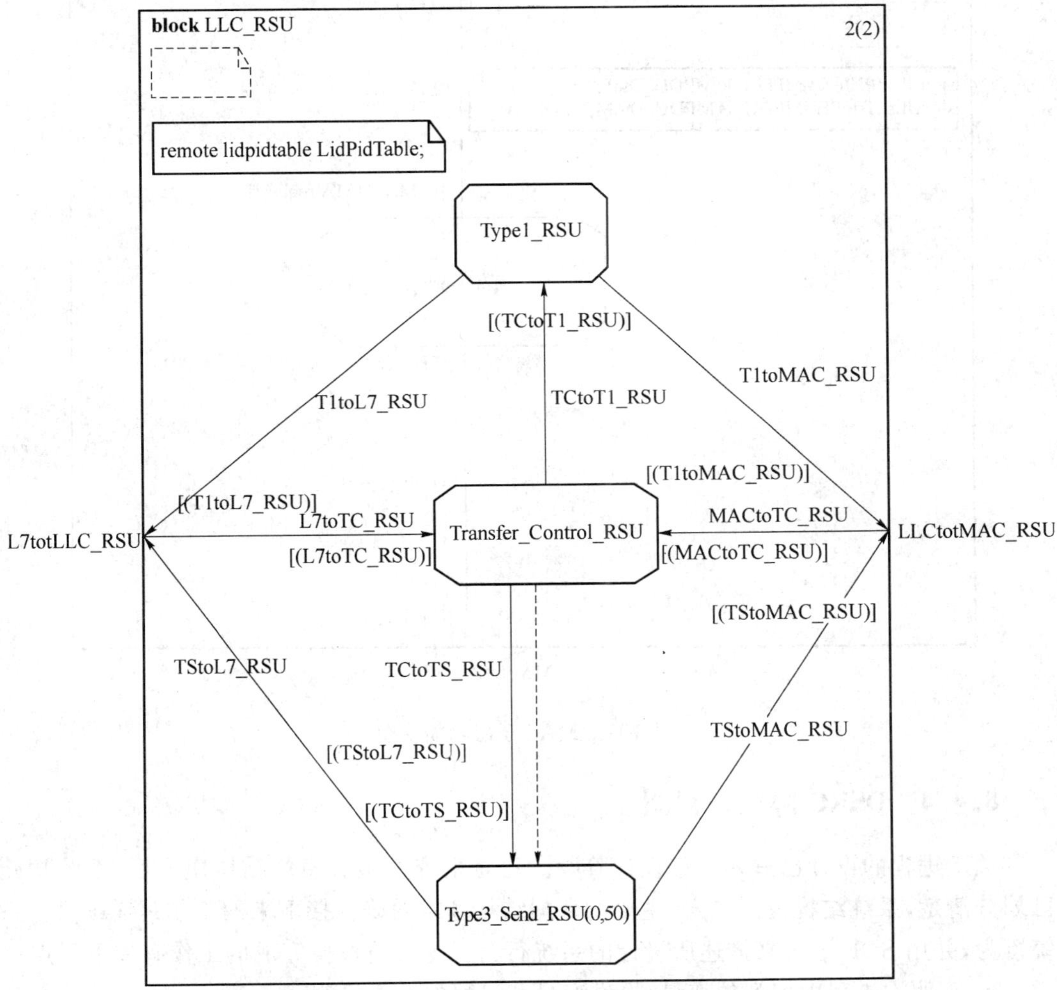

图 8-16　逻辑链路控制子层功能块图

MAC 子层在 RSU 端拥有一个进程：传输进程(TransferF)。进程实例静态创建，只有 1 个实例。该进程包含以下状态：空闲状态 idle、等待公共上行窗口状态 wait_PuUW、等待接收公共上行数据状态 wait_recvPu、等待公共上行窗口结束状态 wait_Tb、等待接收专用上行数据状态 wait_recvPr。MAC 子层功能块图如图 8-17 所示，说明如下。

LLC 发给 MAC 的信号：F_MA_DATA. request。

环境发给 MAC 的信号：MPDU_R，MPDU_DtoF。

MAC 发给 LLC 的信号：F_MA_DATA. indication。

MAC 发给环境的信号：MPDU_B，MPDU_DtoM，MPDU_A。

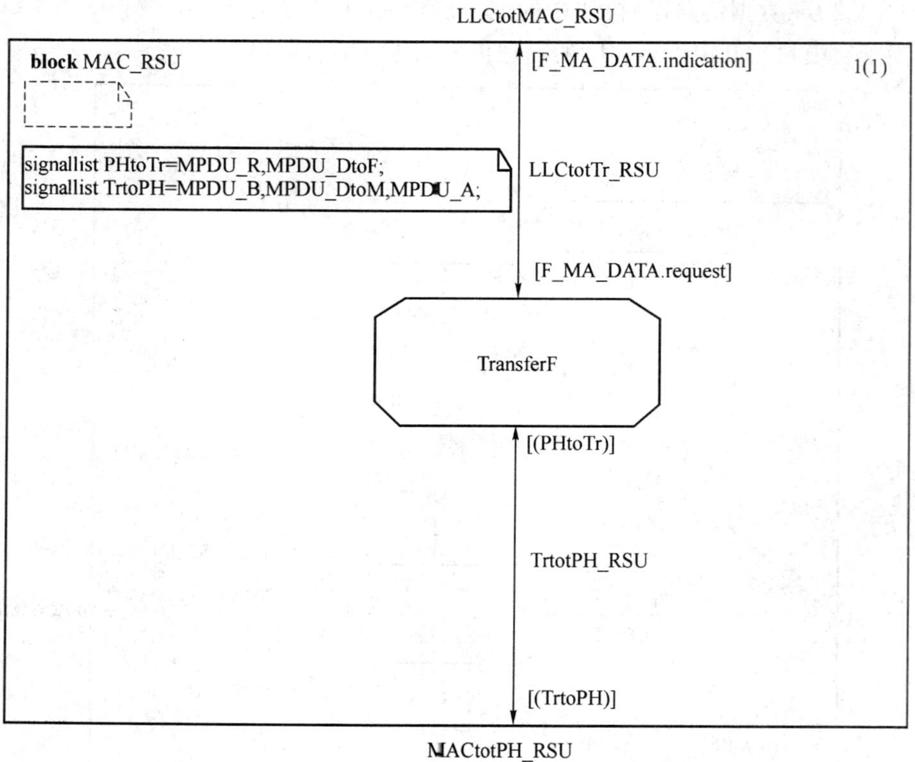

图 8-17　MAC 子层功能块图

8.4.4　DSRC 协议进程图

关于进程的设计已进入详细设计阶段。建立系统模型和模块结构模型后，系统功能已划分清楚，系统结构也已确定，主要的数据结构基本明确。接下来的工作是详细设计系统行为，并用 SDL 语言来描述所设计的系统行为。这一阶段要完成的工作有如下几点：

- 声明本进程内用到的变量，提供变量和过程的共享机制；
- 定义必要的新的数据类型；
- 定义进程内部不同状态，用 SDL 进程图详细描述系统行为。

下面详细描述初始化内核 IKE_RSU 进程的进程图，初始化内核进程图如图 8-18～图 8-25 所示。

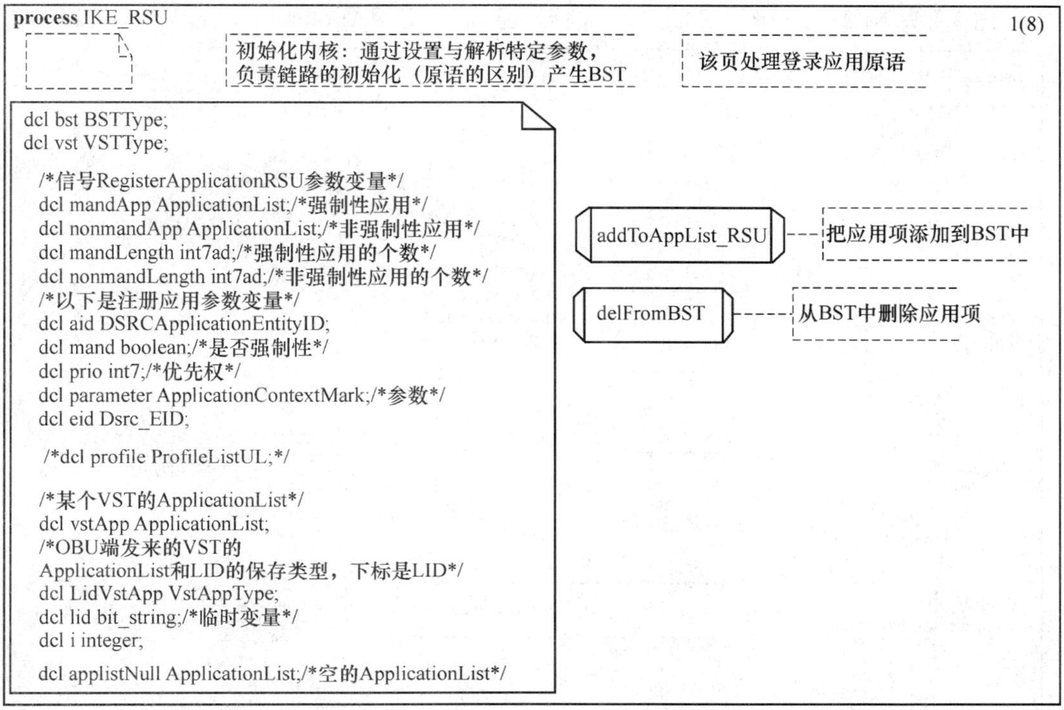

图 8-18　初始化内核进程图(1)

图 8-18 中路边单元 IKE_RSU 进程包含了两个过程。

- addToAppList_RSU：进程接收到路边单元登录原语 RegisterApplicationRSU 信号后调用该过程。该过程实现将登录应用添加到 BST 的应用清单中。
- DelFromBST：进程接收到路边单元删除登录应用(DeregisterApplication)信号后将登录项从 BST 应用清单中删除。删除时先调用过程 IndexF 在强制性应用中查找该登录项，若强制性应用中不存在该登录项，则再调用过程 IndexF 从非强制性中查找。若在非强制性应用中存在则删除该登录项，若在非强制性应用中不存在该登录项，什么都不做；若在强制性应用中存在该登录项，将其删除。

图 8-19 描述了以下情况：进程开始，完成变量初始化，进入空闲状态(idle)；当进程接收到上层应用发来的 RegisterApplicationRSU 信号，根据其是强制性应用还是非强制性应用调用过程 addToAppList_RSU，将登录项添加到 BST 的应用清单中。

图 8-20 描述了空闲状态下对超时的处理，具体如下：

进程每隔 5 ms 就向 TKE 进程发送信号 INITIALIZATION. request；为了实现的方便将 BeaconID 改为整型值，在具体实现时 BeaconID 的值是由应用软件控制的。

图 8-21 描述了进程收到 TKE 进程的信号 INITIALIZATION. confirm 的处理，具体如下：

进程收到 TKE 发来的 INITIALIZATION. confirm 后保存 VST 的应用清单，并将每个应用利用信号 NotifyApplicationRSU 通知到上层应用。

图 8-22、图 8-23 和图 8-24 描述了进程收到信号 EndApplication 后的处理过程。

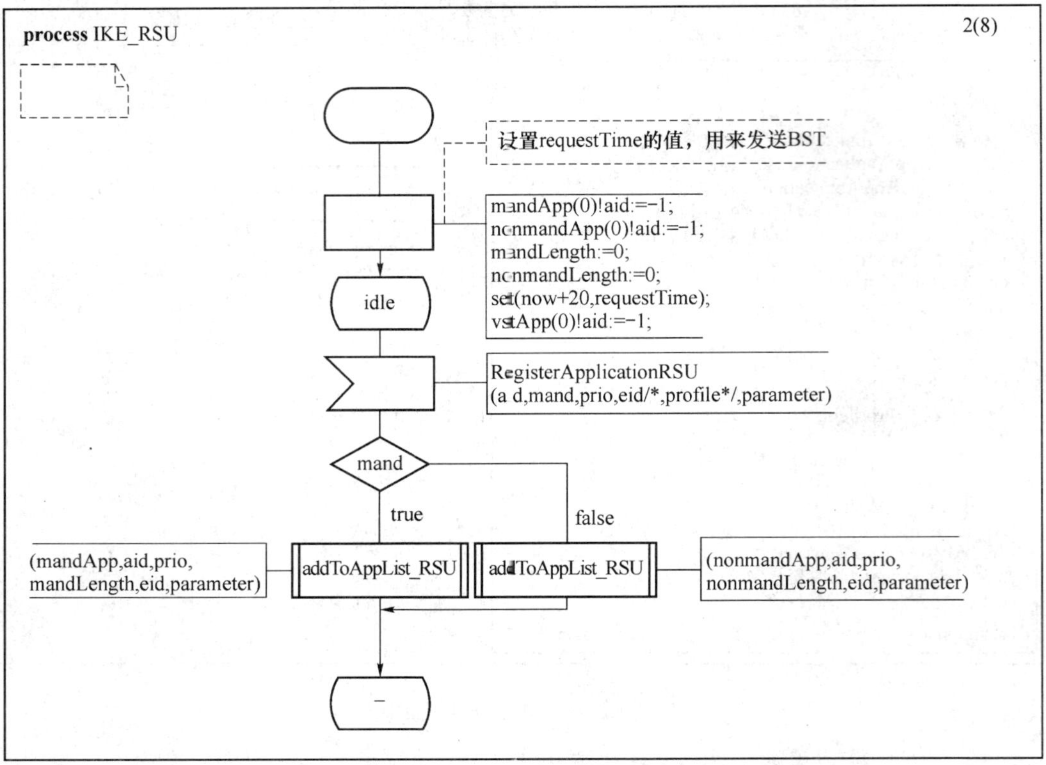

图 8-19　初始化内核进程图(2)

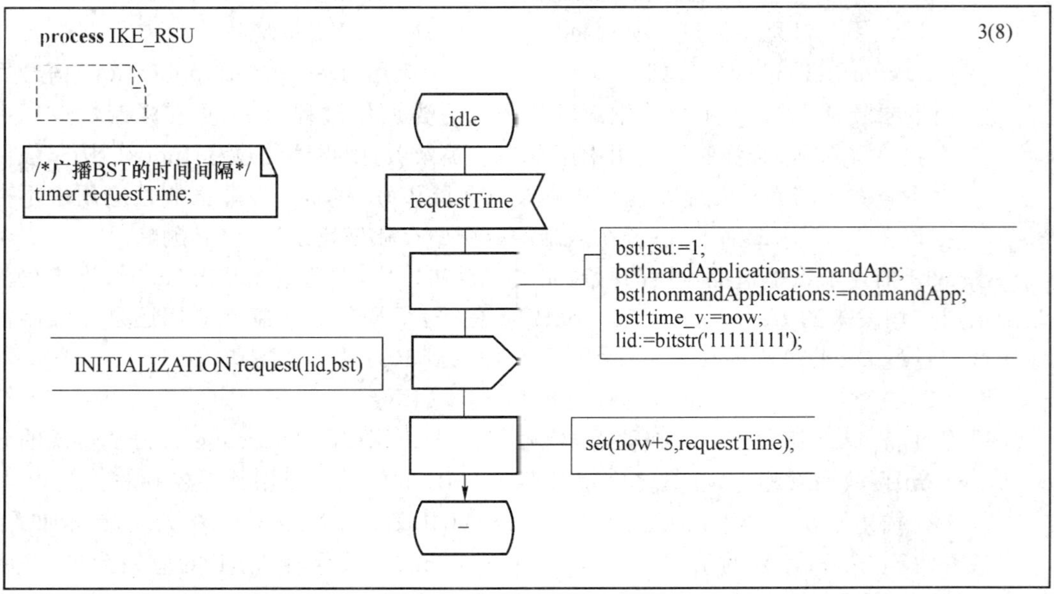

图 8-20　初始化内核进程图(3)

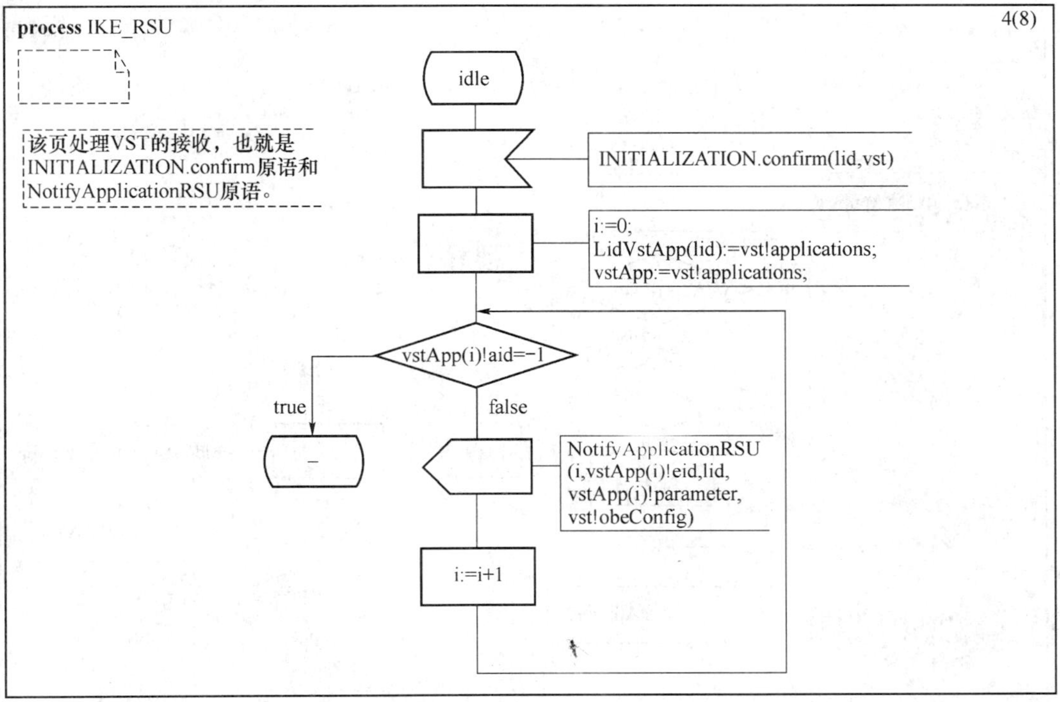

图 8-21　初始化内核进程图(4)

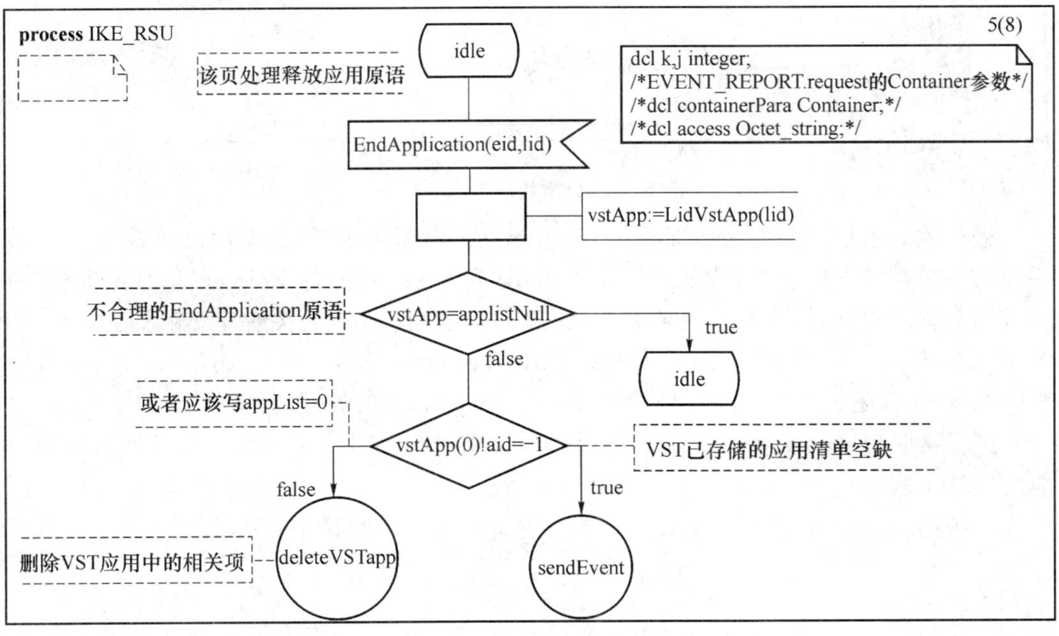

图 8-22　初始化内核进程图(5)

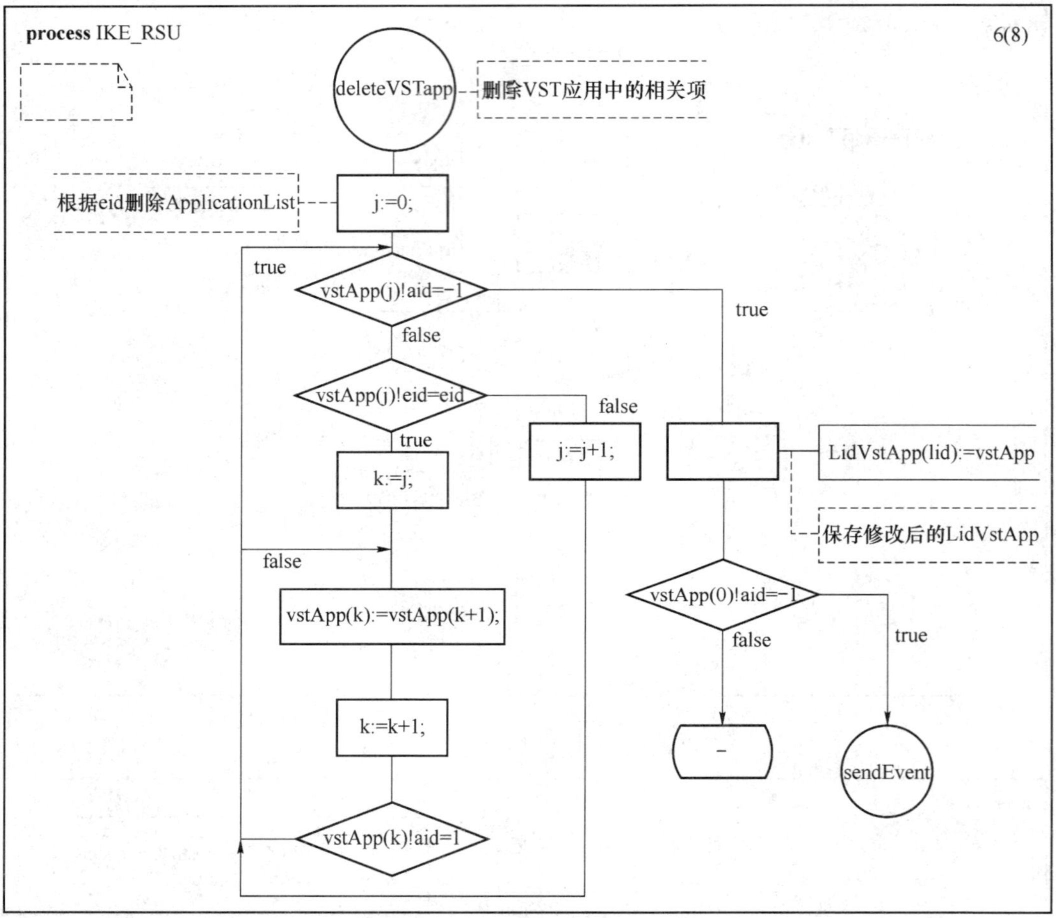

图 8-23　初始化内核进程图(6)

进程收到上层应用发来的 EndApplication 后，判断该 VST 的应用清单是否空缺，如果应用清单空缺将向 TKE 发送 EVENT_REPORT. request(即 Release)信号给 TKE；如果应用清单不空缺，则将该登录项删除，删除的时候用 eid 作为关键字，删除后如果应用清单空缺同样向 TKE 发送 EVENT_REPORT. request 信号。

图 8-25 描述了进程收到信号 DeregisterApplication 的处理，具体如下：

进程接收到 DeregisterApplication 信号，调用过程 delFromBST 将登录项从 BST 的应用清单中删除。

由于篇幅的限制，系统中的其他进程图在此就不一一讨论了。

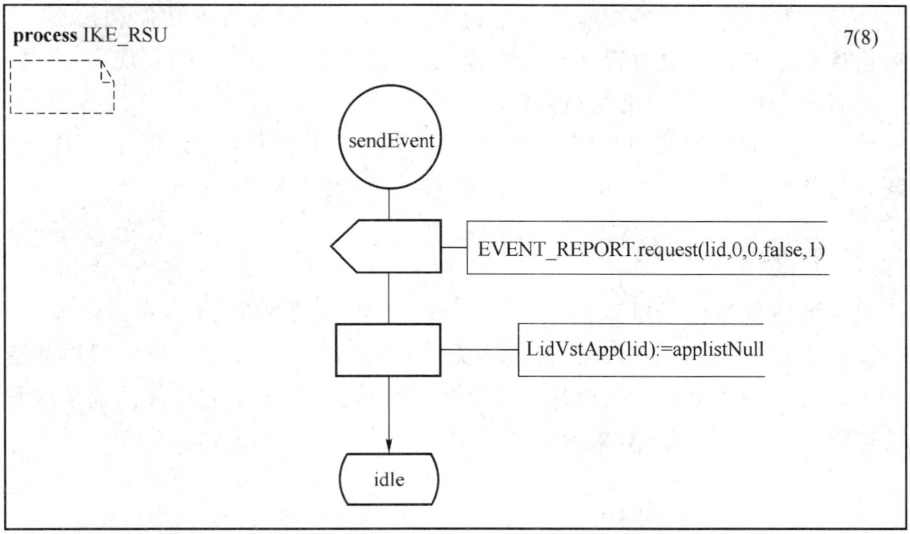

图 8-24　初始化内核进程图(7)

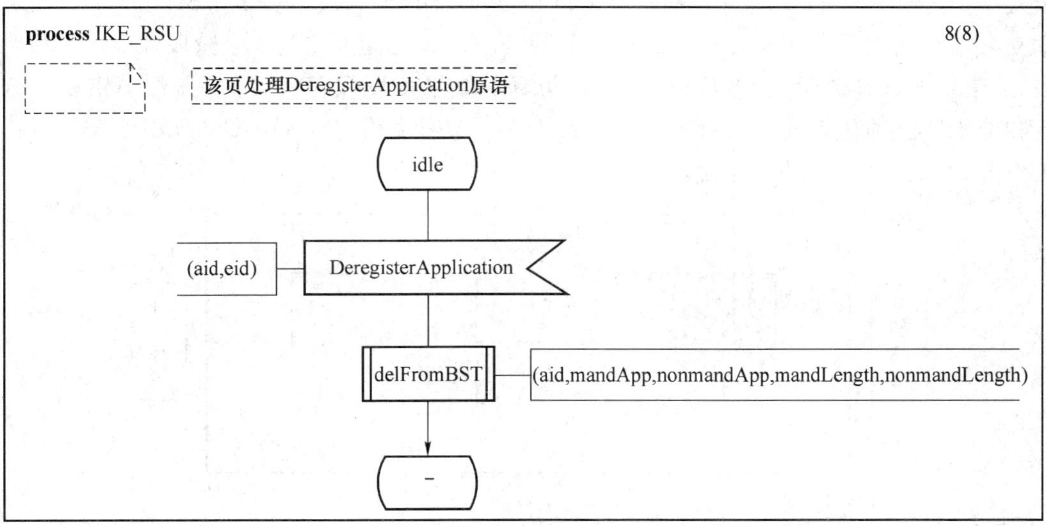

图 8-25　初始化内核进程图(8)

8.5　协议仿真与验证

仿真(Simulation)以可执行的动态方式模拟 DSRC 系统的运行，验证协议的逻辑正确性和功能完整性。虽然总体设计是自顶向下、逐步求精，但仿真验证阶段又采用了自底向上、综合集成的思想，即将各功能块提升为系统级，先独立实现各功能块仿真、验证，修改无误后再逐步集成。仿真过程基本步骤是：建立模型描述系统功能实现后，在仿真平台发送输入信号；观察系统行为变化（即状态转换、赋值、判断、过程调用等）；检测是否产生正确的输出信号。为了同步判断仿真过程中协议进程的执行路径，可在 SDLSimulator 环境下同时打开被仿真环节的 SDL 图，并观察自动生成的 MSC 图。

8.5.1 模块级别的仿真

模块级别的仿真类似于单元测试，在实际仿真时，需要将被仿真的模块提升到系统级，将该模块的上层接口与下层接口都描述为环境，假定上下层接口都是理想通道，手动输入来自上下层的信号以触发该模块中的进程，通过仿真该子层与环境的通信过程，修正一些协议逻辑错误和设计漏洞，来确认该子层协议的完整性和逻辑正确性。

8.5.2 一对一仿真模式

一对一仿真模式是指模拟仿真采用一个 OBU 与 RSU 一对一交互通信的情况，这种模式不但测试 RSU 和 OBU 各端内部逻辑和功能细节，而且可以测试 RSU 和 OBU 的基本交互通信功能是否满足要求。可以对 RSU 和 OBU 之间通信的 3 个阶段（OBU 激活阶段、通信阶段和释放阶段）逐步模拟仿真，仿真的结果可以保存在 MSC 文件中供以后查看和分析。这种仿真模式示意图如图 8-26 所示。仿真结果表明，RSU 和 OBU 在一对一工作方式下能够正常进行通信。

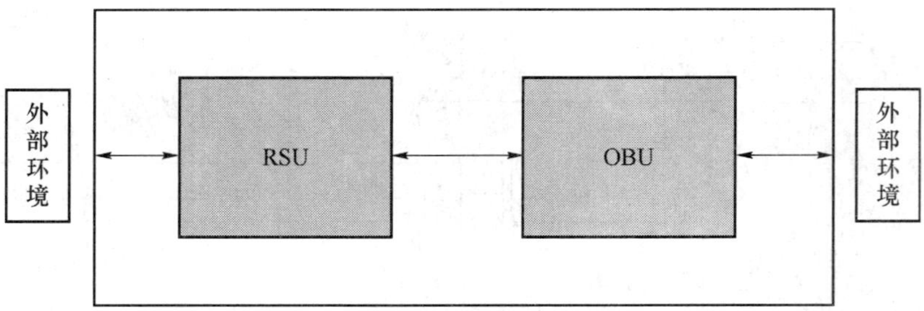

图 8-26　一对一仿真模式

8.5.3 RSU 独立仿真模式

在真实的 DSRC 系统中，RSU 和 OBU 的关系是一对多的，所以必须对这种情景做仿真。这种模式下，以 RSU 为对象中心，把 OBU 看成 RSU 的环境，然后模拟有多个 OBU 向 RSU 输入信号，验证 RSU 端的设计是否满足和多个 OBU 交互的要求。RSU 独立仿真模式示意图如图 8-27 所示。

仿真结果表明，RSU 与外部环境的信号（消息）交互与设计一致。

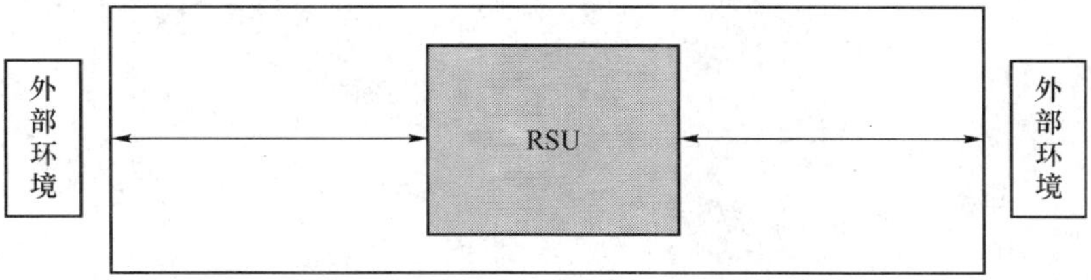

图 8-27　RSU 独立仿真模式

8.5.4　协议验证

对协议 DSRC 的验证是利用工具 Telelogic TAU 中的 Validator 完成的。验证结果表明，协议 DSRC 中不存在死锁、活锁和无法接收的消息，没有发现数组越界等错误。

利用 SDL 对 DSRC 进行设计、描述以后，我们对 DSRC 协议的整体有了更全面的把握，对 DSRC 协议各组成部分的功能要求、逻辑关系有了更清晰的认识和掌握；利用工具对 DSRC 的 SDL 系统进行了仿真验证，结果表明，上述的 DSRC 协议设计是可行的。

思　考　题

1. DSRC 协议的特点是什么？
2. DSRC 协议为什么没有网络层？
3. DSRC 协议为什么需要广播功能？

本章参考文献

［1］　prEN 12253：Road transport and traffic telematics - Dedicated short-range communication - Physical layer using microwave at 5,8 GHz，2004.

［2］　prEN 12795：Road transport and traffic telematics - Dedicated Short Range Communication (DSRC) - DSRC data link layer：medium access and logical link control，2002.

［3］　prEN 12834：Road transport and traffic telematics - Dedicated Short Range Communication (DSRC) - DSRC application layer，2002.

［4］　彭选荣，屠宇，钟慧玲，等. 专用短程通信 MAC 层协议研究及仿真实现［J］. 计算机仿真，2004，21(9)：138-142.

［5］　章曙光. 智能交通专用短程通信协议分析. 海淀走读大学学报，2005(增刊)：72-80.

［6］　徐建闽，唐咏慧，钟慧玲，等. 基于面向对象的专用短程通信协议设计. 武汉理工大学学报：交通科学与工程版，2004，28(6)：926-929.

［7］　屠宇，徐建闽，钟慧玲. 基于 SDL 的 DSRC 协议设计［J］. 计算机工程与应用，2004(13)：156-159.